网络与信息安全技术

主　编　朱尚明

编　著　朱尚明　金澈清　孙霓刚
　　　　汤云剑　李志华

華東理工大學出版社
EAST CHINA UNIVERSITY OF SCIENCE AND TECHNOLOGY PRESS

图书在版编目(CIP)数据

网络与信息安全技术/朱尚明主编.—上海:华东理工大学出版社,2009.1

ISBN 978-7-5628-2455-8

Ⅰ.网... Ⅱ.朱... Ⅲ.计算机网络-安全技术-高等学校-教材 Ⅳ.TP393.08

中国版本图书馆CIP数据核字(2008)第191265号

网络与信息安全技术

主　　编 / 朱尚明
责任编辑 / 李国平
责任校对 / 李　晔
封面设计 / 陆丽君
出版发行 / 华东理工大学出版社
地址:上海市梅陇路130号,200237
电话:(021)64250306(营销部)
传真:(021)64252707
网址:www.hdlgpress.com.cn
印　　刷 / 上海展强印刷有限公司
开　　本 / 787mm×1092mm　1/16
印　　张 / 15.25
字　　数 / 371千字
版　　次 / 2009年1月第1版
印　　次 / 2009年1月第1次
印　　数 / 1—3050册
书　　号 / ISBN 978-7-5628-2455-8/TP・164
定　　价 / 32.00元

序

计算机网络技术和信息化的发展对人类社会的政治、经济、文化、生产等各个方面产生了巨大而深远的影响。社会的正常运转依赖于网络和信息技术，人们的日常生活也越来越离不开网络和信息技术。然而，人类社会在享受网络和信息技术带来的丰富成果的同时，也面临着种种信息安全的威胁，网络的普及应用使得信息安全问题更加复杂。计算机病毒的盛行、计算机网络犯罪的日趋严重，给各行各业带来了巨大的经济损失，也威胁着国家安全和人们的生命财产安全。因此，将网络和信息安全教程引入课堂，加强我国在相关领域的专业教育和技术培训具有十分重要的战略意义。

朱尚明博士等编著的《网络与信息安全技术》教材正是顺应了这样的需求。该教材系统地阐述了计算机网络与信息安全技术领域的相关概念、技术和应用，可以帮助学生全面地学习和理解相关专业知识。该教材理论严谨，内容丰富，既对经典网络和信息安全理论进行了严密的阐述，又对网络和信息安全技术的前沿发展进行了详细的介绍和分析，这对学生掌握理论、了解技术发展趋势十分有益。该教材的另一个特点是十分注重专业知识的应用与实践，突出网络系统的安全运行和网络信息的安全保护技术，有利于学生掌握网络与信息安全技术的工作原理和应用技能。

主编朱尚明博士多年来一直从事计算机网络和信息安全领域的研究和教学，拥有丰富的科研成果和实践经验。编著者金澈清、孙霓刚、汤云剑、李志华均为一线从事信息安全和计算机应用的青年科技工作者。他们学风严谨、基础扎实、业务精通、勇于创新。本书的形成，可以说是他们多年从事网络与信息安全理论研究和应用实践的结晶。相信本书不失为网络与信息安全技术领域一部具有重要学术意义和实践参考价值的教材。

虞慧群

2008年9月于上海

前言

网络与信息安全技术正随着全球网络化、信息化和数字化步伐的加快而变得越来越重要。同时，网络与信息安全技术又是一门涉及计算机科学、网络技术、通信技术、密码技术、信息处理技术、应用数学、数论、信息论等多种学科的综合性学科，是当今计算机学科中发展最为迅速的技术之一，也是计算机应用中一个空前活跃的领域。

通过本教材的学习，读者对计算机网络与信息安全知识能有较全面的了解，能够掌握网络与信息安全的基本知识、工作原理和应用技术，并了解和掌握网络系统安全运行和网络信息安全保护的实用技能。

本书可作为高等院校计算机专业、通信工程专业和信息安全专业等相关专业的研究生和本科教材，还可作为网络工程技术人员、网络管理员和信息安全管理人员的技术参考书。本书的内容系统全面、新颖和实用性强，读者可以在内容和深度上根据自身需要学习和参考。

本书由朱尚明主编和统阅定稿。其中，朱尚明编写了第1和2章，金澈清编写了第3和4章，孙霓刚编写了第5和6章，汤云剑编写了第7和8章，李志华编写了第9章。

本书的出版得到了华东理工大学优秀教材出版基金的资助，本书在编写过程中，还得到了华东理工大学信息学院计算机系虞慧群教授、信息化办公室党齐民副教授的大力支持，在此编者表示衷心的感谢。

当然，鉴于时间和水平等因素，本书编写过程中难免存在疏漏和不足之处，读者如有发现，恳请批评指正。

本书免费提供电子教案，需要的读者，请发电子邮件与作者或出版社联系。邮箱地址为：zhusm@ecust. edu. cn 或 gpli@ecust. edu. cn

编　者

2008年9月

于华东理工大学

目 录

第1章 计算机网络与网络安全

当今人类已经步入数字化、网络化与信息化的时代,计算机网络技术的发展与应用已成为影响一个国家与地区政治、经济、军事、科学与文化发展的重要因素之一。尤其是Internet的出现和迅猛发展,计算机网络已经渗入到人们生活、工作、学习和娱乐的方方面面,正在改变着人们的工作方式、生活方式与思维方式。

计算机网络技术是通过现代通信技术和计算机技术的高速发展、密切结合而产生和发展的。计算机网络的应用可以大大地缩短人与人之间交流的时间与空间距离,更进一步扩大人类社会群体之间的交互与协作范围。以 Internet 为代表的网络应用技术和高速网络技术使得网络技术发展到了一个更高的阶段,基于网络技术的电子商务、电子政务、远程教育、远程医疗与信息安全技术等正在以前所未有的速度发展。计算机网络及网络安全已经成为广大学生和计算机应用开发人员必须掌握的一门重要技术,也是从事信息与安全技术研究开发的专业技术人员必须掌握的重要知识。

本章将以计算机网络及网络安全的体系结构为框架,简要介绍计算机网络及网络安全的基本概念、理论和模型,为后面学习信息安全技术奠定一个理论基础。

1.1 计算机网络的概念和分类

1.1.1 计算机网络的定义

计算机网络(computer network)可以定义为能够实现资源共享和进行数据交换而互联起来的多台自治计算机系统的集合。这里有三个概念需要明确:首先,建立计算机网络的目的是为了实现资源共享和数据交换,资源共享的例子包括共享硬盘存储、打印机和绘图仪等硬件资源,共享数据库、程序和文档等软件资源,而电子邮件、即时聊天等则是数据交换的典型应用示例;其次,计算机网络需要通过一定的传输介质或通信线路互联起来,传输介质又可分为有线和无线两大类,有线传输介质包括双绞线、同轴电缆和光纤等,无线传输介质包括无线电波、微波、红外线等;最后,实现互联的计算机必须是一个自治的计算机系统,这些计算机分布在不同的地理位置,拥有独立的系统软件和功能,但在通信过程中必须遵循相同的网络协议。

1.1.2 计算机网络的分类

计算机网络发展至今,已经出现了很多分类方法,归纳下来可以分为如下几类。

1. 根据网络所使用的传输技术分类

根据网络所使用的传输技术可以将计算机网络分为广播式网络(broadcast network)和点到点网络(point-to-point network)两种。

(1) 广播式网络

广播式网络仅有一条通信信道,由网络上的所有计算机和设备共享。源节点发送的分组或数据包,可以被信道上所有的计算机接收。计算机一旦接收到数据包,就会立刻检查包中所包含的目的地址,如果是发送给自己的则处理该包,否则就会丢弃该包。

广播式网络通常也允许在包中的地址段中使用一段特殊的代码,以便将包发送到所有的目的节点。使用此代码的包发出后,网络中的每一台计算机都会接收和处理它。这种操作就是我们经常所说的广播(broadcasting)。某些广播式网络还支持向网络中的某些计算机发送消息的功能,即多点播送(multicasting)。

(2) 点到点网络

与广播式网络相反,点到点网络由一对计算机之间的多条链路构成。为了将包从源节点发送到目的节点,数据包可能必须经过一台或多台中间计算机或通信设备。通常是多条路径,并且长度可能都不一样。因此,在点到点网络中路由算法十分重要,有效的路由算法能够在源与目的节点之间选择一个合理的路径。

一般来说,小的、处于本地的网络采用广播方式,大的、远程的网络采用点到点方式。

2. 根据网络的覆盖范围分类

根据网络覆盖的地理范围进行分类,计算机网络可以划分为局域网(Local Area Network,LAN)、城域网(Metropolitan Area Network, MAN)和广域网(Wide Area Network,WAN)三类。

(1) 局域网

局域网覆盖范围有限,一般在几千米之内,属于一个部门或单位组建的小型网络,通常在一个企业、学校、机关或建筑物内使用。从介质访问控制方法的角度,局域网可分为共享介质式局域网与交换式局域网两种。

局域网组网方便,使用灵活,易于组建和扩展,并具有较高的传输速率和较低的误码率。由于现在网络交换技术、互联技术的日趋成熟,局域网的传输速率和可靠性和以前相比有了很大的提升,目前传输速率有 10M/100M/1Gbps,有的甚至高达 10Gbps。上千米或十几千米范围内的网络通常都是由多个局域网互联形成的复合网(互联网)。

(2) 城域网

城域网一般是指建立在大城市、大都市区域的计算机网络,覆盖城市的大部分或全部地域,也叫大都市区域网。城域网是介于广域网与局域网之间的一种高速网络,城域网的设计目标是要满足几十千米范围内的大量企业、机关、公司的多个局域网互联的需求,实现大量用户之间的数据、语音、图形与视频等多种信息的传输功能。在组网技术上,城域网与局域网相类似。

(3) 广域网

广域网覆盖的范围大,一般可从几十千米到几万千米。例如一个大城市、一个地区、一个国家或洲际间建立的网络都属于广域网。广域网的规模大、功能强,架构也很复杂,利用广域网可实现较大范围内的资源共享和信息传递。广域网主要使用分组交换技术将分布在不同地区的计算机系统互联起来，达到资源共享和数据交换的目的。目前广为使用的 Internet 可以认为是一个覆盖全球范围的广域网。

3. 根据网络的使用性质分类

根据网络的使用性质，计算机网络可以划分为公用网(public network)和专用网(private network)两类。

(1) 公用网

公用网一般由政府的科研教育机构或电信运营商组建、控制和管理的公用网络，网络内的数据传输和交换设备可租用给任何单位、部门或个人使用。例如，我国的科研教育网(CERNET)、中国电信宽带互联网(CHINANET)、中国公用数字数据网(CHINADDN)、中国公用分组交换网(CHINAPAC)、中国公用帧中继(CHINAFR)等都属于公用网。

(2) 专用网

专用网通常是由某一单位、部门或某一系统、机关、学校等组建、管理和使用的私有网络。大多数局域网都是属于专用网，例如企事业单位自己组建的局域网、各个大学组建的校园网等都属于专用网。有些具有特殊用途的广域网也应看作专用网，如广电网、铁路网等。

1.2　计算机网络的组成和拓扑结构

1.2.1　计算机网络的组成

1. 网络的逻辑功能组成

计算机网络要完成资源共享和数据交换两大基本功能，它从逻辑功能上分为资源子网(resource sub-network)和通信子网(communication sub-network)两个部分构成。

(1) 资源子网

所谓资源子网就是计算机网络中面向用户的部分，资源子网由主机、终端、终端控制器、联网外设、各种软件资源和信息资源组成。资源子网负责全网的数据处理业务，向网络用户提供各种网络资源与网络服务，例如数据处理、数据存储、数据管理和数据输入输出等。主机是资源子网的主要组成单元，它通过高速通信线路与通信子网的通信控制处理机相连接。

(2) 通信子网

所谓通信子网就是计算机网络中负责数据通信的部分，通信子网由通信控制处理机、通信线路以及相关通信软件组成，完成网络数据传输、转发等通信处理任务。通信控制处理机在网络拓扑结构中被称为网络节点。一方面，它作为与资源子网的主机、终端的连接的接口，将主机和终端连入网内；另一方面，它又作为通信子网中的分组存储转发节点，完成分组的接收、校验、存储、转发等功能。

随着个人计算机的广泛应用，大量的微型计算机是通过局域网连入广域网，而局域网与广域网、广域网与广域网的互联是通过路由器实现的，图 1.1 给出了通过路由器互联的网络示意图。

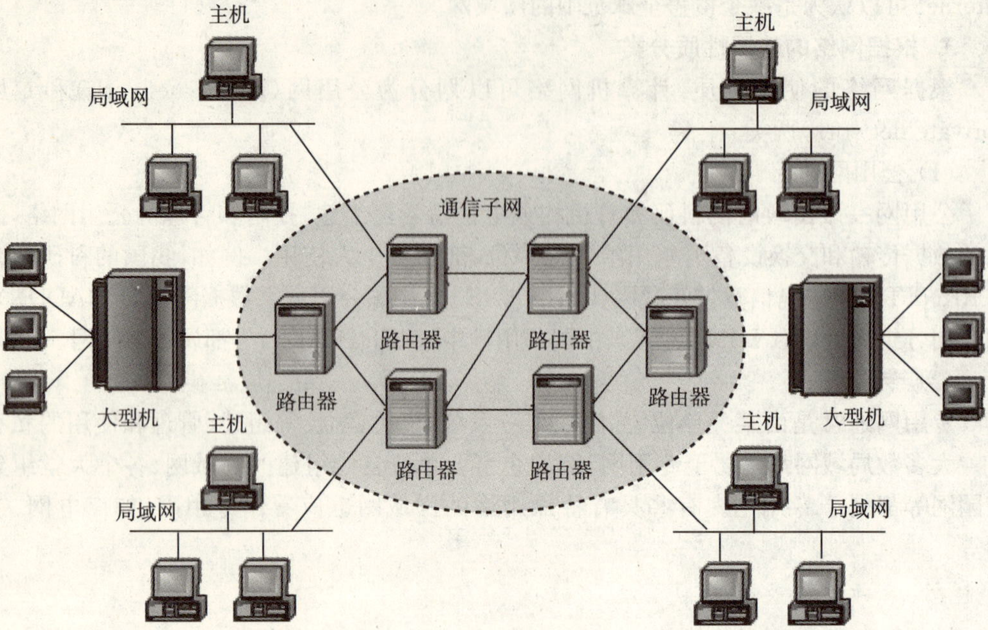

图 1.1　互联网络示意图

在 Internet 中，用户计算机需要通过校园网、企业网或因特网服务提供商(Internet Service Provider，ISP)联入地区主干网，地区主干网通过国家主干网联入国家间的高速主干网，这样就形成一种由路由器互联的大型、多层次结构的互联网络，如图 1.2 所示。

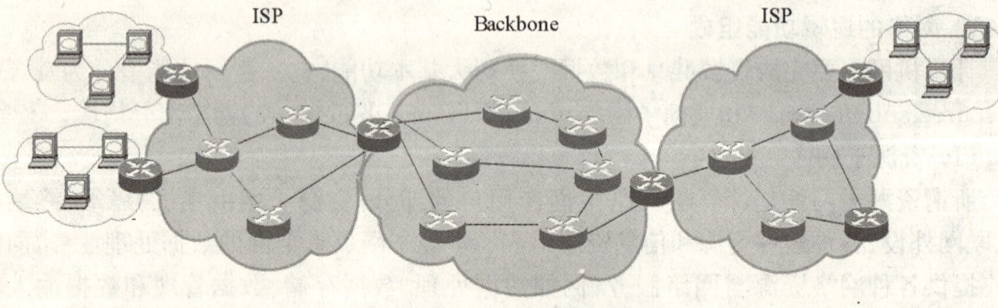

图 1.2　Internet 结构示意图

2. 网络的系统功能组成

从系统组成的角度看，计算机网络是由硬件部分和软件部分组成的。

(1) 计算机网络的硬件

计算机网络的硬件是计算机网络的基础，主要包括主机、终端、用于信息变换和信息交换的通信节点设备、通信线路和网络互联设备等。网络硬件的组合形式决定了计算机网络的类型。

主机：主机负责网络中的数据处理、执行网络协议、进行网络控制和管理，以及供用户共享访问的数据库的管理等工作，它与其他主机系统联网后构成网络中的主要资源。

终端：终端是用户访问网络的设备，其主要作用是把用户输入的信息转变为适合传送的数据送到网络上，或把网络上其他节点输出的经过通信线路的数据转变为用户所能识别的信息。计算机网络中所说的终端是指用户所用的计算机或客户机，而不是指一般所说的简易终端。

通信节点设备：用于信息变换和信息交换的通信节点设备主要有通信控制处理机、调制解调器、集中器和多路复用器等。通信控制处理机是在数据通信系统或计算机网络系统中执行通信控制与处理功能的设备；调制解调器是把用户数据设备与模拟通信线路连接起来的一种接口设备，它主要实现数字信号与模拟信号的变换功能；集中器是设置在终端密集处完成终端侧的通信处理与复用的设备；多路复用器是实现多路信号在同一条线路上的传输的设备。

通信线路：通信线路是传输信息的介质。计算机网络中的通信线路有有线线路（包括双绞线、同轴电缆、光纤等）和无线线路（包括无线电波、地面微波和卫星微波等）。

网络互联设备：网络互联设备可将两个或两个以上的网络连接起来，构成一个更大的互连网络系统。常用的网络互联设备有网桥、路由器、交换机和网关等。

(2) 计算机网络的软件

网络软件是实现网络功能不可缺少的软件环境。在计算机网络系统中，每个用户都可享用系统中的各种资源，因此，系统必须能按用户的请求为用户提供相应的服务，对所涉及的信息数据进行控制和管理。网络中的这些服务、控制和管理工作都是由网络软件完成的。为了协调系统资源，需通过软件对网络资源进行全面的管理、调度和分配，并采取一系列的安全保密措施，防止用户对数据和信息不合理的访问，以防数据和信息的破坏与丢失。

计算机网络软件通常包括网络操作系统、网络通信协议、网络数据库系统、网络管理软件、网络工具软件和网络应用软件等。

网络操作系统：网络操作系统是网络的心脏和灵魂，负责管理和调度网络上的所有硬件和软件资源，使各个部分能够协调一致地工作，为用户提供各种基本网络服务，并提供网络系统的安全性保障。网络操作系统运行在称为服务器的计算机上，并由联网的计算机用户（客户）共享。常用的网络操作系统有 Windows 2003 Server、Netware、Unix、Linux 等。

网络通信协议：在网络中，为了使网络设备之间能成功地发送和接收信息，必须制定相互都能接受并遵守的规则和约定，这些规则和约定的集合就称为网络通信协议。常用的网络通信协议有 TCP/IP、SPX/IPX、NetBEUI 等。网络通信协议通常包括所传输数据的格式、差错控制方案以及在计时与时序上的有关约定。一般来说，同一网络中的各主机应遵守相同的协议才能相互通信，例如，Internet 使用的网络通信协议是 TCP/IP。

网络数据库系统：网络数据库系统是建立在网络操作系统之上的一种数据库系统，可以集中驻留在一台主机上（集中式网络数据库系统），也可以分布在每台主机上（分布式网络数据库系统）。它向用户提供网络数据库的存取和修改等服务，以实现网络数据库的共享。

网络管理软件：是用来对网络资源进行管理和对网络进行维护的一类软件。

网络工具软件：是用来扩充网络操作系统功能的一类软件。例如即时通信软件、网络浏览器、网络下载软件等。

网络应用软件：基于计算机网络应用而开发并为网络用户解决实际问题的软件。例如学校教务管理系统、企业 ERP 系统、电子商务系统等。

1.2.2　计算机网络的拓扑结构

拓扑学(topology)是几何学的一个分支，是从图论演变而来。拓扑学首先把实体抽象成与其大小、形状无关的点，将连接实体的线路抽象成线，进而研究了点、线、面之间的关系。计算机网络拓扑是通过网络中节点与通信线路之间的几何关系来表示网络的结构，反映网络中各实体间的结构关系。计算机网络拓扑主要是指通信子网的拓扑构型，网络拓扑结构的设计对网络性能、系统可靠性与通信费用等都有重大的影响。

计算机网络的拓扑结构可以分为六种基本结构：星型、总线型、环型、树型、网状型以及混合型。各种网络拓扑如图 1.3 所示。

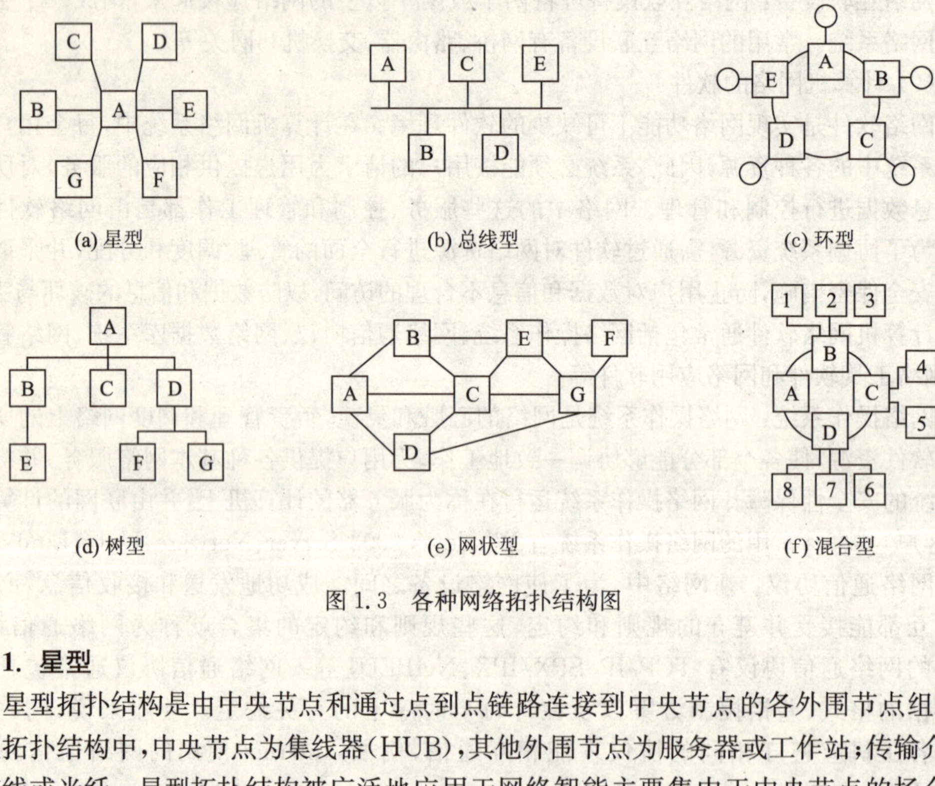

(a) 星型　(b) 总线型　(c) 环型

(d) 树型　(e) 网状型　(f) 混合型

图 1.3　各种网络拓扑结构图

1. 星型

星型拓扑结构是由中央节点和通过点到点链路连接到中央节点的各外围节点组成的。星型拓扑结构中，中央节点为集线器(HUB)，其他外围节点为服务器或工作站；传输介质为双绞线或光纤。星型拓扑结构被广泛地应用于网络智能主要集中于中央节点的场合。由于所有节点的数据传输都必须经过中央节点来处理，因此，对中央节点的要求比较高。

星型拓扑结构的优点如下：

● 可靠性高。在星型拓扑的结构中，每个连接只与一个外围节点相连，因此，单个连接的故障只影响一个外围节点，不会影响全网。

● 服务方便。中央节点和中间接线都有一批集中点，可方便地提供服务和进行网络重新配置。

● 故障诊断和隔离容易。如果网络中的节点或者通信介质出现问题，只会影响到该节点或者通信介质相连的节点，不会涉及整个网络，从而比较容易判断故障的位置和进行故障隔离。

星型拓扑结构虽有上述优点，但也有以下缺点：

● 安装工作量大，扩展困难。星型拓扑结构布线安装工作量大且费用高，新增网络节点或扩展网络时，新节点都需要与中央节点直接连接，扩展相对困难。

● 对中央节点的依赖性强。星型拓扑结构网络中的外围节点对中央节点的依赖性强，如果中央节点出现故障，则全部网络不能正常工作。此外，中央节点负担较重，容易形成网络瓶颈。

2. 总线型

总线型拓扑结构采用一条公共的传输链路作为传输介质，所有的节点都通过相应的硬件接口直接连接到传输介质，发送的数据能被所有其他的站点接收。总线型网络结构中的节点为服务器或工作站，通信介质通常为同轴电缆。由于所有的节点共享一条公共的传输链路，所以一次只能由一个设备传输数据，这可以通过某种形式的介质访问控制方法，例如载波监听多路访问/冲突检测(CSMA/CD)来决定哪个节点可以发送数据。

总线型拓扑结构的主要优点如下：

● 布线容易，电缆用量小，成本低。总线型网络中的节点都连接在一个公共的传输介质上，所以需要的电缆长度短，减少了安装费用，易于布线和维护，成本较低。

● 结构简单，可靠性高。总线结构简单，而且又是无源工作，从硬件观点来看，有较高的可靠性。

● 易于扩充，增加节点方便。在总线型网络中，如果需要增加新节点，只需要在总线的适当位置点将其接入即可，如果要增加线缆长度，可通过中继器加上一个附加段。

总线型拓扑结构也有以下局限性：

● 故障诊断和隔离困难。虽然总线拓扑结构简单，可靠性高，但故障检测和隔离却相当困难。因为具有总线拓扑结构的网络不是集中控制，故障检测需要在网络上各个节点进行，撤消某个有介质故障的节点会中断整段网络。

● 传输距离有限，扩充需配置中继器。总线型拓扑结构的通信范围有限，在总线干线的基础上扩充时，可以利用中继器，但需要重新设置，包括电缆长度的裁剪，终端匹配器的调整等。

● 对传输介质和接口点有依赖性。传输介质或中间某一接口点出现故障时，整个网络将会瘫痪。

● 节点必须是智能的。因为连接在总线上的节点要有介质访问控制功能，因此必须具有智能，从而增加了节点的硬件和软件费用。

3. 环型

在环型拓扑结构中，每个节点与两个最近的节点相连接以使整个网络形成一个环形，数据沿着环向一个方向发送。环中的每个节点如同一个能再生和发送信号的中继器，它们接收环中传输的数据，再将其转发到下一个节点。也就是说，环型拓扑结构网络是由一些中继器和连接到中继器的点到点链路组成的一个闭合环。在环型网中，所有的通信共享一条物理通道，每个节点通过单向传输链路连接到另外的节点，形成单一的闭合通路。任何一个节点发送的信号，都可以沿着通信介质进行传播，而且能被所有其他的节点接收。由通信介质及节点所构成的通信链路是单向的，只能在一个方向上传输数据，即数据只能在一个方向上围绕着环进行传输。环型拓扑结构的交换方式采用分组交换。由于多个节点共享同一环,因此需要对此进行控制,以便决定每个节点在什么时候可以把分组放在环上。一般情况下,环型拓扑结构网络采用令牌环(Token Ring)的介质访问控制方法。

环型拓扑结构具有以下优点:

● 电缆长度短。环型拓扑结构所需的电缆长度与总线型相当,但比星型结构要短。

● 适用于光纤。光纤传输速度高,环型拓扑网络是单向传输,十分适用于光纤通信介质。如果在环型拓扑网络中把光纤作为通信介质,将大大提高网络的速度和加强抗干扰的能力。

● 增减节点方便。在环型网络中,如果需要增加新节点或删除已有节点,只需要在适当位置将其简单接入或去除即可。

环型拓扑结构也有以下缺点:

● 可靠性差。在环上传输数据是通过接在环上的每个中继器完成的,所以任何一个节点或者节点间的电缆出现故障都会导致全网故障。因此,一些网络(如 FDDI)采用双环结构以提供容错。

● 故障诊断困难。因为环上的任一节点出现故障都会引起全网的故障,所以难以对故障进行定位和查找。

● 网络调整比较困难。要调整网络中的配置,例如扩大或缩小环路,都是比较困难的。

4. 树型

树型拓扑结构是从总线型拓扑演变而来的,像一棵倒置的树,顶端是树根,树根以下带分支,每个分支还可带子分支。树根接收各站点发送的数据,然后再广播发送到全网。

树型拓扑结构的优点是易于扩展而且故障隔离较容易,缺点是网络节点对根节点的依赖性大,若根节点发生故障,则全网不能正常工作。

5. 网状型

网状型拓扑结构中各节点通过传输线互联连接起来,并且每一个节点至少与其他两个节点相连。网状型拓扑结构的优点是可靠性高和容错性好,不易受瓶颈问题和失效问题的影响,缺点是网络结构和网络协议都很复杂,建设成本高,不易管理和维护。网状型拓扑结构常用于构建广域网,不常用于局域网中。

6. 混合型

混合型拓扑结构是将两种以上的单一拓扑结构混合起来,取各自的优点而构成的一种综合性的拓扑结构。组建混合型拓扑结构的网络有利于发挥网络拓扑结构的优点,克服相应的局限,在实际的网络工程中得到了广泛应用。

1.3 网络协议与网络体系结构

1.3.1 基本概念

1. 网络协议

网络协议(network protocol)是为进行计算机网络中的数据交换而制定的规则、约定与标准的集合。具体地说,协议总是指某一层协议,它是为同一网络层次对等实体之间的通信制定的有关通信规则、约定的集合。网络中的各种协议精确地定义了应该发送什么样的控制信息以及如何解释这个控制信息。

网络协议有三个要素:语义(semantics)、语法(syntax)与时序(timing)。

(1) 语义

语义用于解释比特流的每一部分的意义,涉及用于协调与差错处理的控制信息。

(2) 语法

语法是用户数据与控制信息的结构与格式,以及数据出现的顺序的意义,涉及数据及控制信息的格式、编码及信号电平等。

(3) 时序

时序是事件实现顺序的详细说明,涉及速度匹配和排序等。

2. 层次

计算机网络系统是一个十分复杂的系统。将一个复杂系统分解为若干个容易处理的子系统,然后"分而治之",这种结构化设计方法是工程设计中常见的手段。分层(layer)就是解决计算机网络问题的最好方法之一,将总体要实现的很多网络功能分配在不同层次中,对每个层次要完成的网络服务及服务要求都有明确规定。

对于一个计算机网络,不同的系统分成相同的层次,不同系统的最低层之间存在着"物理"通信,不同系统的对等层次之间存在着"虚拟"通信,对不同系统的对等层之间的通信有明确的通信规定,高层使用低层提供的服务时,并不需要知道低层服务的具体实现方法。层次结构的好处在于使每一层实现一种相对独立的功能,分层结构还有利于交流、理解和标准化。

采用层次结构设计和研究计算机网络,具有以下优点:

- 各层之间相互独立;
- 灵活性好;
- 各层都可以采用最合适的技术来实现;
- 易于实现和维护;
- 有利于促进标准化。

3. 接口

网络接口(network interface)是同一节点内相邻层之间交换信息的连接点,它定义了下层向上层提供的原语操作和服务。同一个节点的相邻层之间存在着明确规定的接口,低层向高层通过接口提供服务。只要接口条件不变、低层功能不变,低层功能的具体实现方法与技术的变化不会影响整个系统的工作。

接口服务在形式上是由一组服务原语(或操作)来描述,服务原语可分为如下四种类型。

- 请求(request):一个实体希望得到完成某些操作的服务。
- 指示(indication):通知一个实体,有某个事件发生。
- 响应(response):一个实体希望响应一个事件。
- 确认(confirm):返回对先前请求的响应。

4. 网络体系结构

一个功能完备的计算机网络需要制定一整套复杂的协议集，网络协议是按层次结构来组织的。网络层次结构模型与各层协议的集合称为网络体系结构（network architeture），网络体系结构对计算机网络应该实现的功能进行了精确的定义，体系结构是抽象的，而实现是指能够运行的一些硬件和软件。

网络体系结构划分的原则为：

● 每层的功能应是明确的，并且是相互独立的，当某一层的具体实现方法更新时，只要保持上、下层的接口不变，便不会对邻居产生影响；

● 层间接口必须清晰，跨越接口的信息量应尽可能少；

● 层数应适中。若层数太少，则造成每一层的协议太复杂，若层数太多，则体系结构过于复杂，使描述和实现各层功能变得困难。

1.3.2 OSI 参考模型

在制定计算机网络标准方面，有两大国际组织起着很大作用，一个是国际标准化组织（International Standards Organization，ISO），另一个是国际电报与电话咨询委员会（Consultative Committee on International Telegraph and Telephone，CCITT）。但二者的工作领域有所不同，ISO 主要是考虑信息处理与网络体系结构标准的制定，CCITT 主要是考虑通信标准的制定。

OSI 开放系统互联/参考模型（Open System Interconnection/Reference Model，ISO/RM）是由国际标准化组织 ISO 制定的标准化开放式的计算机网络层次结构模型，又称 ISO OSI 参考模型。

ISO 制定的 OSI 参考模型是一个开放系统的层次体系结构，对层次之间的相互关系及各层所包括的可能的服务进行了说明，它包括了体系结构、服务定义和协议规范三级抽象。OSI 的体系结构定义了一个七层模型，用以进行进程间的通信，并作为一个框架来协调各层标准的制定；OSI 的服务定义描述了各层所提供的服务，以及层与层之间的抽象接口和交互用的服务原语；OSI 各层的协议规范，精确地定义了应当发送何种控制信息及何种过程来解释该控制信息。

需要强调的是，OSI 参考模型并非具体实现的描述，它只是一个为制定标准时而提供的概念性框架。在 OSI 中，只有各种协议是可以实现的，网络中的设备只有与 OSI 和有关协议相一致时才能互联。

OSI 参考模型依据以下原则对层次结构进行划分：

● 网中各节点都具有相同的层次；

● 不同节点的同等层具有相同的功能；

● 同一节点内相邻层之间通过接口通信；

● 每一层可以使用下层提供的服务，并向其上层提供服务；

● 不同节点的同等层通过协议来实现对等层之间的通信。

1. OSI 参考模型的结构

ISO OSI 参考模型将计算机网络划分成七个层次，如图 1.4 所示，从上到下依次是：应用层(application layer)、表示层(presentation layer)、会话层(session layer)、传输层(transport layer)、网络层(network layer)、数据链路层(data link layer)和物理层(physical layer)。

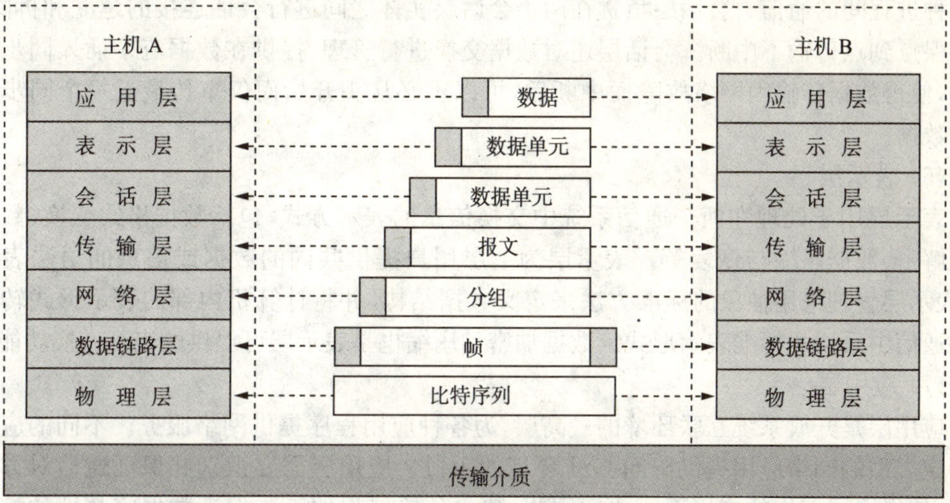

图1.4　OSI参考模型

2. OSI参考模型各层的功能

(1) 物理层

物理层利用传输介质为通信的网络节点之间建立、管理和释放物理连接，实现比特流的透明传输，为数据链路层提供数据传输服务。物理层定义了为建立、维护和拆除物理链路所需的机械的、电气的、功能的和规程的特性，具体涉及接插件的规格、"0"和"1"信号的电平表示、收发双方的协调等内容。物理层的数据传输单元是"比特"(bit)。

(2) 数据链路层

在物理层提供的服务基础上，数据链路层在通信的实体间建立数据链路连接，比特流被组织成"帧"(frame)，并以帧为单位进行传输，帧中包含地址、控制、数据及校验码等信息。数据链路层的主要作用是通过校验、确认和反馈重发等手段，将不可靠的物理链路变成无差错的数据链路。数据链路层还要协调收发双方的数据传输速率，进行流量控制，以防止接收方因来不及处理发送方来的高速数据而导致缓冲器溢出及线路阻塞。

(3) 网络层

网络层数据以分组 (packet)为单位进行数据传输。网络层通过路由选择算法为分组通过通信子网选择最适当的路径，为数据在节点之间传输创建逻辑链路。另外，为避免通信子网中出现过多的分组而造成网络阻塞，需要对流入的分组数量进行控制，当分组要跨越多个通信子网才能到达目的节点时，还需要解决网际互联的问题。

(4) 传输层

传输层向用户提供透明可靠的端到端(end-to-end)数据传输服务，处理数据包错误、数据包次序，以及其他一些端到端的差错控制和流量控制问题。传输层向高层屏蔽了下层数据通信的细节，使高层用户不必关心通信子网的存在，由此用统一的传输原语书写的高层软件便可运行于任何通信子网上。

(5) 会话层

会话层是进程—进程(process-process)的层次,其主要功能是组织和同步不同的主机上各种进程间的通信。会话层负责在两个会话层实体之间进行会话连接的建立和拆除,以便确保点到点传输不中断。会话层还对数据交换进行管理,提供在数据流中插入同步点的机制,使得数据传输因网络故障而中断后,可以不必从头开始而仅重传最近一个同步点以后的数据。

(6) 表示层

表示层用于处理在两个通信系统中交换信息的表示方式,包括数据格式变换、数据加密与解密、数据压缩与恢复等。表示层为上层用户提供共同的数据或信息的语法表示变换,表示层管理采用抽象的标准方法来定义数据结构,并将计算机内部的表示形式转换成网络通信中采用的标准表示形式。数据加密和压缩也是表示层可提供的表示变换功能。

(7) 应用层

应用层是开放系统互联环境的最高层,为各种应用程序提供网络服务。不同的应用层为特定类型的网络应用提供访问 OSI 环境的手段。应用层需要识别并保证通信对方的可用性,使得协同工作的应用程序之间同步,建立传输错误纠正与保证数据完整性的控制机制。网络环境下不同主机间文件传送的访问和管理、传送标准电子邮件的消息处理系统、使不同类型的终端和主机通过网络交互访问的虚拟终端协议等都属于应用层的范畴。

1.3.3　TCP/IP 参考模型

TCP/IP 协议(Transmission Control Protocol/Internet Protocol,传输控制协议/互联网协议)是美国的国防部高级计划研究局(DARPA)为实现 ARPANET(后来发展为 Internet)互联网而开发的,也是很多大学及研究所多年的研究及商业化的结果。目前,众多的网络产品厂家都支持 TCP/IP 协议,TCP/IP 已成为一个事实上的工业标准。

在刚开始 TCP/IP 协议研究时,并没有提出参考模型,20 世纪 70 年代和 80 年代 Kahn、Leiner、Clark 等人先后对 TCP/IP 参考模型进行了研究。到目前为止,TCP/IP 协议一共出现了 6 个版本,目前人们广泛使用的是版本 4,它的网络层 IP 协议一般记作 IPv4,最新的版本是版本 6,版本 6 的网络层 IP 协议一般记作 IPv6,IPv6 又被称为下一代的 IP 协议(IP next generation, IPng)。

TCP/IP 协议的特点如下:

- 开放的协议标准;
- 独立于特定的计算机硬件与操作系统;
- 独立于特定的网络硬件,可以运行在局域网、广域网,更适用于互联网中;
- 统一的网络地址分配方案,使得整个 TCP/IP 设备在网中都具有唯一的地址;
- 标准化的高层协议,可以提供多种可靠的用户服务。

1. TCP/IP 参考模型的结构

TCP/IP 参考模型将计算机网络划分了四个层次,从上到下依次是:应用层(application layer)、传输层(transport layer)、互联层(internet layer)、主机—网络层(host-to-network layer)。

TCP/IP 参考模型与 OSI 参考模型的对应关系如图 1.5 所示。

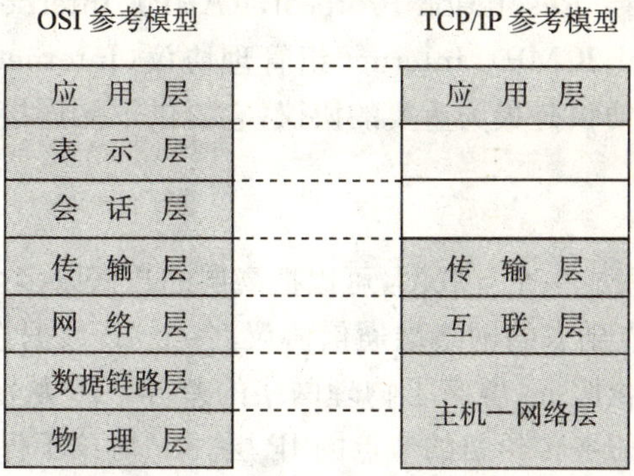

图 1.5　TCP/IP 参考模型与 OSI 参考模型的对应关系

TCP/IP 是一组协议的代名词,它还包括许多别的协议,这些共同组成了 TCP/IP 协议栈,如图 1.6 所示。

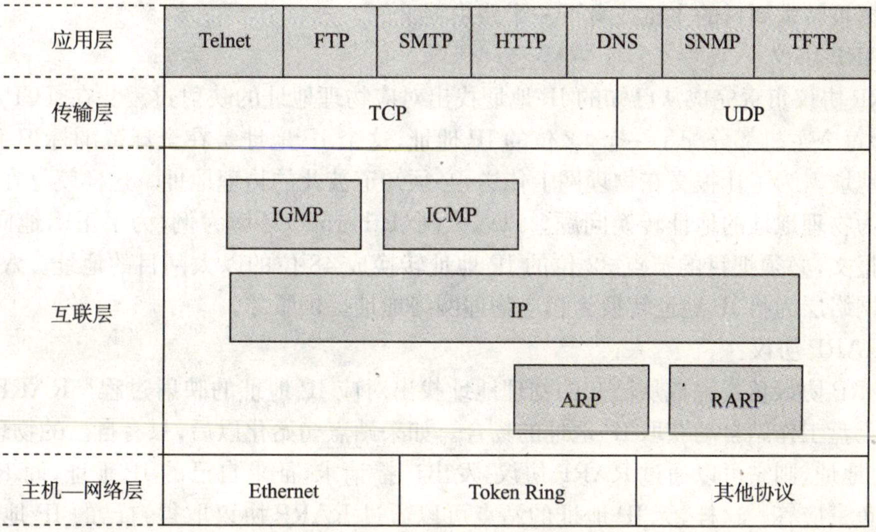

图 1.6　TCP/IP 协议栈

2. TCP/IP 参考模型各层的功能及协议

(1) 主机—网络层

主机—网络层又叫做网络接口层,是 TCP/IP 参考模型的最低层,负责通过网络发送和接收 IP 数据报。主机—网络层允许主机连入网络时使用多种现成的与流行的协议,如局域网的 Ethernet、令牌网、分组交换网的 X. 25、帧中继、ATM 协议等。当一种物理网被用作传送 IP 数据包的通道时,就可以认为是这一层的内容。主机—网络层的设计充分体现出 TCP/IP 协议的兼容性与适应性,它也为 TCP/IP 的成功奠定了基础。

(2) 互联层

TCP/IP 参考模型的互联层又叫做网际层,相当于 OSI 参考模型中网络层,提供无连接的网络服务,负责处理互联的路由选择、流量控制与拥塞问题。互联层的协议主要有:网际协议(Internet Protocol,IP)、地址解析协议(Address Resolution Protocol,ARP)、反向地址解析协议(Reverse Address Resolution Protocol,RARP)、Internet 控制报文协议(Internet Control Message Protocol,ICMP)、Internet 组管理协议(Internet Group Multicast Protocol,IGMP)等。其中,IP 协议是最为重要的协议,它提供了无连接的、"尽力而为"的数据报传送服务。

● IP 协议

IP 协议将多个网络联成一个互联网,可以把高层的数据以多个数据报的形式通过互联网分发出去。IP 协议是点到点的网络层通信协议,各个 IP 数据报之间是相互独立的。主机上的 IP 层向传输层提供服务,屏蔽了物理网络的差异。IP 从源节点的传输实体取得数据,通过它的数据链路层服务传给目的节点的 IP 层。IP 协议不保证服务的可靠性,在主机资源不足的情况下,它可能丢弃某些数据报,同时 IP 协议也不检查被数据链路层丢弃的报文。

在传送时,高层协议将数据传送给 IP 层,IP 协议再将数据封装为 IP 数据报,并交给数据链路层传送。若目的主机直接连在本网中,IP 协议可直接通过本网络将数据报传给目的主机;若目的主机在远程网络中,则 IP 协议通过路由器转发数据报,路由器依次通过下一网络将数据报转发到目的主机或者下一个路由器。

● ARP 协议

ARP 协议负责完成从已知的 IP 地址找出对应物理地址的映射过程。在 TCP/IP 网络环境下,每个主机都分配了一个 32 位的 IP 地址,这个 IP 地址是在全球范围标识主机的一种逻辑地址。为了让报文在物理网上传送,必须知道彼此的物理地址。这样就存在把 IP 地址变换为物理地址的地址转换问题。以以太网(Ethernet)环境为例,为了正确地向目的节点传送报文,必须把目的节点 32 位的 IP 地址转换成 48 位的以太网目的地址。ARP 协议就是在网络层为将 IP 地址转换为相应物理网络地址提供服务。

● RARP 协议

RARP 协议负责完成从已知的物理地址找出对应 IP 地址的映射过程。RARP 协议广泛用于无盘工作站自动获取 IP 地址的场合。如果站点初始化以后,只有自己的物理地址而没有 IP 地址,则它可以通过 RARP 协议,发出广播请求,征求自己的 IP 地址,而 RARP 服务器则负责应答。这样,无 IP 地址的站点可以通过 RARP 协议取得自己的 IP 地址,这个地址在下一次系统重新开始以前都有效,不用连续广播请求。

● ICMP 协议

为了使互联网能报告差错,或提供有关意外情况的信息,在 IP 层加入了一类特殊用途的报文控制机制,即 Internet 控制报文协议 ICMP。

ICMP 差错报告采用路由器—源主机的模式,路由器在发现数据报传输出现错误时只向源主机报告差错原因。路由器或目的主机在发现接收到的 IP 数据报出现问题时将产生有关的 ICMP 报文。例如,如果一个数据报不能传送,ICMP 便可以被用来警告分组源,说明有网络、主机或端口不可达,ICMP 也可以用来报告网络阻塞。ICMP 本身是网络层的一个协议,但 ICMP 报文通过 IP 数据报送出。ICMP 不能纠正差错,不能保证所有的 IP 数据报都能够传输到目的主机,它只是报告差错,差错处理需要由高层协议去完成。

● IGMP 协议

IGMP 协议是在组播环境下使用的协议,用来帮助组播路由器识别加入到一个组播组的成员主机。IGMP也使用IP数据报传递其报文,它是IP协议的一个组成部分。主机加入新的组播组需要向组播组的组播地址发送一个IGMP报文,本地的组播路由器收到IGMP报文后,将组成员关系转发给Internet上的其他组播路由器。组成员关系是动态的,本地组播路由器要周期性地探询本地局域网上的主机,以便知道这些主机是否还继续是组的成员。

(3) 传输层

传输层的主要功能是在互联网中源主机与目的主机的对等实体间建立用于会话的端到端连接;传输层有两个主要的协议:传输控制协议(Transmission Control Protocol,TCP)和用户数据报协议(User Datagram Protocol,UDP)。其中,TCP是一种可靠的面向连接协议,UDP是一种不可靠的无连接协议。

● TCP协议

TCP提供的是一种面向连接的、可靠的数据流服务,它在IP协议的基础上,向应用层提供端到端的面向连接的可靠传输。TCP通信建立在面向连接的基础上,实现了一种"虚电路"的概念。双方通信之前,先建立一条连接,然后双方就可以在其上发送数据流。TCP连接的建立采用三次握手的过程,整个过程由发送方请求连接、接收方确认、发送方再发送关于确认的确认三个过程组成。

TCP协议采用"确认与超时重传"技术来实现传输的可靠性。与发送方通信的接收方,每接收一次数据,就送回一个确认报文,发送方对每个发出去的报文都留一份记录,等到收到确认之后再发出下一报文分组。发送方发出一个报文分组时,启动一个计时器,若计时器计数完毕,确认还未到达,则发送者重新发送该报文分组。TCP协议还采用一种称为"滑动窗口"的流量控制机制来提高网络的吞吐量,窗口的范围决定了发送方发送的但未被接收方确认的数据报的数量。每当接收方正确收到一则报文时,窗口便向前滑动,这种机制使网络中未被确认的数据报数量增加,提高了网络的吞吐量。

● UDP协议

UDP协议是一种无连接的、不可靠的传输层协议,它在完成进程到进程的通信中仅提供了有限的差错检验功能。UDP服务不传送确认、不对报文排序、也不进行流量控制,UDP报文可能会出现丢失、重复、失序等现象。UDP协议设计比较简单,目的是希望以最小的开销来达到网络环境中的进程通信目的。在进程发送的报文较短、同时对报文的可靠性要求不高的应用场合,那么可以使用UDP协议。

(4) 应用层

TCP/IP协议栈的应用层包含了在各种不同机型上广泛实现的应用协议,这些协议有网络终端协议(TELNET)、文件传输协议(File Transfer Protocol,FTP)、简单邮件传输协议(Simple Mail Transfer Protocol,SMTP)、超文本传输协议(Hyper Text Transfer Protocol,HTTP)、域名系统(Domain Name System,DNS)、简单网络管理协议(Simple Network Management Protocol,SNMP)等。

● TELNET

TELNET是一个网络终端协议,用于传送具有TELNET控制信息的数据。它提供了与终端设备或终端进程交互的标准方法,支持终端到终端的连接及进程到进程分布式计算的通信。TELNET协议可以工作在任何主机(任何操作系统)或任何终端之间。

● FTP 协议

FTP 协议是互联网上提供的用于访问远程主机并使用户可以在本地机与远程机之间进行有关文件操作的一个协议。FTP 工作时需要建立两个 TCP 连接，一个用于传送文件，另一个用于传送控制。FTP 协议采用客户机/服务器模式，它包含 FTP 客户机和 FTP 服务器两部分。FTP 客户机启动传送过程，而 FTP 服务器对其做出应答。FTP 客户机大多有一个交互式界面，授权或匿名用户可以灵活地向远程主机上传或下载文件。

● SMTP 协议

SMTP 是一个简单的邮件传输协议，用于电子邮件程序向邮件服务器中发送邮件。SMTP 协议作为应用层的服务，运行在 TCP 协议之上，使用简单的命令传输邮件。SMTP 协议使用客户机/服务器工作模式，发送邮件的 SMTP 进程是 SMTP 客户机，接收邮件的 SMTP 进程是 SMTP 服务器。

● HTTP 协议

HTTP 协议是用于从 WWW 服务器传输超文本到本地浏览器的传送协议，它定义了 Web 客户机(即浏览器)如何从 WWW 服务器上请求 Web 页面以及 WWW 服务器如何把 Web 页面传送给客户机的机制。HTTP 是一个属于应用层的面向对象的协议，支持客户机/服务器工作模式，具有简单、快速、使用灵活等优点，允许传输任意类型的数据对象，适用于分布式超媒体信息系统。HTTP 协议还是一个无连接、无状态的协议。无连接的含义是限制每次连接只处理一个请求，服务器处理完客户的请求，并收到客户的应答后，即断开连接；无状态是指协议对于事务处理没有记忆能力。

● DNS

DNS 是一个域名服务的协议，提供域名到 IP 地址的转换，允许对域名资源进行分散管理。TCP/IP 协议中规定的层次型名字管理机制叫做域名系统，域名系统的一个主要特点是允许区域自治。域名系统在设计了层次的域名的同时，提出了与其相对应的域名服务器系统，将域名转换为对应的 IP 地址。完成该功能的软件叫域名解析器，每个本地域名服务器都配置有一个域名解析器软件。

1.4 计算机网络安全及其体系结构

1.4.1 网络安全的概念

1. 网络安全的定义

国际标准化组织(ISO)对计算机系统安全(computer system security)的定义是：为数据处理系统建立和采用的技术和管理的安全保护，保护计算机硬件、软件和数据不因偶然和恶意的原因遭到破坏、更改和泄露。由此，我们可以将网络安全(network security)定义为：通过采用各种技术和管理安全保护措施，保护网络系统的硬件、软件及系统中的数据资源不因偶然和恶意的原因遭到破坏、更改和泄露，使网络系统连续、可靠、正常地运行，确保网络数据的可用性、完整性、保密性。所以，建立网络与信息安全保护措施的目的就是确保网络系统连续可靠正常地运行，网络服务不中断，确保经过网络传输和交换的数据不会发生更改、丢失、增加和泄露等。

根据上面网络安全的定义，我们可以从以下两个方面来理解网络安全。

● 系统运行安全：保证信息处理和传输系统的安全。即网络系统环境保护，系统硬件的可靠运行，系统结构设计安全，系统软件及数据库安全可靠等。

● 系统信息安全：保证在信息处理和传输系统中存储和传输的信息安全。如信息不被非法访问、散布、窃取、篡改、删除、识别和使用等。即保证网络信息的完整性、可用性和保密性。

另外，对于网络完全，如果从不同的角度来看，网络安全的侧重点又会随着"角度"的变化而变化。例如：

● 用户：从个人用户或企业用户的角度来看，他们希望涉及个人隐私或商业利益的信息在网络上传输时能受到机密性、完整性和真实性的保护，避免他人或对手利用窃听、冒充、篡改、抵赖等手段侵犯用户的利益，防止他人对用户的网络系统进行非法访问和破坏，希望网络系统可靠运行，网络中存储和传输的信息完整、可用和保密。

● 网络运行和管理者：从网络运行和管理者的角度看，他们希望对本地网络信息的访问、读写等操作受到保护和控制，避免出现"后门"、病毒、非法存取、拒绝服务和网络资源非法占用和非法控制等威胁，制止和防御网络黑客的攻击。

● 安全保密部门：从安全保密部门的角度看，他们希望对非法的、有害的或涉及国家机密的信息进行过滤和防堵，避免机要信息泄露，避免对社会产生危害，对国家造成巨大损失。防止有害信息出现，防止敏感信息泄露。

● 社会教育和意识形态：从社会教育和意识形态的角度来看，他们希望控制有害信息在网络上的传播。网络上不健康的内容，会对社会的稳定和人类的发展造成阻碍，必须对其进行控制。

2. 网络安全的内容

一个安全的计算机网络应该具有可靠性（reliability）、可用性（availability）、完整性（integrity）、保密性（confidentiality）、不可否认性（non-repudiation）和可控性（controllability）等特点。计算机网络不仅要保护计算机网络设备安全和计算机网络系统安全，还要保护数据安全等。因此，针对计算机网络本身可能存在的安全问题，实施网络安全保护方案以确保计算机网络自身的安全性是每一个计算机网络都要认真对待的一个重要问题。

具体来说，网络安全技术涉及以下几个方面的内容。

● 系统的可靠性：保证网络系统不因各种因素的影响而中断正常工作，网络系统能够连续、可靠、正常地运行。

● 数据的完整性：保护网络系统中存储和传输的软件与数据不被非法改变，数据未经授权不能进行更改，即信息在存储或传输过程中保持不被修改、不被破坏和丢失的特性。例如，用户发给别人的电子邮件，保证到接收端的内容没有发生改变。

● 数据的可用性：保证软件和数据能被合法用户访问和正常利用，即当授权的用户有访问需要时能存取所需的信息。例如，保护邮件服务器安全不因其遭到拒绝服务攻击而无法正常工作，使用户能正常收发电子邮件。网络环境下拒绝服务、破坏网络和有关系统的正常运行等都属于对可用性的攻击。

● 数据的保密性：利用密码技术对数据进行加密处理，保证在系统中存储和网络上传输的数据不被无关人员识别，信息不泄露给非授权用户或供其利用。例如，网上传输的信用卡账号和密码不被识破。

● 不可否认性：指在信息交互过程中，确信参与者的真实同一性，即所有参与者都不可能否认或抵赖曾经完成的操作和承诺。

● 可控性：对信息的网上传播及内容具有控制能力，网络上存储和传输的信息是可控和可管理的。

网络安全从其本质上来讲，就是网络上的信息安全。从广义来说，凡是涉及网络上信息的完整性、可用性、保密性、不可否认性和可控性的相关技术和理论都是网络安全的研究领域。

3. 网络安全威胁

所谓网络安全威胁（network security threats）是指某个实体（人、事件、程序等）对某一网络资源的安全性可能造成的危害。网络系统的威胁主要表现有：非法授权访问，假冒合法用户，病毒破坏，线路窃听，干扰系统正常运行，修改或删除数据等。这些威胁大致可分为无意威胁和故意威胁两大类。

(1) 无意威胁

无意威胁是在无主观意愿的情况下破坏系统的安全性、可靠性或信息资源的完整性等。无意威胁主要是由一些偶然因素引起，如软、硬件的功能失常、电源故障、管理不善、人为误操作和自然灾害等。其中，自然灾害造成的不安全因素包括地震、水灾、火灾、战争等原因造成网络的中断、系统的破坏、数据的丢失等。

(2) 有意威胁

有意威胁实际上就是对网络和信息系统有意图地进行人为攻击。由于网络本身存在脆弱性，因此总有某些人或某些组织想方设法利用网络系统达到某种目的，如从事工业、商业或军事情报搜集工作的间谍、黑客，他们对网络系统的安全构成了主要威胁。对系统的攻击范围，可以从随便浏览信息到使用特殊技术对系统进行攻击，以便得到有针对性的、敏感的信息。这些人为攻击又可分为被动攻击（passive attack）和主动攻击（active attack）。

被动攻击是指攻击者只通过观察网络线路上的信息，而不干扰信息的正常流动，被动攻击包括嗅探、信息收集等攻击方法。例如，被动地搭线窃听或非授权地阅读信息。被动攻击不容易被检测到，数据的合法用户对这种活动可能一点也不会觉察到。

主动攻击是指攻击者对传输中的信息或存储的信息进行各种非法处理，有选择地更改、插入、延迟、删除或复制这些信息。主动攻击是一种攻击者主动地访问他所需信息的故意行为，包括拒绝服务攻击、信息篡改、资源使用、欺骗等攻击方法。例如，远程登录到指定机器的端口找出公司运行的邮件服务器的信息，伪造无效 IP 地址去连接服务器，使接收到错误 IP 地址的系统浪费时间去连接那个非法地址。和被动攻击相比，主动攻击容易被识别和检测到，但破坏力更大，而且难以防范，它直接威胁到网络系统的可靠性、信息的保密性、完整性和可用性。

从信息安全的角度，被动攻击和主动攻击又有以下四种具体类型，如图 1.7 所示。

● 窃听（bugging）：攻击者未经授权浏览了信息资源。这是对信息保密性的威胁，例如通过搭线捕获线路上传输的数据等。

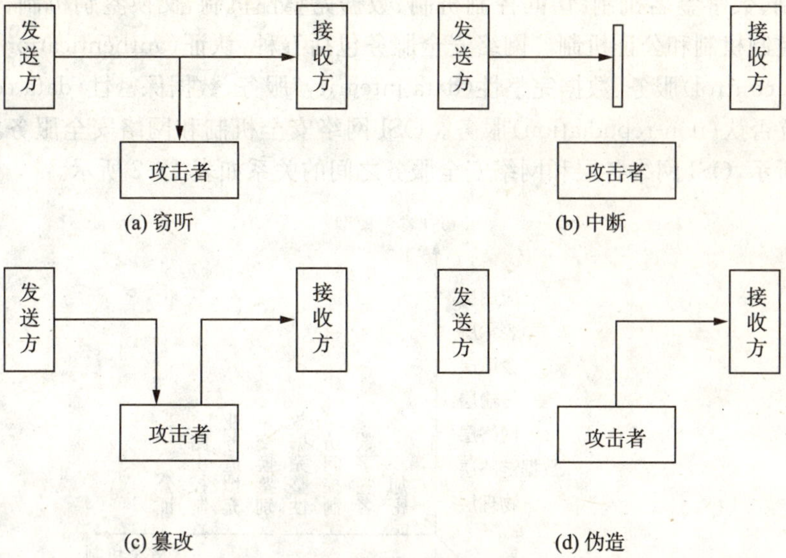

图 1.7　攻击类型

● 中断(interruption)：攻击者中断正常的信息传输，使接收方收不到信息，正常的信息变得无用或无法利用，这是对信息可用性的威胁，例如破坏存储介质、切断通信线路、侵犯文件管理系统等。

● 篡改(modification)：攻击者未经授权而访问了信息资源，并篡改了信息。这是对信息完整性的威胁，例如修改文件中的数据、改变程序功能、修改传输的报文内容等。

● 伪造(fabrication)：攻击者在系统中加入了伪造的内容。这也是对数据完整性的威胁，如向网络用户发送虚假信息、在文件中插入伪造的记录等。

随着计算机技术和通信技术的发展，计算机网络将日益成为工业、农业和国防等方面的重要信息交换手段，渗透到社会生活的各个领域。因此，认清网络的脆弱性和潜在威胁，采取强有力的安全策略，对于保障网络信息传输的安全性将变得十分重要。

1.4.2　网络安全体系结构

1. ISO OSI 安全体系结构

国际标准化组织(ISO)在开放系统互联参考模型(OSI/RM)的基础上，于 1989 年制定了在 OSI 环境下解决网络安全的规则：OSI 安全体系结构(ISO7498-2)。它扩充了基本参考模型，加入了安全问题的各个方面，为开放系统的安全通信提供了一种概念性、功能性及一致性的途径。OSI 安全体系结构是一个普遍适用的安全体系结构，它对具体网络的安全体系结构具有指导意义，其核心内容是保证异构计算机系统之间远距离交换信息的安全。

OSI 安全体系结构主要包括网络安全机制和网络安全服务两方面的内容，并给出了 OSI 网络层次、安全机制和安全服务之间的逻辑关系，如图 1.8 所示。安全机制是指设计用于检测、预防安全攻击或者恢复系统的机制；安全服务是指采用一种或多种安全机制以抵御安全攻击、提高机构的数据处理系统安全和信息传输安全的服务。网络安全机制包括八种:加密机制、数字签名机制、访问控制机制、数据完整性机制、交换鉴别机制、业务流填充机制、路由控制机制和公证机制。网络安全服务包括五种:认证(authentication)服务、访问控制(access control)服务、数据完整性(data integrity)服务、数据保密性(data confidentiality)服务和抗否认(non-repudiation)服务。OSI 网络安全机制和网络安全服务之间的关系如表 1-1 所示,OSI 网络各层和网络安全服务之间的关系如表 1-2 所示。

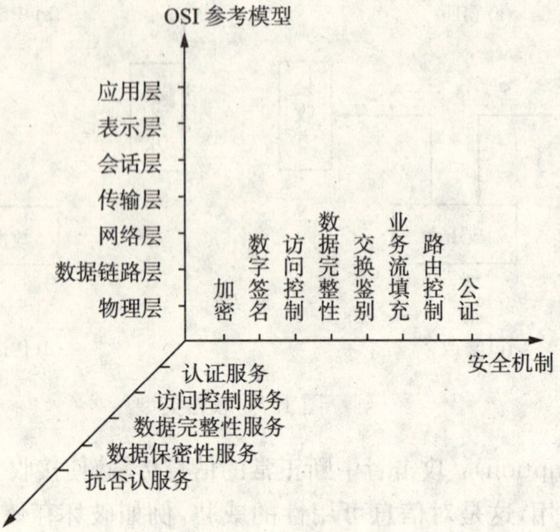

图 1.8　网络安全体系结构

表 1-1　OSI 安全机制和安全服务的关系

安全服务		加密	数字签名	访问控制	数据完整性	交换鉴别	业务流填充	路由控制	公证
认证服务	同等实体认证	√	√			√			
	数据源认证	√	√						
访问控制	访问控制服务			√					
数据完整性	带恢复功能连接完整性	√			√				
	不带恢复功能的连接完整性	√			√				
	选择字段连接完整性	√			√				
	选择字段无连接完整性	√	√		√				
	无连接完整性	√	√		√				
数据保密性	连接保密性	√						√	
	无连接保密性	√						√	
	信息流保密性	√					√	√	
抗否认服务	发送抗否认		√		√				√
	接受抗否认		√		√				√

表 1－2　OSI 网络各层和安全服务的关系

安全服务		安全机制						
		物理层	数据链路层	网络层	传输层	会话层	表示层	应用层
认证服务	同等实体认证			√	√			√
	数据源认证			√	√			√
访问控制	访问控制服务			√	√			√
数据完整性	带恢复功能连接完整性	√			√			√
	不带恢复功能的连接完整性			√	√			√
	选择字段连接完整性							√
	选择字段无连接完整性			√	√			√
	无连接完整性							√
数据保密性	连接保密性	√	√	√	√		√	√
	无连接保密性		√	√	√		√	√
	信息流保密性	√		√				√
抗否认服务	发送抗否认							√
	接受抗否认							√

2. 网络安全机制

为了实现各种 OSI 安全服务，ISO 建议了以下八种安全机制。

(1) 加密机制

加密是提供数据保密的最常用方法。按密钥类型划分，加密算法可分为对称密钥加密算法和非对称密钥加密算法两种；按明文处理方式分，可分为序列密码和分组密码算法两种。用加密的方法与其他技术相结合，可以提供数据的保密性和完整性。除了会话层不提供加密保护外，加密可在其他各层上进行。与加密机制伴随而来的是密钥管理机制。

(2) 数字签名机制

数字签名是解决网络通信中特有的安全问题的有效方法。数字签名在电子商务中使用十分广泛，特别是针对通信双方发生争执可能产生的如下安全问题时：

- 否认：发送者事后不承认自己发送过某份文件。
- 伪造：接收者伪造一份文件，声称它发自发送者。
- 冒充：网上的某个用户冒充另一个用户接收或发送信息。
- 篡改：接收者对收到的信息进行部分篡改。

(3) 访问控制机制

访问控制是网络安全防范和保护的主要策略，它的主要任务是保证网络资源不被非法使用和非常访问。它也是维护网络系统安全、保护网络资源的重要手段。访问控制是按事先确定的规则决定主体对客体的访问是否合法。当一个主体试图非法使用一个未经授权使用的客体时，该机制将拒绝这一企图，并附带向审计跟踪系统报告这一事件。审计跟踪系统将产生报警信号或形成部分追踪审计信息。

(4) 数据完整性机制

数据完整性包括两种形式:一种是数据单元的完整性,另一种是数据单元序列的完整性。数据单元完整性包括两个过程,一个过程发生在发送实体,另一个过程发生在接收实体。保证数据完整性的一般方法是:发送实体在一个数据单元上加一个标记,这个标记是数据本身的函数,如一个分组校验或密码校验函数,它本身是经过加密的。接收实体是一个对应的标记,并将所产生的标记与接收的标记相比较,以确定在传输过程中数据是否被修改过。数据单元序列的完整性是要求数据编号的连续性和时间标记的正确性,以防止假冒、丢失、重发、插入或修改数据。

(5) 交换鉴别机制

交换鉴别是以交换信息的方式来确认实体身份的机制。用于交换鉴别的技术有:

- 口令:由发送方实体提供,接收方实体检测。
- 密码技术:将交换的数据加密,只有合法用户才能解密,得出有意义的明文。在许多情况下,这种技术与时间标记和同步时钟技术、双方或三方"握手"技术、数字签名和公证机构技术一起使用。
- 利用实体的特征或所有权。常采用的技术是指纹识别和身份卡等。

(6) 业务流填充机制

这种机制主要是对抗非法者在线路上监听数据并对其进行流量和流向分析。采用的方法一般由保密装置在无信息传输时,连续发出伪随机序列,使得非法者不知哪些是有用信息、哪些是无用信息。

(7) 路由控制机制

在一个大型网络中,从源节点到目的节点可能有多条线路,有些线路可能是安全的,而另一些线路是不安全的。路由控制机制可使信息发送者选择特殊的路由,以保证数据安全。

(8) 公证机制

在一个大型网络中,有许多节点或端节点。在使用这个网络时,并不是所有用户都是诚实的、可信的,同时也可能由于系统故障等原因使信息丢失、迟到等,这很可能引起责任问题,为了解决这个问题,就需要有一个各方都信任的实体——公证机构,如同一个国家设立的公证机构一样,提供公证服务,仲裁出现的问题。一旦引入公证机制,通信双方进行数据通信时必须经过这个机构来转换,以确保公证机构能得到必要的信息,供以后仲裁。

3. 网络安全服务

针对网络系统受到的威胁,OSI 安全体系结构要求的安全服务有以下五种。

(1) 认证服务

认证服务包括同等实体认证和数据源认证两种服务。使用同等实体认证服务可以对两个同等实体(用户或进程)在建立连接和开始传输数据时,进行身份的合法性和真实性验证,以防止非法用户的假冒,也可防止非法用户伪造连接初始化攻击。数据源认证服务可对信息源点进行鉴别,可确保数据是由合法用户发出,以防假冒。

(2) 访问控制服务

访问控制包括身份验证和权限验证。访问控制服务防止未授权用户非法访问网络资源，也防止合法用户越权访问网络资源。这种服务不仅可以提供给单个用户，也可以提供给封闭的用户组中的所有用户。

(3) 数据完整性服务

数据完整性服务防止非法用户对正常数据的变更，如修改、插入、延时或删除，以及在数据交换过程中的数据丢失。数据完整性服务防止非法用户的主动攻击，以保证数据接收方收到的信息与发送方发送的信息完全一致。数据完整性服务可分为以下五种情形，通过这些服务来满足不同用户、不同场合对数据完整性的要求。

● 带恢复功能的面向连接的数据完整性：该服务对一个连接上的所有用户数据的完整性提供保障，而且对任何服务数据单元的修改、插入、删除或重放都可使之复原。

● 不带恢复功能的面向连接的数据完整性：该服务除了不具备恢复功能之外，其余同前。

● 选择字段面向连接的数据完整性：该服务提供在连接上传送的选择字段的完整性，并能确定所选字段是否已被修改、插入、删除或重放。

● 选择字段无连接的数据完整性：该服务提供单个无连接数据单元中各个选择字段的完整性，能确定选择字段是否被修改。

● 无连接的数据完整性：该服务提供单个无连接的数据单元的完整性，能确定收到的数据单元是否已被修改。

(4) 数据保密性服务

采用数据保密性服务的目的是保护网络中各通信实体之间交换的数据，即使被非法攻击者截获，也使其无法解读信息内容，以保证信息不失密。该服务提供面向连接和无连接两种数据保密方式，连接保密即对某个连接上的所有用户数据提供保密，无连接保密即对一个无连接的数据报的所有用户数据提供保密。保密性服务还提供给用户可选字段的数据保护和信息流安全，即对可能从观察信息流就能推导出的信息提供保护。信息流安全的目的是确保信息从源点到目的点的整个流通过程的安全。

(5) 抗否认服务

抗否认服务可防止发送方发送数据后否认自己发送过数据，也可防止接收方接收数据后否认已接收过数据。它由两种服务组成：一是发送(源点)抗否认服务，二是接收(交付)抗否认服务。这实际上是一种数字签名服务。

● 发送抗否认：这种服务向数据接收者提供数据源的证据，从而可防止发送者否认发送过这个数据。

● 接收抗否认：这种服务向数据发送者提供数据已交付给接收者的证据，因而接收者事后不能否认曾收到此数据。

1.5　网络安全模型

计算机网络与信息安全是一个系统工程，必须保证网络系统和信息资源的整体安全性。为此，人们还建立了网络安全模型，对其整体安全性进行研究。P2DR 和 PDRR 就是常用的两种安全模型,分别如图 1.9 和 1.10 所示。

图 1.9　P2DR 网络安全模型

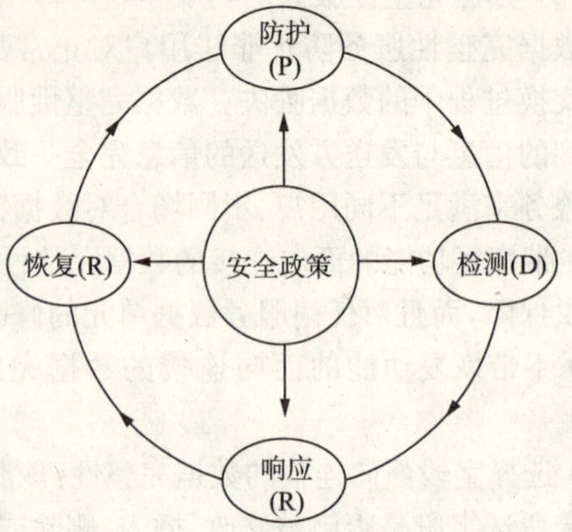

图 1.10　PDRR 网络安全模型

P2DR 模型是由美国国际互联网安全系统公司提出的一个可适应网络安全模型。P2DR 包括如下四个部分:Policy(策略)、Protection(防护)、Detection(检测)、Response(响应)。

PDRR 模型是美国国防部提出的“信息安全保护体系”中的重要内容,概括了网络安全的整个环节。PDRR 表示 Protection(防护)、Detection(检测)、Response(响应)、Recovery(恢复)。这四个部分构成了一个动态的信息安全周期。

1.5.1　P2DR 网络安全模型

P2DR 模型是可适应网络安全理论或称为动态信息安全理论的主要模型。P2DR 模型是由在 PDR(Protection-Detection-Response)模型基础上引申出的概念模型,也是目前被普遍采用的安全模型。P2DR 模型包含四个主要部分:Policy(策略)、Protection(防护)、Detection(检测)和 Response (响应)。防护、检测和响应组成了一个所谓的“完整的、动态的”安全循环,在安全策略的整体指导下保证信息系统的安全。

P2DR 模型的基本思想是:一个系统的安全应该在一个统一的安全策略(Policy)的控制和指导下,综合运用各种安全技术(如防火墙、操作系统身份认证、加密等手段)对系统进行保护,同时利用检测工具(如漏洞评估、入侵检测等系统)来监视和评估系统的安全状态,并通过适当的响应机制来将系统调整到相对“最安全”和“风险最低”的状态。

1. 安全策略

我们在考虑建立网络安全系统时,在分析了网络信息安全系统等级划分和评估了网络安全风险后,一个重要的任务就是要制订一个网络安全策略。一个策略体系的建立包括安全策略的制订、安全策略的评估、安全策略的执行等。网络安全策略一般包括两部分:总体的安全策略和具体的安全规则。

总体的安全策略用于阐述本部门的网络安全的总体思想和指导方针;而具体的安全规则是根据总体安全策略提出的具体的网络安全实施规则,它用于说明网络上什么活动是被允许的，什么活动是被禁止的。由于安全策略是安全管理的核心，所以要想实施动态网络安全循环过程，必须制订网络系统的安全策略，所有的防护、检测、响应都是依据安全策略实施的，网络系统安全策略为安全管理提供管理方向和支持手段。

2. 安全防护

防护就是根据系统可能出现的安全问题采取一些预防措施，是通过一些传统的静态安全技术及方法来实现的。通常采用的主动防护技术有数据加密、身份验证、访问控制、授权和虚拟网络(Virtual Private Network，VPN)技术等；被动防护技术有防火墙技术、安全扫描、入侵检测、路由过滤、数据备份和归档、物理安全、安全管理等。

防护是 P2DR 模型中最重要的部分，通过它可以预防大多数的入侵事件。防护可分为三类：系统安全防护、网络安全防护和信息安全防护。系统安全防护指操作系统的安全防护，即各个操作系统的安全配置、使用和打补丁等，不同操作系统有不同的防护措施和相应的安全工具；网络安全防护指网络管理的安全及网络传输的安全；信息安全防护指数据本身的保密性、完整性和可用性，数据加密就是信息安全防护的重要技术。

3. 安全检测

攻击者如果穿过防护系统，检测系统就会将其检测出来。例如检测入侵者的身份，包括攻击源、系统损失等。防护系统可以阻止大多数的入侵事件，但不能阻止所有的入侵事件，特别是那些利用新的系统缺陷、新攻击手段的入侵。如果入侵事件发生，就要启动检测系统进行检测。

检测与防护有根本的区别。防护主要是修补系统和网络缺陷，增加系统安全性能，从而消除攻击和入侵的条件，避免攻击的发生；而检测是根据入侵事件的特征进行的。因为黑客往往是利用网络和系统缺陷进行攻击的，因此，入侵事件的特征一般与系统缺陷特征有关。在 P2DR 模型中，防护和检测有互补关系。如果防护系统过硬，绝大部分入侵事件被阻止，那么检测系统的任务就减少了。

检测是动态响应的依据，也是强制落实安全策略的有力工具，通过不断地检测和监控网络系统，来发现新的威胁和弱点，通过循环反馈来及时做出有效的响应。

4. 安全响应

系统一旦检测出入侵，响应系统则开始响应，进行事件处理。P2DR 中的响应就是在已知入侵事件发生后，进行的紧急响应(事件处理)。响应的主要工作可分为两种：紧急响应和恢复处理。紧急响应就是当安全事件发生时采取的应对措施；恢复处理是指事件发生后，把系统恢复到原来状态或比原来更安全的状态。

紧急响应在安全系统中占有重要的地位，是解决潜在安全性最有效的办法。从某种意义上讲，安全问题就是要解决紧急响应和异常处理问题。要解决好紧急响应问题，就要制订好紧急响应方案，做好紧急响应方案中的一切准备工作。

恢复处理也包括系统恢复和信息恢复两方面内容。系统恢复是指修补缺陷和消除后门，不让黑客再利用这些缺陷入侵系统。消除后门是系统恢复的一项重要工作。一般说来，黑客第一次入侵是利用系统缺陷，在入侵成功后，黑客就在系统中留下一些后门，如安装木马程序，因此尽管缺陷被补丁修复，黑客还可再通过他留下的后门入侵系统。信息恢复是指恢复丢失的数据。丢失数据可能是由于黑客入侵所致，也可能是系统故障、自然灾害等原因所致。

1.5.2 PDRR 网络安全模型

最近，安全的概念已经从信息安全扩展到了信息保障，信息保障内涵已超出传统的信息安全保密，出现了将防护（Protect）、检测（Detect）、响应（React）和恢复（Restore）有机结合起来的 PDRR 模型。PDRR 模型把信息的安全保护作为基础，将保护视为活动过程，要用检测手段来发现安全漏洞，及时更正；同时采用应急响应措施对付各种入侵；在系统被入侵后，要采取相应的措施将系统恢复到正常状态，这样使信息的安全得到全方位的保障。该模型强调的是自动故障恢复能力。

PDRR 安全策略的每一部分包括一组相应的安全措施来实施一定的安全功能。其安全策略的第一部分是防护。根据系统已知的所有安全问题做出防护的措施，如打补丁、访问控制、数据加密等等。安全策略的第二个部分是检测。攻击者如果穿过了防护系统，检测系统就会检测出来。这个安全防线的功能就是检测出入侵者的身份，包括攻击源、系统损失等。一旦检测出入侵，安全策略的第三部分响应系统开始响应，包括事件处理和其他业务。安全策略的最后一个部分是系统恢复。在入侵事件发生后，把系统恢复到原来的状态。每次发生入侵事件，防护系统都要更新，保证相同类型的入侵事件不能再发生，所以整个安全策略包括防护、检测、响应和恢复，这四个方面组成了一个信息安全周期。

1. 防护

网络安全策略 PDRR 模型的最重要的部分就是防护。防护是预先阻止攻击可以发生的条件产生，让攻击者无法顺利地入侵，防护可以减少大多数的入侵事件。目前的网络安全防护技术主要有以下几种。

（1）缺陷扫描

安全缺陷分为两种，允许远程攻击的缺陷和只允许本地攻击的缺陷。允许远程攻击的缺陷就是攻击者可以利用该缺陷，通过网络攻击系统。只允许本地攻击的缺陷就是攻击者不能通过网络利用该缺陷攻击系统。对于允许远程攻击的安全缺陷，可以用网络缺陷扫描工具去发现。网络缺陷扫描工具一般从系统的外边去观察。其次，它扮演一个黑客的角色，只不过它不会破坏系统。缺陷扫描工具首先扫描系统所开放的网络服务端口，然后通过该端口进行连接，试探提供服务的软件类型和版本号。在这个时候，缺陷扫描工具有两种方法去判断该端口是否有缺陷：第一种方法是根据版本号，在缺陷列表中查出是否存在缺陷；第二种方法是根据已知的缺陷特征，模拟一次攻击，如果攻击表示可能会成功就停止并认为是缺陷存在（要停止攻击模拟避免对系统损害）。显然第二种方法的准确性比第一种要好，但是它扫描的速度会很慢。

（2）访问控制及防火墙

访问控制限制某些用户对某些资源的操作。访问控制通过减少用户对资源的访问，从而减少资源被攻击的概率，达到防护系统的目的。例如只让可信的用户访问资源而不让其他用户访问资源，这样资源受到攻击的概率几乎很小。防火墙是基于网络的访问控制技术，其在 Internet/Intranet 中的广泛应用已经成为不争的事实。防火墙技术可以工作在网络层、传输层和应用层，完成不同力度的访问控制。防火墙可以阻止大多数的攻击但不是全部，很多入侵事件通过防火墙所允许的规则进行攻击，例如通过 80 端口进行的攻击。

(3) 防病毒软件与个人防火墙

病毒就是计算机的一段可执行代码,这些病毒感染到计算机上的过程是完全被动的。计算机病毒的传统感染过程并不是利用系统上的缺陷,只要用户直接跟这些病毒接触,例如拷贝文件、访问网站、接受 E-mail 等该用户的系统就会被感染。一旦计算机被感染上病毒,这些可执行代码可以自动执行,破坏计算机系统。安装并经常更新防病毒软件会对系统安全起防护作用。防病毒软件根据病毒的特征,检查用户系统上是否有病毒。这个检查过程可以是定期检查,也可以是实时检查。

个人防火墙是防火墙和防病毒的结合。它运行在用户的系统中,并控制其他机器对这台机器的访问。个人防火墙除了具有访问控制功能外,还有病毒检测,甚至有入侵检测的功能,是网络安全防护的一个重要发展方向。

(4) 数据加密

加密技术保护数据在存储和传输中的保密性安全。所谓加密就是数据经过一种特殊处理使其看起来毫无意义,同时仍保持可以对其恢复成原始数据的途径。这个特殊处理的过程称为加密。加密之前的原始数据被称为明文。加密之后的数据被称为密文,从密文恢复到明文的过程叫解密。

一般来说,加密和解密的算法通常都是公开的。唯一使得数据得到保护的因素就是密钥。密钥其实是一个数值,加密算法使用这个数值对明文进行编码。解密算法就是用与之对应的密钥进行解码。

加密有两种技术:对称加密技术和公开密钥加密技术。在对称加密技术中,加密和解密过程使用同一密钥。数据加密标准(DES)就是对称加密方法的一个实例。在公开密钥加密技术中,加密和解密过程使用一对非对称的密钥:公开密钥和私有密钥。公开密钥可以让所有人知道,私有密钥则要保密。从公钥推导出私钥需要超大的计算量,实际上是不可行的。RSA 算法就是一种常见的公开密钥加密算法。

对称加密算法的优点是速度快,保密性强,但是它的缺点就是加密和解密过程使用同一个密钥,在通信中的应用遇到密钥安全发布的问题。公开密钥加密技术可以克服密钥发布的问题。它不但具有保密功能,还具有鉴别功能。但缺点是系统开销很大。在通常的安全通信中,公开密钥加密技术用在建立连接的时候,包括双方的认证过程以及密钥的交换。在连接建立后,双方可以使用对称加密技术对数据进行加密,提高加密和解密的效率。

(5) 鉴别技术

鉴别技术和数据加密技术有很紧密的关系。鉴别技术用在安全通信中,对通信双方互相鉴别对方的身份以及传输的数据。鉴别技术保护数据通信的两个方面:通信双方的身份认证和传输数据的完整性。鉴别技术主要使用公开密钥加密算法的鉴别过程,即如果你个人用自己的私有密钥对数据加密为密文,那么任何人都可以用相应的公开密钥对密文解密,但不能创建这样的密文,因为没有相应的私有密钥。

数字签名是在电子文件上签名的技术,确保电子文件的完整性。数字签名首先使用消息摘要函数计算文件内容的摘要,再用签名者的私有密钥对摘要加密。在鉴别这个签名的时候,先对加密的摘要用签名者的公开密钥解密,然后跟原始摘要比较。如果比较结果一致则数字签名是有效的,也就是说数据的完整性没有被破坏。

身份认证需要每个实体(用户)登记一个数字证书。这个数字证书包含该实体的信息

(如用户名、公开密钥)。另外,这个证书应该有一个权威的第三方签名,保证该证书上的内容是有效的。数字证书类似与生活中的身份证。数字证书确保证书上的公开密钥属于证书上的用户 ID 的,为了鉴别一个人的身份,只要用他的数字证书中的公开密钥去鉴别就可以了。公钥基础设施(Public Key Infrastructure,PKI)就是一个管理数字证书的机构,其中包括发行、管理、回收数字证书。PKI 的核心是认证中心(Certificate Authority,CA),它是证书认证链中有权威的机构,对发行的数字证书签名,并对数字证书上的信息的正确性负责。

2. 检测

PDRR 模型的第二个环节就是检测。上面提到防护系统除掉入侵事件发生的条件,可以阻止大多数的入侵事件的发生,但是它不能阻止所有的入侵。特别是那些利用新的系统缺陷、新的攻击手段的入侵。因此安全策略的第二个安全屏障就是检测,即如果入侵发生就检测出来,这个工具是入侵检测系统(Intrusion Detection System,IDS)。

防护主要修补系统和网络的缺陷,增加系统的安全性能,从而消除攻击和入侵的条件。检测并不是根据网络和系统的缺陷,而是根据入侵事件的特征去检测的。但是,黑客攻击系统的时候往往是利用网络和系统的缺陷进行的,所以入侵事件的特征一般与系统缺陷的特征有关系。因此防护和检测技术是有相关的理论背景的。

入侵检测系统是一个硬件系统和软件程序,它的功能是检测出正在发生或已经发生的入侵事件。这些入侵已经成功地穿过防护系统。一个入侵检测系统有很多特征,其主要特征为:检测环境和检测算法。根据不同的特征,入侵检测系统可以分为不同的类型。

根据检测环境不同,IDS 一般可以分为基于主机的 IDS(host-based)和基于网络的 IDS(network-based)。基于主机的 IDS 检测基于主机上的系统日志,审计数据等信息,而基于网络的 IDS 检测则一般侧重于网络流量分析。基于主机的 IDS 的优点在于它不但能够检测本地入侵(local intrusion),还可以检测远程入侵(remote intrusion)。而缺点则是它对操作系统依赖比较大,检测范围比较小。而基于网络的入侵检测系统的优点则在于检测范围是整个网段,独立于主机的操作系统。

根据检测所使用的方法,IDS 还可以分为两种:误用检测和异常检测。

误用检测技术需要建立一个入侵规则库,其中,它对每一种入侵都形成一个规则描述,只要发生的事件符合于某个规则就被认为是入侵。这种技术的好处在于它的误警率比较低,缺点是查全率完全依赖于入侵规则库的覆盖范围。另外,由于入侵规则的建立和更新完全靠手工,且需要很深的网络安全知识和经验,所以维持一个准确的入侵规则库是一件十分困难的事情。

异常检测技术不对每一种入侵进行规则描述,而是对正常事件的样本建立一个正常事件模型,如果发生的事件偏离这个模型的程度超过一定范围,就被认为是入侵。由于事件模型是通过计算机对大量的样本进行分析统计而建立的,具有一定的通用性,因此异常检测克服了一部分误用检测技术的缺点。但是相对来说异常检测技术的误警率较高。

入侵检测系统一般和紧急响应及系统恢复有密切关系。一旦入侵检测系统检测到入侵事件,它就会将入侵事件的信息传给应急响应系统进行处理。

3. 响应

PDRR 模型中的第三个环节就是响应。响应就是已知一个攻击(入侵)事件发生之后,进行事件处理。在一个大规模的网络中，响应这个工作都是由一个特殊部门负责，那就是计算机响应小组。世界上第一个计算机响应小组 CERT，位于美国 CMU 大学的软件研究所(SEI)，于 1989 年建立，是世界上最著名的计算机响应小组。从 CERT 建立之后，世界各国以及各机构也纷纷建立自己的计算机响应小组。我国第一个计算机紧急响应小组 CCERT，于 1999 年建立，主要服务于中国教育和科研网。

入侵事件的报警可以是入侵检测系统的报警，也可以是通过其他方式的报警。响应的主要工作也可以分为两种。第一种是紧急响应；第二种是其他事件处理。紧急响应就是当安全事件发生时采取应对措施，其他事件主要包括咨询、培训和技术支持。

4. 恢复

恢复是 PDRR 模型中的最后一个环节。恢复是事件发生后，把系统恢复到原来的状态，或者比原来更安全的状态。恢复也可以分为两个方面：系统恢复和信息恢复。系统恢复指的是修补该事件所利用的系统缺陷，不让黑客再次利用这样的缺陷入侵。一般系统恢复包括系统升级、软件升级和打补丁等。系统恢复的另一个重要工作是除去后门。一般来说，黑客在第一次入侵的时候都是利用系统的缺陷。在第一次入侵成功之后，黑客就在系统打开一些后门，如安装一个特洛伊木马。

所以，尽管系统缺陷已经被打补丁，黑客下一次还可以通过后门进入系统。系统恢复都是根据检测和响应环节提供有关事件的资料进行的。信息恢复指的是恢复丢失的数据。数据丢失的原因可能是由于黑客入侵造成，也可以是由于系统故障、自然灾害等原因造成的。信息恢复就是从备份和归档的数据恢复原来数据。信息恢复过程与数据备份过程有很大的关系。数据备份做得是否充分对信息恢复有很大的影响。信息恢复过程的一个特点是有优先级别。直接影响日常生活和工作的信息必须先恢复，这样可以提高信息恢复的效率。

1.5.3　P2DR 和 PDRR 网络安全模型的缺陷

网络安全防范体系的建设是一个长期的系统工程，安全防护也是一个动态的过程。经过长期的安全研究和安全实践，人们发现在企业的信息安全体系的构建和维护过程中，管理问题比技术问题更加重要和突出。

P2DR 安全模型存在一个明显的弱点，就是忽略了内在的变化因素和安全防范体系中安全管理的重要性。如人员的流动、人员的素质差异和策略贯彻的不稳定性。实际上，安全问题牵涉面广，除了涉及防护、检测和响应，系统本身安全的“免疫力”的增强、系统和整个网络的优化，以及人员这个在系统中最重要角色的素质提升，都是该安全模型没有考虑到的问题。

PDRR 模型也没有关注网络安全建设的工程过程，它没有阐述实现目标体系的途径和方法。和 P2DR 模型一样，PDRR 模型更侧重于技术，对诸如管理这样的因素并没有强调。网络安全体系应该是融合了技术和管理在内的一个可以全面解决安全问题的体系结构，它应该具有动态性、过程性、全面性、层次性和平衡性等特点，是一个可以在信息安全实践活动中真正依据的建设蓝图。

另外，由于对攻击行为的认识、证据来源、攻击知识的获取与转换等方面的不确定性，导致入侵检测系统误检与漏检，这些错误也限制了 PDRR 与 PPDR 模型防御未知网络攻击的能力。

1.6 网络安全评估准则

1.6.1 美国国防部可信计算机标准评估准则

1983 年美国国防部公布的《可信计算机标准评估准则》(Trusted Computer System Evaluation Criteria，TCSEC)把计算机安全等级分为四类 7 级。依据安全性从高到低的级别，依次为 A、B3、B2、B1、C2、C1、D 级，每级包括它下级的所有特性，如表 1-3 所示。

表 1-3 美国国防部《可信计算机标准评价准则》

级别	名称	说明
A 级	验证保护级	形式化的最高级描述和验证，形式化的隐蔽通道分析，非形式化的代码一致性证明
B3 级	安全域保护级	安全内核，高抗渗透能力
B2 级	结构化安全保护级	面向安全的体系结构，遵循最小授权原则，有较好的抗渗透能力，对所有的主体和客体提供访问控制保护，对系统进行隐蔽通道分析
B1 级	标记安全保护级	在 C2 安全级上增加安全策略模型，数据标记(安全和属性)，托管访问控制
C2 级	访问控制保护级	访问控制，以用户为单位进行广泛的审计
C1 级	自主安全保护级	有选择的访问控制，用户与数据分离，数据以用户组为单位进行保护
D 级	最低安全保护级	保护措施很少，没有安全功能

● D 类

D 类是最低保护等级，即无保护级。D 类是为那些经过评估，但不满足较高评估等级要求的系统设计的，只具有一个级别。该类是指不符合要求的那些系统，因此，这种系统不能在多用户环境下处理敏感信息。

● C 类

C 类为自主保护级。C 类具有一定的保护能力，具有对主体责任及其动作审计的能力，采用的措施是自主访问控制和审计跟踪，一般只适用于具有一定等级的多用户环境。

C1 级：自主安全保护级。C1 级通过隔离用户与数据，使用户具备自主安全保护的能力。它具有多种形式的控制能力，对用户实施访问控制，为用户提供可行的手段，保护用户和用户组信息，避免其他用户对数据的非法读写与破坏。C1 级的系统适用于处理同一敏感级别数据的多用户环境。

C2 级：访问控制保护级。C2 级计算机系统比 C1 级具有更细粒度的自主访问控制，C2 级通过注册过程控制、审计安全相关事件以及资源隔离，使单个用户为其行为负责。

● B类

B类为强制保护级。要求系统应维护完整的安全标记,并在此基础上执行一系列强制访问控制规则。B类系统中的主要数据结构必须携带敏感标记,系统的开发者还应提供安全策略模型以及规约,应提供证据证明访问监控器得到了正确的实施。

B1级:标记安全保护级。B1级系统要求具有C2级系统的所有特性,在此基础上,还应提供安全策略模型的非形式化描述、数据标记以及命名主体和客体的强制访问控制,并消除测试中发现的所有缺陷。

B2级:结构化安全保护级。在B2级中,系统应建立在一个明确定义并文档化形式化安全策略模型之上,要求将B1级系统中建立的自主和强制访问控制扩展到所有的主体与客体,在此基础上,应对隐蔽信道进行分析,系统应结构化为关键保护元素和非关键保护元素。系统接口必须明确定义,其设计与实现应能够经受更充分的测试和更完善的审查,鉴别机制应得到加强,提供可信设施管理以支持系统管理员和操作员的职能,提供严格的配置管理控制。B2级系统应具备相当的抗渗透能力。

B3级:安全域保护级。在B3级系统中,系统必须满足访问监控器需求,访问监控器对所有主体对客体的访问进行仲裁,访问监控器本身是抗篡改的,访问监控器还要足够小、能够分析和测试。为了满足访问控制器需求,可信计算机在构造时,要排除那些对实施安全策略来说并非必要的代码,在设计和实现时,从系统工程角度要将其复杂性降低到最小程度。B3级系统支持安全管理员职能和扩充审计机制,当发生与安全相关的事件时,能发出信号,提供系统恢复机制,系统具有很高的抗渗透能力。

● A类

A类为验证保护级。A类的特点是使用形式化的安全验证方法,保证系统的自主和强制安全控制措施能够有效地保护系统中存储和处理的秘密信息或其他敏感信息,为证明可信计算机满足设计、开发及实现等各个方面的安全要求,系统应提供丰富的文档信息。

1.6.2 通用安全评估准则

通用安全评估准则(Common Criteria,CC)是美国、加拿大、英国、法国、德国和荷兰共同制定的一个供欧美各国通用的信息安全评估准则,1999年国际标准化组织(ISO)采纳CC准则并作为ISO/IEC 15408国际标准发布。CC准则吸收了各先进国家对现代信息系统信息安全的经验与知识,将会对未来信息安全的研究与应用带来重大影响。CC准则的安全保护要求部分也将计算机安全分为7个保证级:EAL-1保证级到EAL-7保证级。

● EAL-1:功能测试级。EAL-1保证级是最低的安全保证级别,它定义了最小程度的保证。它以产品安全性能的分析为基础,并使用功能和接口设计来定义安全行为。

● EAL-2:结构测试级。EAL-2保证级执行对功能和接口规范的分析,以及对产品子系统的高级设计检查。

● EAL-3:系统测试和检查级。EAL-3保证级是一种中立的、独立的安全级别,其安全要由外部源来验证。该级别允许在设计阶段给予最大的保证,而在测试过程中几乎不加修改,开发人员必须提供测试数据(包括易受攻击的分析),并有选择地加以验证。

● EAL-4:系统设计、测试和复查级。EAL-4保证级是改进已有生产线可行的最高保证级别。它向用户提供了较高的安全级别,因为它是以良好的商业软件开发经验为基础的。它除了具有 EAL-3 保证级的内容外,还对产品的易受攻击性进行独立搜索。

● EAL-5：半形式化设计和测试级。EAL-5 保证级适用于那些要求较高保证级别的开发人员和用户。在该级别上,开发人员也必须提出设计规范,并说明如何在产品中实现这些规范。

● EAL-6：半形式化验证的设计和测试级。EAL-6 保证级包含一个半正式的验证设计和测试组件。它除包含 EAL-5 保证级的所有内容外,还要求提出实现的结构化表示。同时产品要经受严格的设计检查,且必须保持具有高度的抗攻击性能。

● EAL-7：形式化验证的设计和测试级。EAL-7 保证级用于最高级别的安全应用程序,它包含完整的、独立的和正式的设计、测试和验证。

1.6.3 我国计算机信息系统安全保护等级划分准则

1994 年,国务院发布了《中华人民共和国计算机信息系统安全保护条例》,该条例是计算机信息系统安全保护的法律基础。2001 年 1 月 1 日我国开始实施《计算机信息安全保护等级划分准则》,该准则为计算机信息系统安全法规和配套标准的制定和执法部门的监督检查提供了依据,为安全产品的研制提供了技术支持,为安全系统的建设和管理提供了技术指导,是我国计算机信息系统安全保护等级工作的基础。

我国《计算机信息安全保护等级划分准则》将计算机安全保护等级划分为五个级别,第一级到第五级。计算机信息系统安全保护能力随着安全保护等级的增高,逐渐增强。高级别的安全要求是低级别要求的超集。

● 第一级：用户自主保护级。该级使用户具备自主安全保护能力,保护用户的数据免受非法的读写和破坏。

● 第二级：系统审计保护级。除具备第一级所有的安全保护功能外,还要求创建和维护访问的审计跟踪记录,使所有的用户对自己行为的合法性负责。

● 第三级：安全标记保护级。除继承前一个级别的安全功能外,还要求为访问者和访问对象指定安全标记,以访问对象标记的安全级别限制访问者的访问权限。

● 第四级：结构化保护级。在继承前面安全级别安全功能的基础上,将安全保护机制划分为关键部分和非关键部分,对关键部分直接控制访问者对访问对象的存取,从而加强系统的抗渗透能力。

● 第五级：访问验证保护级。除具备第四级的功能外,这一级别特别增设了访问验证功能,负责仲裁访问者对访问对象的所有访问活动,具有极强的抗渗透能力。

【习题 1】

1. 计算机网络按传输技术可以分为哪几类？按覆盖范围又可以分为哪几类？
2. 计算机网络有哪些逻辑功能？
3. 计算机网络有哪几种拓扑结构？各有什么特点？
4. 什么是网络协议？什么是计算机网络的体系结构？
5. 简述 OSI 参考模型的层次,以及每个层次的功能。

6. TCP/IP 参考模型有哪几个层次？每个层次各有什么协议？
7. 什么是网络安全？网络安全技术涉及哪几个方面的内容？
8. 网络攻击有哪四种具体类型？
9. OSI 安全体系结构中的网络安全机制有哪几种？网络安全服务有哪几种？
10. 简述 P2DR 安全模型的定义和组成部分。
11. 简述 PDRR 安全模型和组成部分。
12. 可信计算机标准评估准则 TCSEC 把计算机安全等级分为哪几类，哪几级？

第2章　数据加密与认证

网络技术的飞速发展,网络安全问题越发凸显重要。数据加密技术,是对计算机信息进行保护的最实用和最可靠的方法,它是网络安全技术中的核心技术。对信息进行加密可以防止攻击者窃取网络机密信息,可以使系统信息不被无关者识别,也可以检测出非法用户对数据的插入、删除、修改及滥用有效数据的各种行为。

信息技术的飞速发展,使人们的生活面貌发生了很大改变,同时信息技术也促进了社会的发展。Internet 是一个面向大众的开放系统,对于信息的保密措施和系统的安全性考虑得并不完备,由此引起的网络安全问题也就日益严重,因此如何保护计算机信息的内容问题显得越来越重要。建立有关网络安全的行政人事管理制度,采用访问控制技术以及系统软硬件保护等固然是保护网络系统安全的有效措施,但它们都不能从根本上解决数据安全问题,而采用密码技术是保护网络中数据安全的一种非常实用、经济和有效的方法。

本章将重点介绍数据加密的密码体制、常用加密算法、密钥的管理技术以及基于加密技术的数字签名和身份认证技术。

2.1　数据加密概述

密码学(Cryptology)是一门古老而深奥的学科,它对一般人来说是陌生的,因为长期以来,它只在很小的范围内,如军事、外交、情报等部门使用。计算机加密技术是研究计算机信息加密、解密及其变换的科学,是数学和计算机的交叉学科,也是一门新兴的学科。在国外,它已成为计算机安全主要的研究方向,也是计算机安全课程教学中的主要内容。

密码学包括密码编码学(cryptography)和密码分析学(cryptoanalytics)两部分,这两部分相互对立,但也相互促进,相辅相成。密码编码学研究的是通过加密技术来改变被保护信息的形式,使得加密后的信息除指定接收者之外的其他人都不可理解;密码分析学研究的是如何破解一个密码系统,恢复被隐藏起来的信息的本来面目。

2.1.1　密码系统的组成

密码体制是指一个密码系统采用的基本工作方式。密码体制的基本要素是密码算法和密钥,其中密码算法是一些公式、法则或程序,而密钥是密码算法中的可变参数。密码算法分为加密和解密算法,前者是将明文变换成密文,后者是将密文变换成明文;密钥相应地也分为加密密钥和解密密钥。

一个密码系统由明文(Plain Text)、密文(Cipher Text)、加密/解密算法(Encryption/Decryption Algorithm)和密钥(Key)四个部分组成。数据加密过程就是通过加密系统把原始的数字信息(明文),按照加密算法变换成与明文完全不同的数字信息(密文)的过程,一个简单的密码系统示意图如图 2.1 所示。

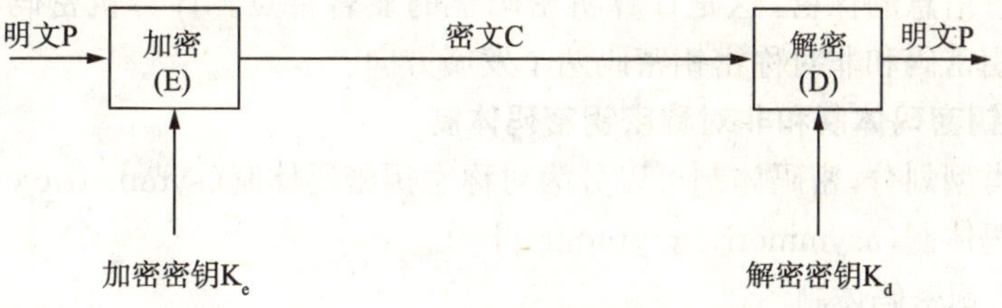

图 2.1　密码系统示意图

加密过程可看作是对明文 P 进行某种函数的数学变换,即

$$C=E_k(P)$$

其中,E_k 为含有一个可变参数 K 的加密变换函数,加密变换作用于明文 P 后得到密文 C。

同样,解密是对密文 C 进行某种函数的数学变换,即

$$P=D_k(C)$$

其中,D_k 为含有一个可变参数 K 的解密变换函数,解密变换作用于密文 C 后得到明文 P。

密钥可以看作是密码算法中的可变参数。从数学的角度来看,改变了密钥,实际上也就改变了明文与密文之间等价的数学函数关系。密码算法是相对稳定的,在这种意义上,可以把密码算法视为常量,而密钥则是一个变量。

由上述变换还可以看出,密文 C 经解密后还原成原来的明文 P,必须有

$$P=D_k(E_k(P))$$

因此,要求 D_k 与 E_k 必须是互逆变换,或记为 $D_k=E_k^{-1}$ 且 $E_k=D_k^{-1}$。

现代密码学的一个基本原则是一切秘密应寓于密钥之中,即在设计加密系统时,密码算法是可以公开的,真正需要保密的是密钥。密码算法的特点是在已知密钥的条件下,加密计算是简洁有效的;而在不知道密钥的情况下,解密计算是不可行的。

2.1.2　密码系统的分类

数据加密算法有很多种,密码算法标准化是信息化社会发展的必然趋势,是世界各国保密通信领域的一个重要课题。按照不同的标准,密码系统的分类也有所不同。

1. 传统密码学和计算机密码学

按密码的历史发展阶段划分,密码学可以分为传统密码学和计算机密码学两个发展阶段。

(1) 传统密码学

这是密码学发展的第一阶段,又称古典密码阶段。传统密码学主要是靠人工和机械进行信息加密、传输和破译。传统密码学加密的对象是文字信息,其内容都是基于某个字母表的,例如英文字母表、汉语拼音字母表等。传统密码系统的加密算法主要有替代加密、置

换加密等。

(2) 计算机密码学

这是密码学发展的第二阶段，又称现代密码学阶段。计算机密码学利用计算机进行自动或半自动地加密、解密和传输。计算机密码学加密的对象是计算机系统中所使用的数据，计算机系统普遍采用的是二进制数据。所以，以二进制的数字化信息为研究对象，并使用现代思想进行信息的保密，这是计算机密码学的显著特点。计算机密码学发展至今，又可分为对称密钥密码和非对称密钥密码两个发展方向。

2. 对称密钥密码体制和非对称密钥密码体制

按密钥的类型划分，密码体制可以分为对称密钥密码体制(symmetric cryptography)和非对称密钥密码体制(asymmetric cryptography)。

(1) 对称密钥密码体制

我们知道，加密和解密过程都要使用密钥。如果加密密钥和解密密钥相同或由其中一个很容易地得出另一个，这样的密码体制称为对称密钥密码体制。对称密钥密码体制中的加密和解密密钥都是要保密的。

对称密钥密码体制由于所用的加密密钥和解密密钥相同，也称为单钥密码体制。对称密钥密码体制的主要算法有 DES、IDEA、TDEA、MD5、RC5、AES 等。

(2) 非对称密钥密码体制

如果加/解密过程中使用的加密密钥与解密密钥不同，且由其中一个不容易得到另一个，则这种密码体制称为非对称密钥密码体制。非对称密钥密码体制中，往往其中一个密钥是公开的，另一个是保密的。

非对称密钥密码体制中，由于其中一个密钥是可以公开的，又称为公开密钥密码体制(public key cryptosystem)。非对称密钥密码体制的主要算法有 RSA、Elgamal、Rabin、DH、背包算法、椭圆曲线等。

3. 分组密码体制和序列密码体制

按明文加密时的处理方法划分，密码体制可以分为分组密码(block cipher)体制和序列密码(sequential cipher)体制两种。如果密文仅与给定的密码算法和密钥有关，与被处理的明文数据段在整个明文(或密文)中所处的位置无关，则称为分组密码体制。分组密码体制就是将明文分成固定长度的组，如 64bit 一组，用同一密钥和算法对每一组加密，输出也是固定长度的密文。如果密文不仅与给定的密码算法和密钥有关，同时也是被处理的明文数据段在整个明文(或密文)中所处的位置的函数，则称为序列密码体制。

(1) 分组密码

分组密码加密方式时，首先将明文序列以固定长度进行分组，每组明文用相同的密钥和算法进行变换，得到一组密文。分组密码是以块为单位，在密钥的控制下进行一系列线性和非线性变换而得到密文的。

分组密码的加/解密运算过程中，输出块中的每一位是由输入块的每一位和密钥的每一位共同决定。加密算法中重复地使用替代和移位两种基本的加密变换，使用打乱和扩散技术对信息进行隐藏。打乱就是改变数据块，使输出位与输入位之间没有明显的统计关系(替代)；扩散就是通过密钥位转移到密文的其他位上(移位)。

分组密码的特点是具有良好的扩散性、对插入信息的敏感性和较强的适应性，不足之处是加/解密速度慢，差错易扩散和传播等。

(2) 序列密码

序列密码的加密过程是把报文、语音、图像等原始信息转换为明文数据序列，再将其与密钥序列进行异或运算，生成密文序列发送给接收者。接收者用相同的密钥序列与密文序列再进行逐位解密(异或)，恢复明文序列。

序列密码加/解密的密钥，是采用一个比特流发生器随机产生二进制比特流而得到的。它与明文结合产生密文，与密文结合产生明文。序列密码的安全性主要依赖于随机密钥序列。

2.2　传统密码算法

传统加密算法加密的对象是文字信息，其内容都是基于某个字母表的，例如英文字母表、汉语拼音字母表等。传统的加密思想就是对这些文字信息进行替代(substitution)或置换(permutation)或二者相结合。所谓替代就是明文由其他的字母、数字或符号所代替，置换就是明文通过移位处理得到类型不同的映射。

2.2.1　替代密码算法

替代密码算法的设计思想是：加密时对于明文的每一个字母或一组字母并不去改变它的位置，只是将它以别的字母或符号来替代，从而形成密文；解密就是对密文进行逆替代得到明文的过程。

在传统密码学中，替代密码算法有单表替代、多表替代、多名码替代和多字母替代等多种方法。

1. 单表替代

单表替代就是明文的一个字母，用相应的另一个密文字母代替。替代规律是根据密钥形成一个新的字母表，与原明文字母表有相应的映射关系。循环移位替代就是一种单表替换密码算法，它首先建立英文字母与数字之间的对应表，如表 2-1 所示。

表 2-1　字母与数字之间的常用对应表

明文字母	a	b	c	d	e	f	g	h	i	j	k	l	m
数字序号	0	1	2	3	4	5	6	7	8	9	10	11	12
明文字母	n	o	p	q	r	s	t	u	v	w	x	y	z
数字序号	13	14	15	16	17	18	19	20	21	22	23	24	25

对于移位长度 k($0 \leqslant k \leqslant 25$)，循环移位替代密码定义加密算法为

$$y = E_k(x) = (x + k) \bmod 26$$

定义解密算法为

$$x=D_k(y)=(y-k) \bmod 26$$

其中，x 为明文字母对应的数字序号，y 为密文字母对应的数字序号，k 为密钥。改变密钥 k，也就改变了两个循环字母表的对应关系，也就改变了密文。

凯撒(Caesar)密码就是循环移位密码的一个特例。其加密方法就是将明文中的每个字母通过循环移位 3 位(k=3)，用其后面字母来替代，即明文 a、b、c、…、y、z 可分别由 d、e、f、…、b、c 来代替，如表 2-2 所示。

表 2-2 凯撒密码字母对应表

明文字母	a	b	c	d	e	f	g	h	i	j	k	l	m
密文字母	d	e	f	g	h	i	j	k	l	m	n	o	p
明文字母	n	o	p	q	r	s	t	u	v	w	x	y	z
密文字母	q	r	s	t	u	v	w	x	y	z	a	b	c

如果明文是“data is encrypted”，加密后则变为密文“gdwd lv hqfubswhg”。

循环移位密码算法是不太安全的，由于模为 26，仅有 26 个可能的密钥，它可被穷举密钥搜索所分析。尝试每一个可能的加密规则，直到一个有意义的明文串被获得，平均来说，一个明文在尝试 26/2=13 次解密规则后将显现出来。

另外，26 个英文字母在文字信息中的出现有一定的统计规律，单表替代密码算法由于没有把不同字母出现的频率隐藏起来，破译起来比较容易，不能抵抗明文统计特性的攻击。

2. 多表替代

多表替代密码由多个单字母密钥和替代密码构成。维吉尼亚(Vigenere)密码就是一种常用的多表替代密码。维吉尼亚密码循环使用有限个字母(密钥字符串)来生成密钥并实现替代，每个密钥字母被用来加密一个明文字母。第一个密钥字母加密明文的第一个字母，第二个密钥字母加密明文的第二个字母，依次类推。

维吉尼亚密码算法中，定义密钥为

$$K=(k_1, k_2, \cdots, k_m)$$

定义加密算法为

$$Y=E_k(x_1, x_2, \cdots, x_m)=(x_1+k_1, x_2+k_2, \cdots, x_m+k_m) \bmod 26$$

定义解密算法为：

$$X=D_k(y_1, y_2, \cdots, y_m)=(x_1-k_1, x_2-k_2, \cdots, x_m-k_m) \bmod 26$$

这里，所有的运算都是在(mod 26)中进行的。

维吉尼亚密码把 26 个字母循环移位，排列在一起，可以形成一个 26×26 的矩阵表，如表 2-3 所示。加密和解密时的明文、密钥、密文分别对应于矩阵表中的行、列及交点上的字母。例如，如果设置密钥字符串为“safe”，对于明文“data is encrypted”，则通过循环使用生成的密钥为“safesafesafesaf”，那么根据上述加密公式或查表 2-3，生成的密文为“vaye as jrurdtlei”。

维吉尼亚密码使用了多个映射表，根据密钥来决定用哪一行的密码表来进行替换，隐藏了单字母出现的频率分布，可以对抗字频统计的破译。维吉尼亚密码中，密钥字符串的长度就是密码的循环使用周期,周期越长的密码越难破译。

表 2-3　维吉尼亚密码表

a	b	c	d	e	f	g	h	i	j	k	l	m	n	o	p	q	r	s	t	u	v	w	x	y	z
b	c	d	e	f	g	h	i	j	k	l	m	n	o	p	q	r	s	t	u	v	w	x	y	z	a
c	d	e	f	g	h	i	j	k	l	m	n	o	p	q	r	s	t	u	v	w	x	y	z	a	b
d	e	f	g	h	i	j	k	l	m	n	o	p	q	r	s	t	u	v	w	x	y	z	a	b	c
e	f	g	h	i	j	k	l	m	n	o	p	q	r	s	t	u	v	w	x	y	z	a	b	c	d
f	g	h	i	j	k	l	m	n	o	p	q	r	s	t	u	v	w	x	y	z	a	b	c	d	e
g	h	i	j	k	l	m	n	o	p	q	r	s	t	u	v	w	x	y	z	a	b	c	d	e	f
h	i	j	k	l	m	n	o	p	q	r	s	t	u	v	w	x	y	z	a	b	c	d	e	f	g
i	j	k	l	m	n	o	p	q	r	s	t	u	v	w	x	y	z	a	b	c	d	e	f	g	h
j	k	l	m	n	o	p	q	r	s	t	u	v	w	x	y	z	a	b	c	d	e	f	g	h	i
k	l	m	n	o	p	q	r	s	t	u	v	w	x	y	z	a	b	c	d	e	f	g	h	i	j
l	m	n	o	p	q	r	s	t	u	v	w	x	y	z	a	b	c	d	e	f	g	h	i	j	k
m	n	o	p	q	r	s	t	u	v	w	x	y	z	a	b	c	d	e	f	g	h	i	j	k	l
n	o	p	q	r	s	t	u	v	w	x	y	z	a	b	c	d	e	f	g	h	i	j	k	l	m
o	p	q	r	s	t	u	v	w	x	y	z	a	b	c	d	e	f	g	h	i	j	k	l	m	n
p	q	r	s	t	u	v	w	x	y	z	a	b	c	d	e	f	g	h	i	j	k	l	m	n	o
q	r	s	t	u	v	w	x	y	z	a	b	c	d	e	f	g	h	i	j	k	l	m	n	o	p
r	s	t	u	v	w	x	y	z	a	b	c	d	e	f	g	h	i	j	k	l	m	n	o	p	q
s	t	u	v	w	x	y	z	a	b	c	d	e	f	g	h	i	j	k	l	m	n	o	p	q	r
t	u	v	w	x	y	z	a	b	c	d	e	f	g	h	i	j	k	l	m	n	o	p	q	r	s
u	v	w	x	y	z	a	b	c	d	e	f	g	h	i	j	k	l	m	n	o	p	q	r	s	t
v	w	x	y	z	a	b	c	d	e	f	g	h	i	j	k	l	m	n	o	p	q	r	s	t	u
w	x	y	z	a	b	c	d	e	f	g	h	i	j	k	l	m	n	o	p	q	r	s	t	u	v
x	y	z	a	b	c	d	e	f	g	h	i	j	k	l	m	n	o	p	q	r	s	t	u	v	w
y	z	a	b	c	d	e	f	g	h	i	j	k	l	m	n	o	p	q	r	s	t	u	v	w	x
z	a	b	c	d	e	f	g	h	i	j	k	l	m	n	o	p	q	r	s	t	u	v	w	x	y

2.2.2　置换加密算法

置换加密算法就是根据某种规则改变明文的顺序,形成密文。置换加密算法只对明文字母重新排序,位置变化了,而不隐藏它们,是一种打乱明原文顺序的方法。

一种置换方法是把明文按行写出,读出时按列进行,得到的即为密文。例如,明文为"data is encrypted",将其分为三行五列,则为以下形式:

d　a　t　a　i
s　e　n　c　r
y　p　t　e　d

按列从左至右读,可得到密文“dsy aep tnt ace ird”。这种置换方法的密钥可看作是“12345”,因为它是逐列从左到右按顺序读出的。解密时只须将密文按三行五列排列,然后逐行从上到下读出即可。

在上述置换方法的基础上,可以得到一种可选择密钥的置换算法。例如,使用“safer”作为密钥,仍然将明文为“data is encrypted”排列成三行五列的矩阵,由于“safer”各字母排序为“51324”,按此顺序将矩阵中的字母逐列输出,即可得到密文“aep ace tnt ird dsy”。

更进一步,还可以选择一个密钥字符串,通过循环使用来生成密钥,从而对一段文字进行置换加密。例如,对于明文“data is encrypted now”,可选择“safety”作为密钥,该密钥对应的数字顺序为“513246”,循环使用数字对上述明文进行置换加密。首先将明文按密钥周期分组,密钥的数字序列代表明文字母在密文中的排列顺序。每一组内的第一个字母移到密钥中“1”所在的位置,第二个字母移到密钥中“2”所在的位置,依次类推。上述明文加密后得到的密文为“idtaas yecnrp otdenw”。解密时只需按密钥“513246”的数字从小到大顺序地将对应的密文字符重新排列,即可得到明文。

上述传统的加密算法具有设计简单的特点,曾经得到大量的使用。但它们的一个主要弱点是算法和密钥密切相关。尤其是在计算机技术高度发展的今天,可以充分利用计算机进行密文分析。尽管如此,研究传统密码的加密原理,对于理解、构造和分析现代密码是十分有益的。

2.3　对称密钥密码体制

2.3.1　对称密钥密码体制的原理

对称密钥密码体制基本思想就是加密密钥和解密密钥相同或由其中一个可推导出另一个,又称谓单钥密码体制。对称密钥体制中使用时加密密钥和解密密钥均需要保密。对称密钥密码体制的通信模型如图 2.2 所示。对称密钥密码体制中,加密密钥和解密密钥是相同的或可互推算的,系统的保密性取决于密钥的安全性。因此,需要解决如何产生满足保密要求的密钥以及如何将密钥安全可靠地分配给通信对方(包括密钥产生、分配、存储、销毁)等问题。

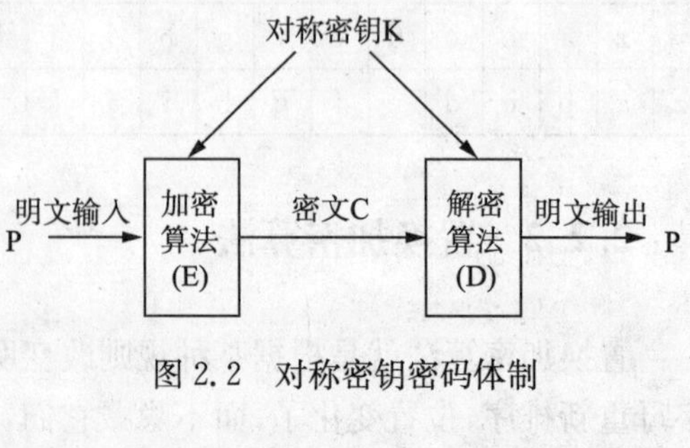

图 2.2　对称密钥密码体制

常用的对称密钥密码算法有 DES、IDEA、TDEA、AES、MD5、RC5 等算法。

2.3.2　DES 算法

DES(Data Encryption Standard,数据加密标准)算法是美国经过长时间征集和筛选后,于 1977 年由美国国家标准局颁布的一种加密算法。DES 算法后来又被国际标准化组织接受作为国际标准。DES 最先用于军事系统,后又推广到民用,应用最多的领域是在银行和商业系统中。

1. DES 算法的加密过程

DES 算法能对 64 位二进制数码组成的数据组在 64 位密钥的控制下进行 16 轮加密和解密变换。64 位密钥中有 8 位作为校验位(第 8、16、24、32、40、48、56 和 64 位),因此真正成为密钥的只有 56 位。

DES 加密过程如图 2.3 所示,它由初始置换、子密钥生成、乘积变换和逆初始置换四部分构成。

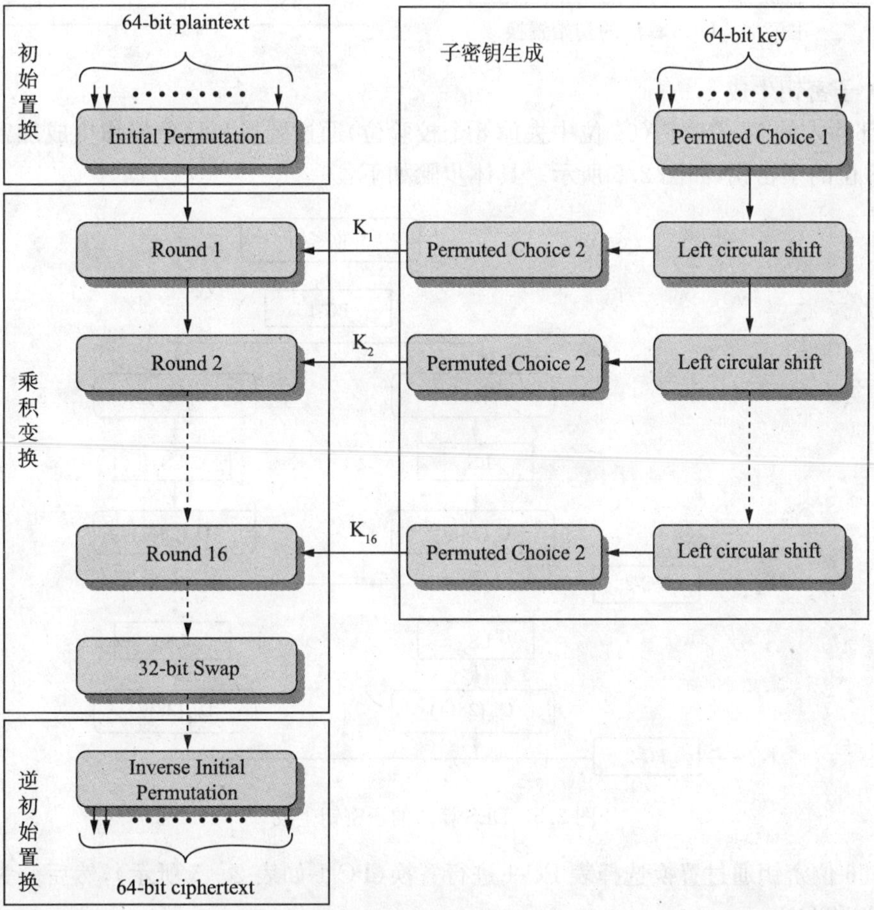

图 2.3　DES 算法的加密过程

(1) 初始置换

初始置换(initial permutation)是按照固定的矩阵对明文进行移位置换。给定明文 X,

通过一个固定的初始置换表来排列 X 中的位，得到 X_0。

$$X_0 = IP(X) = L_0R_0。$$

其中，L_0 由 X_0 前 32 位组成，R_0 由 X_0 的后 32 位组成。

初始置换过程如图 2.4 所示，初始置换表 IP 如表 2－4 所示。初始置换与密钥无关。

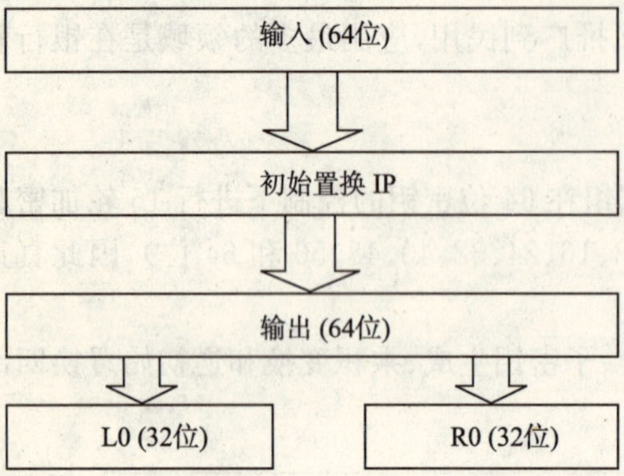

图 2.4　DES 算法的初始置换

表 2－4　初始置换表 IP

58	50	42	34	26	18	10	2
60	52	44	36	28	20	12	4
62	54	46	38	30	22	14	6
64	56	48	40	32	24	16	8
57	49	41	33	25	17	9	1
59	51	43	35	27	19	11	3
61	53	45	37	29	21	13	5
63	55	47	39	31	23	15	7

(2) 子密钥生成

外部输入的 56 位密钥(64 位中去掉 8 个校验位)通过置换和移位操作生成加密需要的 16 个 48 位的子密钥，如图 2.5 所示。具体步骤如下：

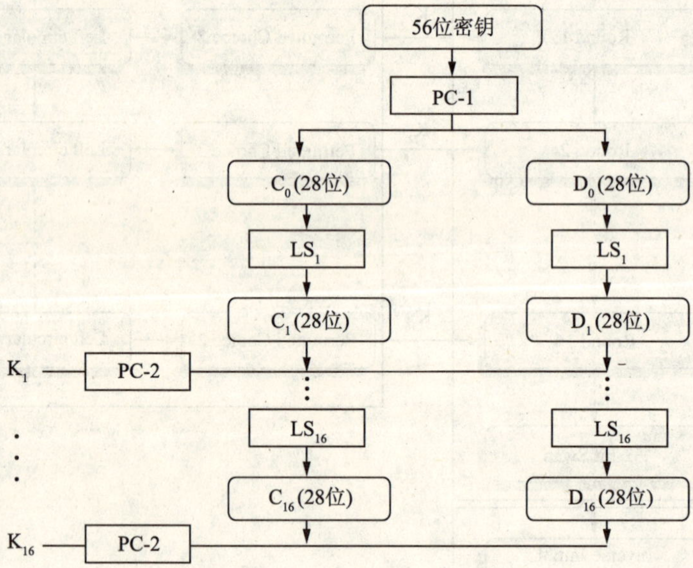

图 2.5　DES 算法的子密钥生成

① 56 位密钥通过置换选择表 PC-1 进行置换(PC-1 如表 2－5 所示)，然后分为左右各 28 位(C_0 和 D_0)；

② 两个 28 位按其轮数(1～16)进行不同位数的左移(LS_1～LS_{16})，左移规则如表 2－6 所示；

③ 将左右两部分(C_i 和 D_i)合成 56 位后，再经过置换选择表 PC-2 进行压缩置换(PC-2

如表 2－7 所示)，输出为 48 位的子密钥，用于后面第 i 轮的加密变换(i＝1～16)。

表 2－5　置换选择表 PC-1

57	49	41	33	25	17	9
1	58	50	42	34	26	18
10	2	59	51	43	35	27
19	11	3	60	52	44	36
63	55	47	39	31	33	15
7	62	54	46	38	30	22
14	6	61	53	45	37	29
21	13	5	28	20	12	4

表 2－7　压缩置换表 PC-2

14	17	11	24	1	5
3	28	15	6	21	10
23	19	12	4	26	8
16	7	27	20	13	2
41	52	31	37	47	55
30	40	51	45	33	48
44	49	39	56	34	53
46	42	50	36	29	32

表 2－6　左移规则表

轮数	1	2	3	4	5	6	7	8	9	10	11	12	13	14	15	16
位数	1	1	2	2	2	2	2	2	1	2	2	2	2	2	2	1

(3) 乘积变换

DES 算法的乘积变换过程是加密/解密过程的关键。乘积变换过程与密钥有关，而且非常复杂，包括线性变换和非线性变换。DES 采用的是分组加密，乘积变换过程通过多次重复的替代和置换方法，打乱原输入数据组，加大非规律性，增加系统分析的难度。

DES 算法乘积变换过程包含 16 个轮次，每轮使用的密钥依次为 K_1～K_{16}，每轮的变换过程如图 2.6 所示(i＝1～16)，具体步骤如下：

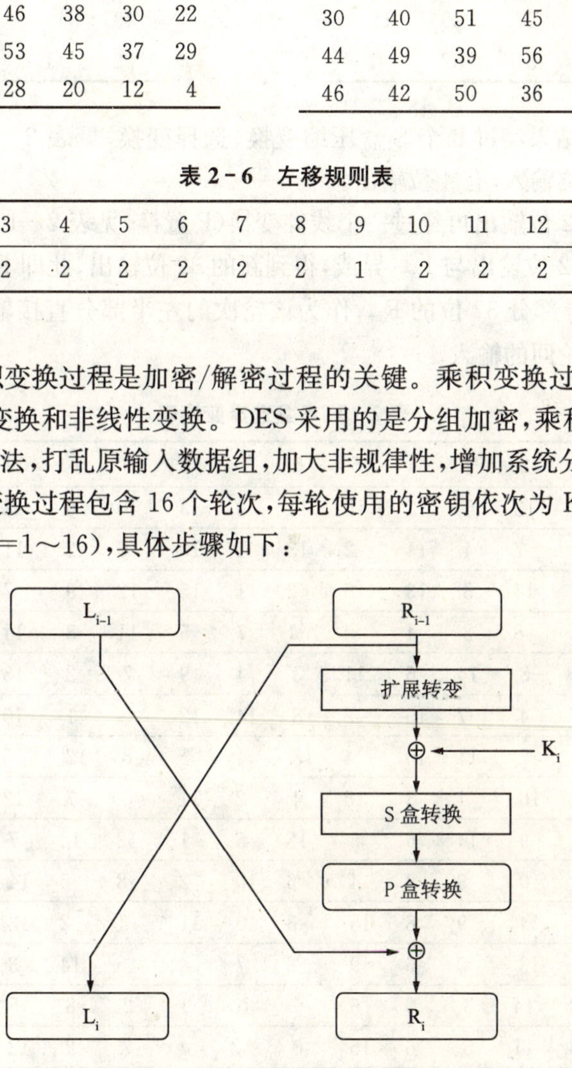

图 2.6　DES 算法的乘积变换

① 上一轮次的输出分为左右各 32 位两部分 L_{i-1} 和 R_{i-1}，作为本轮次的输入数据。第 1 轮次的输入为经过初始置换后的 64 位明文的左右两部分，即 L_0 和 R_0。

② 将 R_{i-1} 的 32 位进行扩展置换(E 盒子变换，见表 2－8)，置换成 48 位后再与第 i 组子密钥 K_i 进行异或运算。该步的扩展置换过程改变了位的次序，重复了某些位，使 32 位变换为 48 位。尽管输出分组大于输入分组，但每个输入分组产生唯一的输出分组。

表 2-8 E盒扩展变换表

32	1	2	3	4	5
4	5	6	7	8	9
8	9	10	11	12	13
12	13	14	15	16	17
16	17	18	19	20	21
20	21	22	23	24	25
24	25	26	27	28	29
28	29	30	31	32	1

表 2-10 P置换表

16	7	20	21
29	12	28	17
1	15	23	26
5	18	31	10
2	8	24	14
32	27	3	9
19	13	30	6
22	11	4	25

③ 48位的异或结果经过8个S盒压缩变换(选择变换,见表2-9),得到32位输出。其中,每个盒子有6位输入,有4位输出。

④ 8个盒子的32位输出再经过一个线性变换(P置换,见表2-10),得到32位输出。

⑤ P置换后的32位输出与L_{i-1}异或,得到新的32位输出,此即R_i。

⑥ 上一轮次右半部分32位的R_{i-1}作为该轮次的左半部分直接输出,即$L_i=R_{i-1}$。L_i与R_i一起作为下一轮回的输入。

表 2-9 S盒选择变换表

	列	0	1	2	3	4	5	6	7	8	9	10	11	12	13	14	15
S1	0	14	4	13	1	2	15	11	8	3	10	6	12	5	9	0	7
	1	0	15	7	4	14	2	13	1	10	6	12	11	9	5	3	8
	2	4	1	14	8	13	6	2	11	15	12	9	7	3	10	5	0
	3	15	12	8	2	4	9	1	7	5	11	3	14	10	0	6	13
S2	0	15	1	8	14	6	11	3	4	9	7	2	13	12	0	5	10
	1	3	13	4	7	15	2	8	14	12	0	1	10	6	9	11	5
	2	0	14	7	11	10	4	13	1	5	8	12	6	9	3	2	15
	3	13	8	10	1	3	15	4	2	11	6	7	12	0	5	14	9
S3	0	10	0	9	14	6	3	15	5	1	13	12	7	11	4	2	8
	1	13	7	0	9	3	4	6	10	2	8	5	14	12	11	15	1
	2	13	6	4	9	8	15	3	0	11	1	2	12	5	10	14	7
	3	1	10	13	0	6	9	8	7	4	15	14	3	11	5	2	12
S4	0	7	13	14	3	0	6	9	10	1	2	8	5	11	12	4	15
	1	13	8	11	5	6	15	0	3	4	7	2	12	1	10	14	9
	2	10	6	9	0	12	11	7	13	15	1	3	14	5	2	8	4
	3	3	15	0	6	10	1	13	8	9	4	5	11	12	7	2	14
S5	0	2	12	4	1	7	10	11	6	8	5	3	15	13	0	14	9
	1	14	11	2	12	4	7	13	1	5	0	15	10	3	9	8	6
	2	4	2	1	11	10	13	7	8	15	9	12	5	6	3	0	14
	3	11	8	12	7	1	14	2	13	6	15	0	9	10	4	5	3

续表

列		0	1	2	3	4	5	6	7	8	9	10	11	12	13	14	15
S6	0	12	1	10	15	9	2	6	8	0	13	3	4	14	7	5	11
	1	10	15	4	2	7	12	9	5	6	1	13	14	0	11	3	8
	2	9	14	15	5	2	8	12	3	7	0	4	10	1	13	11	6
	3	4	3	2	12	9	5	15	10	11	14	1	7	6	0	8	13
S7	0	4	11	2	14	15	0	8	13	3	12	9	7	5	10	6	1
	1	13	0	11	7	4	9	1	10	14	3	5	12	2	15	8	6
	2	1	4	11	13	12	3	7	14	10	15	6	8	0	5	9	2
	3	6	11	13	8	1	4	10	7	9	5	0	15	14	2	3	12
S8	0	13	2	8	4	6	15	11	1	10	9	3	14	5	0	12	7
	1	1	15	13	8	10	3	7	4	12	5	6	11	0	14	9	2
	2	7	11	4	1	9	12	14	2	0	6	10	13	15	3	5	8
	3	2	1	14	7	4	10	8	13	15	12	9	0	3	5	6	11

其中,第③步的 S 盒变换是将每个 S 盒的 6 位输入变换为 4 位输出,因此,48 位输入经过 8 个 S 盒变换,得到 32 位输出,该过程也叫压缩变换,如图 2.7 所示。每个 S 盒是一个 4 行 16 列的表,盒中的每一项都是一个 4 位二进制数对应的十进制数。S 盒的 6 位输入决定了其对应的输出在哪一行哪一列。6 位输入的第 1 和第 6 位组合构成了 2 位二进制数,可表示十进制数 0～3,它对应着表中的一行;6 位输入的第 2 到第 5 位组合构成了 4 位二进制数,可表示十进制数 0～15,它对应着表中的一列。例如,假设 S_1 盒的 6 位输入是 110100,其第 1 位和第 6 位组合为 10,它对应 S_1 盒的第 2 行;中间 4 位组合为 1010,它对应 S_1 盒的第 10 列。S_1 盒的第 2 行第 10 列的数是 9,其二进制数为 1001(行和列的计数均从 0 开始,而非从 1 开始)。1001 即为输出,则 1001 就代替了 110100。

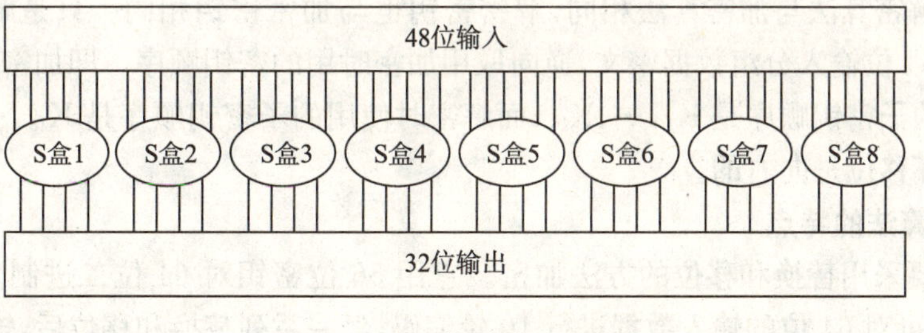

图 2.7　DES 算法的 S 盒变换

(4) 逆初始置换

DES 算法的逆初始置换完成一次简单的数码移位,也与密钥无关。它是把乘积变换输出的 64 位数码进行重新排列,其结果即为 64 位密文,如图 2.8 所示,逆初始置换表如表 2-11 所示。该组密文与其他各组明文加密得到的密文合在一起,即为原报文的加密结果。

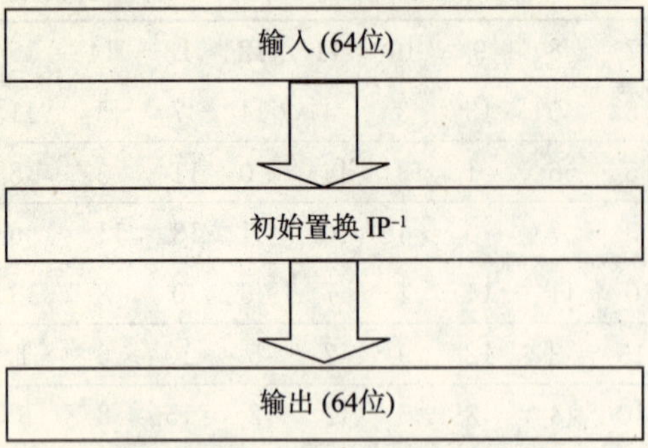

图 2.8　DES 算法的逆初始置换

表 2-11　逆初始置换表 IP^{-1}

40	8	48	16	56	24	64	32
39	7	47	15	55	23	63	31
38	6	46	14	54	22	62	30
37	5	45	13	53	21	61	29
36	4	44	12	52	20	60	28
35	3	43	11	51	19	59	27
34	2	42	10	50	18	58	26
33	1	41	9	49	17	57	25

2. DES 加密算法的数学描述

上述 DES 加密算法可以数学描述如下。

(1) 初始置换：$L_0R_0=IP(P_{64})$

其中，P_{64} 为 64 位输入明文。

(2) 子密钥生成：$K_i=g(i,key)$

其中，$i=1,2,\cdots,16$ 为加密轮次，key 为 56 为密钥，g 表示密钥运算函数，产生 48 位的子密钥。

(3) 乘积变换：$R_i=L_{i-1}\oplus f(R_{i-1},K_i)$，$L_i=R_{i-1}$

其中，$f(R_{i-1},K_i)$ 中涉及 E 变换、异或运算、P 盒变换和 S 盒代替等步骤。

(4) 逆初始置换：$C_{64}=IP^{-1}(L_{16},R_{16})$

3. DES 算法的解密过程

图 2.3 所示的是 DES 全部 16 轮(Round)的加密/解密结构图，其最上方的 64 位输入分组数据可能是明文也可能是密文，根据使用者要做加密或解密而定，而加密与解密的不同之处，只在于如图 2.3 所示的最右边的 16 个子密钥的使用顺序不同，加密的子密钥顺序为 $K_1,K_2,\cdots,K_{16}$，而解密的子密钥顺序正好相反，为 $K_{16},K_{15},\cdots,K_1$。

DES 的解密算法与加密算法相同，解密密钥也与加密密钥相同。只是解密时，图 2.3 中最上方的 64 位输入分组数据密文，逆向取用加密时用的密钥顺序。即加密时第 1—16 轮次迭代使用的子密钥顺序是 $K_1,\cdots,K_{16}$，而解密时使用的子密钥顺序是 $K_{16},\cdots,K_1$，产生子密钥时的循环移位是向右的。

4. DES 算法的特点

DES 主要采用替换和移位的方法加密。它用 56 位密钥对 64 位二进制数据块进行加密，每次加密可对 64 位的输入数据进行 16 轮编码，经一系列替换和移位后，输入的 64 位原始数据转换成完全不同的 64 位输出数据。

DES 属于分组加密算法。在这个加密系统中，其每次加密或解密的分组大小是 64 位，故 DES 没有密文扩充的问题。另一方面，DES 所用的加密或解密密钥(KEY)也是 64 位大小，但其中有 8 位是奇偶校验位，所以真正起密钥作用的只有 56 位，而 DES 加密与解密所用的算法除了子密钥的顺序不同之外，其他的部分则是完全相同的。DES 的核心是 S 盒，除 S 盒变换之外的计算都是线性的，S 盒作为该密码体制的非线性组件对安全性至关重要。

DES算法的优点是仅使用最大为64位的标准算术和逻辑运算，运算速度快，密钥生产容易，适合于在当前大多数计算机上用软件方法实现，同时也适合于在专用芯片上实现。

DES算法的弱点是不能提供足够的安全性，因为其密钥容量只有56位。由于这个原因，后来人们提出了TDEA(三重DES)系统，使用2个或3个不同的密钥对数据块进行三次加密，该方法比进行三次普通加密快。其强度大约和112比特的密钥强度相当。

2.3.3 TDEA和IDEA算法

1. TDEA算法

TDEA(Triple Data Encryption Algorithm)算法又叫做三重DES算法，它需要执行三次DES的加密，如图2.9所示。一般三重DES算法使用两个DES密钥。TDEA算法的加密步骤如下：

① 发送端用密钥 Key_1 进行DES加密；

② 发送端用密钥 Key_2 对上一结果进行DES解密；

③ 发送端用密钥 Key_3 对上一结果进行DES加密。

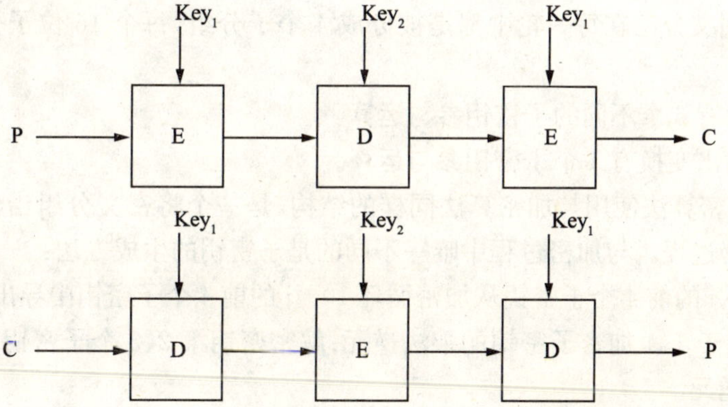

图2.9　TDEA算法

接收方解密时，则相应地使用 Key_3 解密，Key_2 加密，再使用 Key_1 解密。

2. IDEA算法

IDEA(International Data Encryption Algorithm，国际数据加密算法)算法是一种对称分组密码算法，是由瑞士联邦理工学院Xuejia Lai和James Massey在1990年提出的。IDEA算法的分组长度也是64位，但密钥长度是128位。IDEA算法是用128位密钥对64位二进制码组成的数据组进行加密的，也可用同样的密钥对64位密文进行解密变换。IDEA的密钥比DES的多一倍，增加了破译难度。

IDEA算法也是通过一系列的加密轮次操作的，每轮中也使用压缩函数进行变换，只是不使用移位置换。IDEA中使用的运算有异或、模 2^{16} 加法和模 $2^{16}+1$ 乘法。这三种运算彼此混合可产生很好的效果。IDEA算法的加密过程如图2.10所示，IDEA算法的加密方法可以归纳如下：

- 8轮的重复运算。

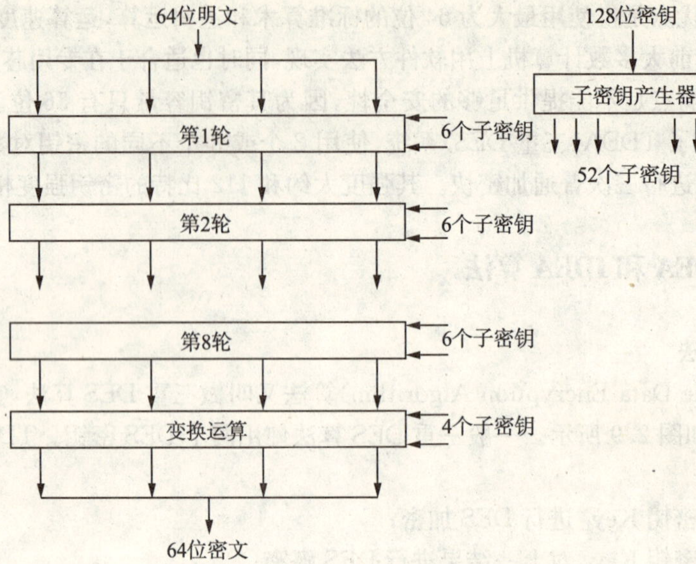

图 2.10 IDEA 算法

● 64 位的明文分组在每一轮中都是被分成 4 个子分组，每个 16 位子分组作为一个单元来处理。

● 每一轮中有 6 个不同的子密钥参与运算。

● 最后的输出变换有 4 个子密钥参与运算。

IDEA 的解密算法使用与加密算法同样的结构，是一个将密文分组当作输入而逐步恢复明文分组解密过程。与加密过程中唯一不同的是子密钥的生成方法：

● 解密循环 i 的前 4 个子密钥从加密循环 10－i 的前 4 个子密钥中导出；解密密钥第 1、4 个子密钥对应于 1、4 加密子密钥的乘法逆元；解密密钥第 2、3 个子密钥对应于 2、3 加密子密钥的加法逆元。

● 对前 8 个循环来说，循环 i 的最后两个子密钥等于加密循环 9－i 的最后两个子密钥。

IDEA 的设计目标可以归结为与密码强度和使用的方便性两方面有关，其中密码强度包括分组长度、密钥长度、混淆和扩散；使用的方便性指方便硬件和软件实现。通过由超大规模集成电路（VLSI）进行的硬件实现的设计目标是取得高速度，而软件实现则有灵活和低价的优点。

2.4 非对称密钥密码体制

2.4.1 非对称密码体制的原理

非对称密钥密码体制中加密密钥与解密密钥不同，且由其中一个密钥不容易推导出另一个密钥。非对称密钥系统中，其中一个密钥是公开的，另一个是保密的，因此非对称密钥密码体制又称为公开密钥密码体制。非对称密钥密码体制开创了密码学研究的新方向，其通信模型如图 2.11 所示。

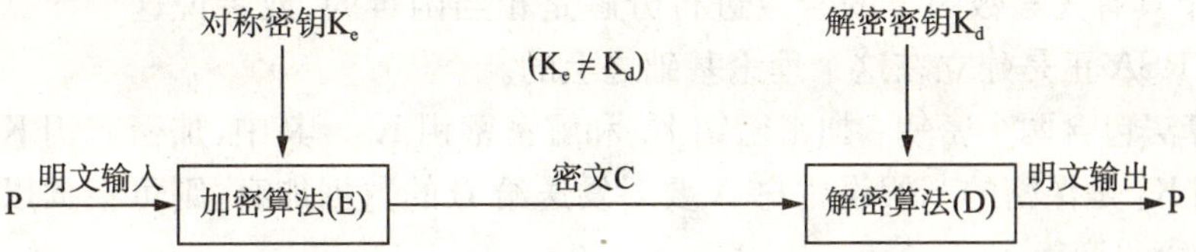

图 2.11　非对称密钥密码体制

用加密密钥 K_e 对明文 P 加密后，再用解密密钥 K_d 解密，即可恢复出明文，即

$$P=D_{K_d}(E_{K_e}(P))$$

加密和解密运算可以对调，即

$$P=D_{K_d}(E_{K_e}(P))=E_{K_e}(D_{K_d}(P))$$

但加密密钥不能用来解密，即

$$P\neq D_{K_e}(E_{K_d}(P))$$

在计算上要求很容易产生密钥对 K_e 和 K_d，但已知 K_e 是不能推导出 K_d 的，或者已知 K_d 也是不能推导出 K_e 的。

在非对称密钥密码体制中，加密密钥是公开的，称为公钥(public key)，解密密钥是保密的，称为私钥(private key)，加/解密算法都是公开的。

由于加密和解密运算可以对调，非对称密钥密码体制可用于加密和认证。用于加密时，发送方先使用公钥对明文进行加密运算，接收方再使用私钥对密文进行解密运算；用于认证时，发送方先使用私钥对明文进行解密运算，接收方再使用公钥对密文进行加密运算。即有

加密：P=D(E(P，public key)，private-key)

认证：P=E(D(P，private-key)，public-key)

非对称密钥算法是对对称密钥算法的重要补充，解决了对称密钥密码体制中的密钥分配和数字签名问题。常用的非对称密钥密码算法有 RSA、背包算法、Elgamal、Rabin、DH 等算法。

2.4.2　RSA 算法

RSA 算法(Rivest-Shamir-Adelman)是 1978 年由三名美国 MIT 科学家 Rivest，Shamir 和 Adelman 提出的一种著名的公开密钥密码算法，并以其三位发明者的名字命名。RSA 算法既能用于数据加密，也能用于数字签名。

经过多年的分析研究，在众多的公钥体制中，RSA 备受推崇，是目前应用最广泛的公钥加密算法。已被 ISO/TC97 的数据加密技术分委员会 SC20 推荐为公钥数据加密标准。在 RSA 算法中，加密密钥是公开的，而解密密钥是保密的。

RSA 算法的安全性基于分解大数字时的困难性。RSA 的理论依据为：寻找两个大素数比较简单，而将它们的乘积分解开则异常困难。

1. RSA 算法的原理

RSA 算法是建立在素数理论(Euler 函数和欧几里德定理)基础上的算法。由数论知识可知,将一个具有大素数因子的合数进行分解是相当困难的,或者说这个计算量是令人望而生畏的。RSA 正是建立在这个理论基础之上的。

RSA 算法包含两个密钥：加密密钥 K_e 和解密密钥 K_d。其中,加密密钥 K_e 是公开的,而解密密钥 K_d 是保密的。假设用户 A 要对发送给 B 的数据加密,则可根据以下步骤选择密钥和进行密码变换：

① 随机地选取两个不同的大素数 p 和 q(一般为 100 位以上的十进制数),并予以保密。

② 计算 $N=p\cdot q$,作为用户 A 的公开模数。

③ 计算 Euler 函数

$$\Phi(N)=(p-1)\cdot(q-1) \bmod N$$

Φ(N)也是要保密的。

④ 随机地选择一个与 Φ(n)互素的整数 e,作为用户 A 的公开密钥,且有 $1<e<\Phi(N)$。

⑤ 用欧几里德算法,计算满足同余方程

$$e\cdot d\equiv 1 \bmod \Phi(N)$$

的解 d,作为用户 A 的保密密钥,且有 $0\leqslant d\leqslant N$。

⑥ 任何向用户 A 发送明文的用户,均可用 A 的公开密钥 e 和公开模数 N,根据式

$$C=P^e \bmod N$$

得到密文 C, 这里 P 为明文,且有 $0\leqslant P<N$。

⑦ 用户 A 收到密文 C 后,可利用自己的保密密钥 d,根据

$$P=C^d \bmod N$$

得到明文 P。

RSA 算法中需要保密的是私钥 d 以及素数 p 和 q,公开发布的是公钥 e 和模数 N。另外,模幂运算是 RSA 算法中的主要运算。

2. RSA 算法举例

下面我们以对“HI”这个明文进行加密为例,来说明 RSA 算法的加密和解密过程。

(1) 选密钥

设 p=5、q=11,则公开模数 $N=5\cdot 11=55$,$\Phi(N)=(5-1)\cdot(11-1)=40$。取 e=3 作为公钥(3 与 40 互素),则私钥为 d=27(满足 $3\cdot 27\equiv 1 \bmod 40$)。

(2) 加密

利用 RSA 加密时需将明文数字化。设明文编码为:空格=00、“A”=01、“B”=02、…、“Z”=26,则明文 “HI”=0809。于是有

$$C1=(08)^3=512\equiv 17 \bmod 55$$

$$C2=(09)^3=729\equiv 14 \bmod 55$$

由于“N”=14、“Q”=17,所以密文为“QN”。

(3) 解密

$$P1=C1^d=(17)^{27}\equiv 08 \bmod 55$$

$$P2=C2^d=(14)^{27}\equiv 09 \bmod 55$$

因此,明文为“HI”。

2.4.3　混合加密方式

RSA 算法适用于数字签名和密钥交换。RSA 加密算法是目前应用最广泛的公钥加密算法，特别适用于通过 Internet 传送的数据。

我们知道，对称密钥密码体制中的 DES 算法具有可靠性较高（16 轮变换，增大了混乱性和扩散性，输出不残存统计信息）、加密/解密速度快、算法容易实现（可由软件和硬件实现，硬件实现速度快）、通用性强等优点，但也有密钥位数少、存在弱密钥和半弱密钥、便于穷尽攻击以及密钥管理复杂等缺点。与 DES 算法相比，RSA 算法具有以下优点：

- 密钥空间大；
- 密钥管理简单，网上每个用户仅保密一个密钥，且不需密钥配送；
- 便于数字签名；
- 可靠性较高，取决于分解大素数的难易程度。

RSA 算法的缺点是加密速度慢、算法复杂，加密/解密速度慢。如果 RSA 和 DES 结合使用，则正好弥补 RSA 的缺点。即 DES 用于明文加密，RSA 用于 DES 密钥的加密。由于 DES 加密速度快，适合加密较长的报文，而 RSA 可解决 DES 密钥分配的问题。一种混合了非对称和对称加密算法的加密方式如图 2.12 所示。

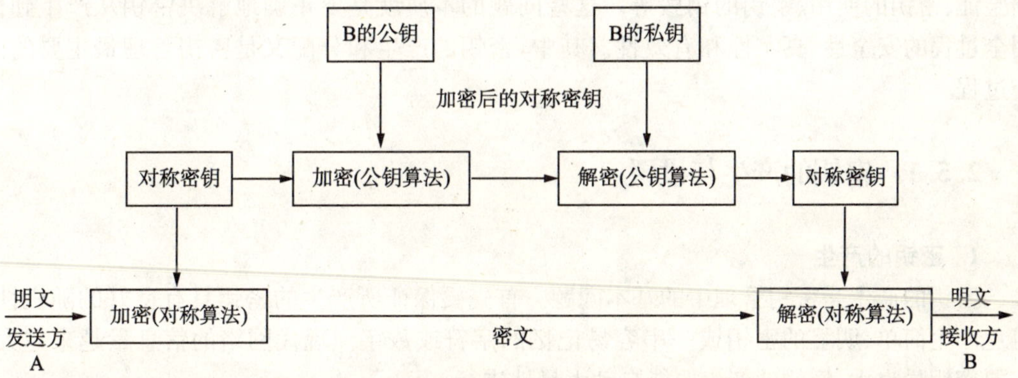

图 2.12　混合加密方式

这种混合加密方式的原理是：发送方 A 先使用 DES 或 IDEA 对称算法加密数据，然后使用公钥算法 RSA 加密前者的对称密钥；接收方 B 先使用 RSA 算法解密出对称密钥，再用对称密钥解密被加密的数据。要加密的数据量通常很大，但因对称算法对每个分组的处理仅需很短的时间就可完成，因此对大量数据的加密/解密不会影响效率（若使用 DES 加密芯片，则速度会更快）。上述混合加密方式又称为数字信封技术。

由于 RSA 的加密密钥也可以公开，整个系统需保密的只有少量 RSA 算法的解密密钥。因此，这些密钥在网络中就很容易被分配和传输了。又因为对称密钥的数据量很少（64/128 位），RSA 只需对其做 1～2 个分组的加密/解密即可，也不会影响系统效率的。因此，使用这种混合加密方式既可以体现对称算法速度快的优势，也可发挥公钥算法密钥管理方便的优势，二者各取其优，扬长避短。

2.5 密钥管理

在保障信息安全各种功能特性的诸多技术中，密码技术是信息安全的核心和关键技术。通过数据加密技术，可以在一定程度上提高数据传输的安全性，保证传输数据的完整性。在数据加密系统中，密钥控制加密和解密过程，一个加密系统的全部安全性是基于密钥的，而不是基于算法，所以加密系统的密钥管理是一个非常重要的问题。

当合理的密码算法确定后，密码系统的保密强度完全取决于密钥的保密程度。因此，密钥管理在整个保密系统中占有重要地位，若密钥得不到合理的保护和管理，即使算法再复杂，保密系统也是脆弱的。密钥管理的目的就是要保证数据保密系统安全性。一个好的密钥管理系统应该做到：

- 密钥难以被窃取；
- 在一定条件下窃取了密钥也没有用，密钥有使用范围和时间的限制；
- 密钥的分配和更换过程对用户透明，用户不一定要亲自掌管密钥。

密钥管理包括密钥的产生、密钥的存储和保护、密钥的更新、密钥的分发和传输、密钥的验证、密钥的使用、密钥的销毁等。这些问题的本质就是要正确地解决密钥从产生到使用全过程的安全性、真实性和有效性。其中，密钥的产生和分配又是密钥管理最主要的两个过程。

2.5.1 密钥的产生与设置

1. 密钥的产生

密钥的产生是密钥管理中的基本问题。首先要保证所产生的密钥具有良好的随机性，避免产生简单、明显的密钥或一串容易记忆的字符或数字。现代网络的信息量越来越大，需要密钥量也大，密钥的产生要能自动大量地进行。

密钥的产生主要利用噪声源技术，该技术就是产生二进制的随机序列或与之对应的随机数，其主要理论基础是混沌理论。使用随机系列发生器可以自动地产生大量随机的密钥。

密钥的生成与所使用的算法有关。如果生成的密钥强度不一致，则称该算法构成的是非线性密钥空间，否则称为是线性密钥空间。

2. 密钥的设置

流行的密钥保护方法是采用层次的密钥设置，其目的在于减少单个密钥的使用周期，增加系统的安全性。密钥的分层保护也叫主密钥管理体制。它是以对称密钥为基础的管理体制。把密钥分为几层，高一层密钥保护低一层密钥。

一般把密钥分为主密钥、辅助主密钥和会话密钥三个层次。主密钥对辅助主密钥进行加密保护，辅助主密钥对会话密钥进行加密保护。再用会话密钥对传输的具体信息进行加密保护。分层保护的思想就是把网络中大量使用的会话密钥置于辅助主密钥的保护之下，通过网络送到各通信点。再由极少量的主密钥保护辅助主密钥。

密钥设置还可根据网络的大小分为一级密钥、二级密钥和三级密钥等。整个网络的密钥的保护与传输，都由计算机控制，实现密钥管理的自动化。多层密钥体制大大加强了密码系统的可靠性，因为用得最多的工作密钥常常更换，而高层密钥用得较少，使得破译者的难度增大。

2.5.2 密钥的分配

密钥的分配是指在网络环境中使需要进行安全通信的端实体获得一个密钥的过程。目前，典型的密钥自动分配途径有两类：集中式分配方案和分布式分配方案。所谓集中式分配是指利用网络中的“密钥管理中心”来集中管理系统中的密钥，“密钥管理中心”接受系统中用户的请求，为用户提供安全分配密钥的服务。分布式分配方案取决于用户自己的协商，不受任何其他方面的限制。

1. 对称密码体制的密钥分配

对于通信方 A 和 B 来说，对称密码体制中密钥的分配可以用多种方法完成，常用的分配方案如下：

① 一个密钥可以由 A 选定，然后物理地传递给 B。

② 一个密钥由第三方 C 选定，然后物理地传递给 A 和 B。

③ 如果 A 和 B 都有一个和第三方 C 的加密连线，C 就可以通过加密连线把密钥传递给 A 和 B。

④ A 和 B 采用公钥密码体制对密钥进行加密和传送。

上述方案中，前两种方案使用物理方式传递，后两种方案能够实现自动分配，因而得到了广泛使用。方案③中，一个密钥分配中心（Key Distribution Center，KDC）负责按照需要分配密钥给各对用户（主机、进程和应用）。KDC 是一个密钥源，每个用户必须与 KDC 共享一个唯一的密钥，以便进行密钥分配。

基于 KDC 的密钥分配工作过程描述如下：

① 假设 A 要与 B 通信，A 先向 KDC 申请与 B 通信的会话密钥；

② KDC 为 A 和 B 选择一个会话密钥 K_s，分别用 A 和 B 知道的密钥进行加密，然后分送给 A 和 B；

③ A 和 B 得到 KDC 加密过的信息后，分别解密之，得到会话密钥 K_s。

④ 至此，A 与 B 即可进行通信了。通信结束后，K_s 随即被销毁。

方案④采用公开密钥加密方式对传统密钥进行分配。我们知道，公开密钥加密的一个主要功能是解决密钥分配问题。这种采用公开密钥对传统密钥进行保护与分配的体制可以设计如下：

① 若用户 A 与用户 B 通信，A 产生公钥 K_e 和私钥 K_d；

② A 将 K_e 传输给 B；

③ B 用 K_e 加密其产生的一个会话密钥 K_s，并传输给 A；

④ A 用 K_d 解密 K_s；

⑤ 用 K_s 加密 A 发给 B 的数据；

⑥ 通信结束后，K_s 被清除。

2. 非对称密码体制的密钥分配

非对称密钥密码体制中密钥的分配主要是解决公钥的分配问题。公钥的分配可以采用如下几种方法：

● 公开发布：采用广播的方式将密钥公开发布，其优点是实施简单，缺点是任何人都可伪装为发布者。

● 公开可访问目录：通过维护一个动态可访问的公钥目录来实现公钥的分配。

● 公钥授权：公钥授权建立在一个安全的、可信赖的密钥分配中心（KDC）的概念上，建有 KDC 的系统用户只需保管与 KDC 之间通信使用的加密密钥即可。

● 公钥证书：通信双方使用公钥证书来交换密钥。公钥证书要满足如下要求：任何通信方可以读取证书并确认证书拥有者的姓名和公钥；任何通信方可以验证该证书出自证书管理员，而不是伪造的；只有证书管理员才可以产生并更新证书；任何通信方可以验证证书的当前性。而公钥基础结构（Public Key Infrastructure，PKI）则是可以对公钥证书的进行管理的一种体制。

2.6 数字签名和认证技术

加密的作用就是防止网络上有价值的信息被窃取并识别，而基于加密技术的数字签名和认证技术就是用来确定用户身份的真实性和数据的真实性。

2.6.1 数字签名的概念

在金融和商业等系统中，许多业务都要求在单据上进行签名或加盖印章，证实其真实性，以备日后检查。在利用计算机网络来传送报文时，显然不能用手签的方法。因此，人们设计了数字签名（digital signature）的方法，来代替传统的手工签名。

手工签名是模拟的，因人而异，而数字签名是数字式的（0、1 数字串），因信息而异。数字签名可解决手写签名中的签字人否认签字或其他人伪造签字等问题。因此，被广泛用于银行的信用卡系统、电子商务系统、电子邮件以及其他需要验证、核对信息真伪的系统中。在计算机中数字签名可以利用公开密钥密码技术来实现。

为使数字签名能代替传统的签名，数字签名必须具备如下几个功能。

● 接收方能够确认发送方的签名，但不能伪造；

● 发送方发出签过名的信息后，不能再否认；

● 接收方对收到的签名信息后，也不能否认；

● 一旦收发双方出现争执，仲裁者可有充足的证据进行评判。

2.6.2 数字签名的方式

1. 直接数字签名

前面我们提到，公开密钥密码体制中，公钥加密的密文只能用私钥解密，私钥加密的密文只能用公钥解密，而且加密和解密运算是可以对调的。利用这一特性，公开密钥密码体制可以实现数字签名功能。

一个由公开密钥密码体制实现的、直接对报文进行数字签名的过程如图 2.13 所示。

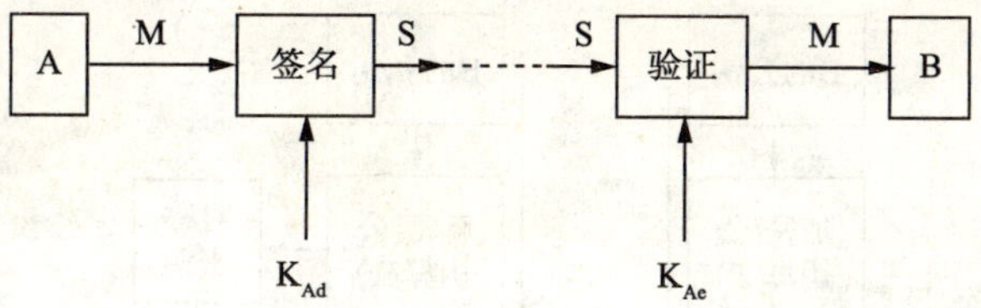

图 2.13　利用公开密钥密码体制实现的数字签名

图 2.13 中，A 为发送方，B 为接收方，K_{Ad}为发送方 A 的私钥，K_{Ae}为发送方 A 的公钥，M 为发送的报文。发送方 A 利用自己的私钥为对报文进行解密运算生成的带有数字签名的报文 S，接收方 B 收到 S 后，利用 A 发布的公钥对 S 进行加密运算，完成数字签名的验证。

一个典型的由公开密钥密码体制实现的、带有加密功能的数字签名过程如图 2.14 所示。

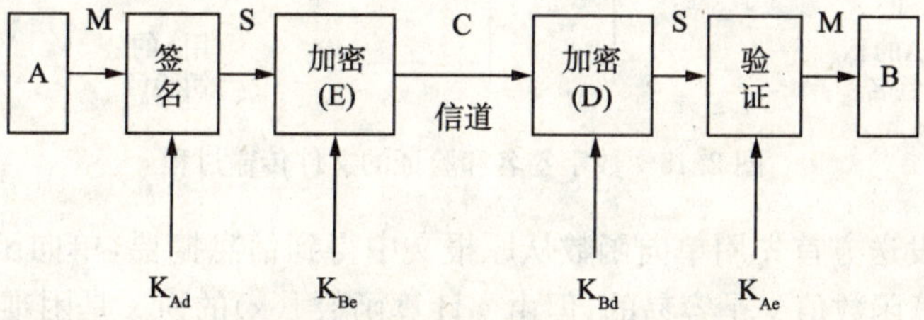

图 2.14　利用公开密钥密码体制实现带加密功能的数字签名

图 2.14 中，A 为发送方，B 为接收方，K_{Ad}为发送方 A 的私钥，K_{Ae}为发送方 A 的公钥，K_{Bd}为接收方 B 的私钥，K_{Be}为接收方 B 的公钥，M 为发送的报文。发送方 A 利用自己的私钥对报文进行解密运算，生成带有数字签名的报文 S，然后再对 S 利用 B 发布的公钥进行加密运算，生成密文 C；接收方 B 收到密文 C 后，先利用自己的私钥对密文 C 进行解密，得到 S，然后再利用 A 发布的公钥对 S 进行加密运算，完成数字签名的验证。

2. 信息摘要方式的数字签名

信息摘要(message digests)方式的数字签名是数字签名的主要实现方式。具体过程描述如下：报文的发送方利用单向散列函数从报文文本中生成一个信息摘要(或散列值)，发送方用自己的私钥对这个信息摘要进行加密来形成发送方的数字签名，然后该数字签名将作为报文的附件和报文一起发送给报文的接收方。接收方收到带有数字签名的报文后，使用发送方的公钥对数字签名进行解密得到原信息摘要，再以同样的方法对收到的报文生成信息摘要，然后比较解密后的原信息摘要和生成获得的信息摘要，如果二者相同，则接收方就能确认该数字签名是发送方的。通过数字签名能够实现对原始报文的鉴别。

信息摘要技术也称散列技术，它对数据进行某种运算，形成与数据密切相关、且长度有限的摘要值，有时也称为数据的指纹(fingerprint)。信息摘要技术要求不同内容的数据形成相同摘要值的概率几乎为零，而且根据摘要值无法还原原数据。

常用的信息摘要生成算法有 MD5 算法，SHS/SHA 算法等。

只有加入数字签名及验证才能真正实现信息在公开网络上的安全传输。一个加入了数字签名和验证的文件传输过程如图 2.15 所示。

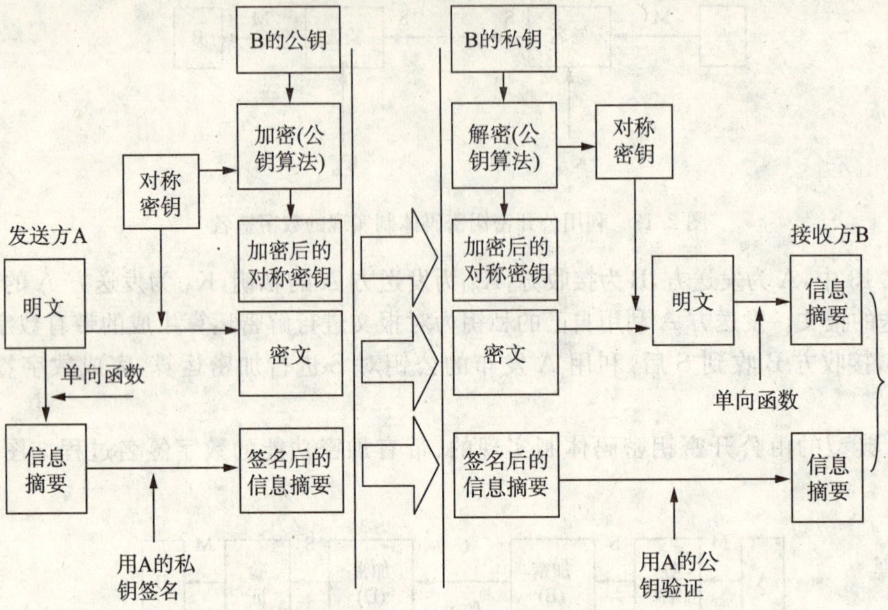

图 2.15　数字签名和验证的文件传输过程

图 2.15 中，发送方首先用单向函数从原报文中得到信息摘要，单向函数是这样的函数 y=f(x)，由 x 计算函数值 y 是容易的，但由 y 计算函数 f(x)的逆 x 是困难的。然后，采用非对称密码算法用自己的私有密钥对信息摘要进行加密，并把加密后的数字签名附加在要发送的报文后面。同时，发送方选择一个会话密钥对原报文进行加密，并把加密后的文件通过网络传输到接收方；再用接收方的公开密钥对会话密钥进行加密，并通过网络把加密后会话密钥传输到接收方。

接收方使用自己的私有密钥对会话密钥信息进行解密，得到会话密钥的明文；接收方再用会话密钥对加密了的报文进行解密，得到原报文；接收方用发送方的公开密钥对加密的数字签名进行解密，得到数字签名的明文；接收方再用得到的原报文和单向函数重新计算数字签名，并与解密后的数字签名进行对比。如果两个数字签名是相同的，说明文件在传输过程中没有被破坏，信息完整。

目前，广泛应用的数字签名算法主要有三种：RSA 签名、DSS(数字签名系统)签名和 Hash 签名。这三种算法可单独使用，也可综合在一起使用。

2.6.3　散列函数和信息摘要

1. 散列函数

散列(hash)函数对数字签名和明文认证都是非常重要的，函数的散列值是对明文的一种“指纹”或者“摘要”，可视为对明文的签名。安全散列函数的存在性和单向函数的存在性等价，散列函数主要用于提高数字签名的效率。

对任意长度的明文 m，经由散列函数 h 可产生固定长度的散列值 x=h(m)。使用在数字签名上的散列函数必须满足下面的条件：

(1) 对任意的明文 m，散列函数值 h(m)可通过软件或硬件很容易地产生。

(2) 对任意的 h(m)值 x，要找到一个明文 m 与之对应，即 x=h(m)，在计算上是不可行的(单向性)。

(3) 对一个明文 m1，要找到另一个不同的明文 m2，而且具有相同的散列函数值 h(m1)=h(m2)，在计算上是不可行的(弱抗攻击性)。

(4) 要找到任意一对不同的明文(m1，m2)，而且具有相同的散列函数值 h(m1)=h(m2)，在计算上是不可行的(强抗攻击性)。

常用的 Hash 算法有 MD5、MD4、SHA(安全 Hash 算法)、RIPEMD-160 和 HMAC(基于 Hash 函数的消息认证码)等。

2. 信息摘要技术

信息摘要是单向的散列函数，它以变长的信息作为输入，把其压缩成一个定长的值输出。若输入的信息被改变了，则输出的定长值(摘要)也会相应改变。摘要可以用于产生程序或文档的“数字指纹”，以发现对这些数据的修改。报文摘要要求不同内容的数据形成相同摘要的概率几乎为零，同时根据摘要值无法还原出数据。

RSA 算法可以用来签名，但是效率很低，难以实用。RSA 算法的发明者 Rivest 在 20 世纪 90 年代提出了 MD 算法，其中以 MD5 算法最为常用。MD5 算法可以输入任意长度的明文，产生 128 位的摘要，并以 512 位输入数据块为单位。任意长度的明文首先需要添加位的数目，使明文总长度与 448(512－64)在模 512 中同余(也即长度=448 mod 512)。在明文添加位的方法是第一个添加位是“1”外，其余都是“0”。然后再将真正明文的长度(没有添加位以前，以 64 位表示)附加于前面已添加过位的明文后。此时的明文长度正好是 512 的倍数。

美国国家标准局(NIST)为配合数字签名算法(Digital Signature Algorithm，DSA)，在 1993 年对外公布了安全散列算法 SHA，并于 1995 年修订为 SHA-1。SHA-1 在设计的方法上是依据 MD4 方法的。SHA 对任意长度明文的预处理和 MD5 的过程是一样的，即预处理完后的明文长度是 512 位的整数倍。SHA 的输出是 160 位，分别存储于 5 个 32 位的记录单元中。

SHA 所产生的摘要较 MD5 多了 32 位。若两种散列函数在结构上没有任何问题的话，SHA 比 MD5 更安全。MD5 和 SHA 算法都是主要考虑以 32 位处理器为基础的系统结构。但 SHA 的运算步骤较 MD5 多了 16 个步骤。而且 SHA 记录单元的长度较 MD5 多了 32 位。因此若是以硬件来实现 SHA，其速度和 MD5 相比稍慢。

2.6.4 数字签名与数据加密的比较

数字签名的加密/解密过程和数据(报文)的加密/解密过程虽然都可使用非对称密钥密码算法，但实现过程正好相反，使用的密钥对也不同。数字签名使用的是发送方的密钥对，发送方用自己的私有密钥进行加密(签名)，接收方用发送方的公开密钥进行解密(验证)。这是一个一对多的关系:任何拥有发送方公开密钥的人都可以验证数字签名的正确性。

而数据(报文)的加密/解密则使用的是接收方的密钥对,这是多对一的关系:任何知道接收方公开密钥的人都可以向接收方发送加密信息,只有唯一拥有接收方私有密钥的人才能对信息解密。在实用过程中,通常一个用户拥有两个密钥对,一个密钥对用来对数字签名进行加密/解密,一个密钥对用来对数据(报文)进行加密/解密。这种方式提供了更高的安全性。

数字签名大多采用非对称密钥加密算法,它能保证发送信息的完整性、身份的真实性和不可否认性,而数据加密采用了对称密钥加密算法和非对称密钥加密算法相结合的方法,它能保证发送信息的保密性。

数字签名和信息加密过程的区别比较如图 2.16 所示。

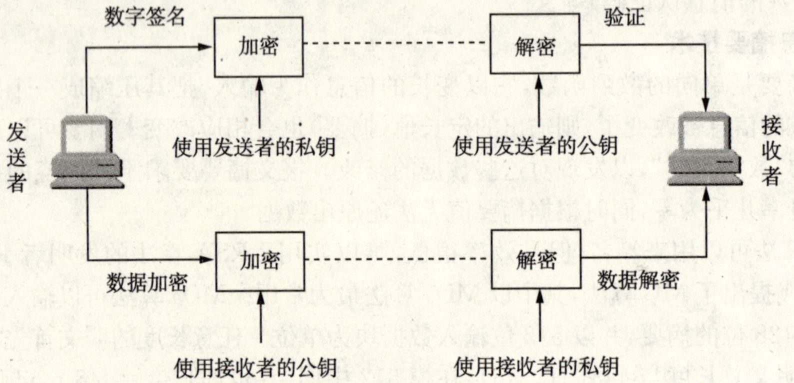

图 2.16 数字签名和数据加密的比较

2.6.5 认证技术

网络安全系统的一个重要方面是防止非法用户对系统的主动攻击,如伪造信息、篡改信息等。认证(Authentication,又叫做鉴别)是防止主动攻击的重要技术。认证的目的就是验证一个用户身份的合法性和用户间传输信息的完整性与真实性。

保密和认证同时是信息系统安全的两个方面,但它们是两个不同属性的问题,认证不能自动提供保密性,而保密性也不能自然提供认证功能。

认证包括消息认证和身份认证两种。

- 消息认证用于保证信息的完整性、真实性和抗否认性,对报文的来源、时间性及目的地进行验证。在很多情况下,用户要确认网上信息是不是假的,信息是否被第三方修改或伪造过,这就需要消息认证。

- 身份认证用于鉴别用户身份,验证进入网络系统者是否是合法用户,以防非法用户访问系统。身份认证包括用户身份识别和验证两个过程。

认证过程通常涉及加密和密钥交换。加密可使用对称密钥加密、非对称密钥加密或两种加密方式的混合。

认证的方式一般有用户账号/口令验证、摘要算法验证、基于 PKI(公钥基础设施)验证等。目前，认证使用的技术有数字签名及其他相关技术。

1. 消息认证

消息认证又称报文认证，是指在两个建立通信联系的用户之间，每个用户对收到的信息验证其真伪，以保证所收到的信息是真实的。

消息认证实现信息的完整性校验功能，在 OSI 安全模型中称为封装。消息认证过程必须确定以下三个方面的内容：

- 报文是由指定的发送方产生的；
- 报文内容没有被修改过；
- 报文是按已传送的相同顺序收到的。

第一种确定由数字签名技术来完成，后两种确定又分为报文内容和报文时间性验证。

(1) 报文的内容验证

同加密一样，认证也需要一个好的认证算法，但它的设计比加密算法要容易些。认证算法也需要有一个保密密钥，整个认证过程的安全性完全取决于密钥的安全性。认证算法的强度要求与加密算法的一样，也要能经受住攻击。

消息认证的常用方法是使用信息摘要或散列函数进行。信息摘要是在任意大的信息中产生固定长度的摘要，而其特性是无法找到两个摘要相同的信息。因此，可以将比信息小得多的摘要看作与完整信息是等同的。

(2) 报文的时间性验证

信息的时间性验证可使用报文鉴别码和电子时间戳技术。

验证报文是否以发送方传输的顺序被接收，可采用这样的方法：假定时间变量 T 是接收方和发送方预先约定的，那么，只要在每份报文中加入 T，就可以建立起报文传输顺序。

具体方法是：每当用户 A 要给 B 发送报文时，A 先通知 B，B 就给 A 发送一个随机数 T，A 在发送给 B 的报文中加入 T，那么 B 就可以通过验证在报文中返回的 T 值来确认报文是否是按正确顺序接收的。在这种方法中，由于 T 是在需要时产生的一个变量，并且包含在报文正文中，所以只有在接收方同时对报文内容进行认证时，这种方法才起作用。

2. 身份认证

身份验证一般涉及两个过程，一个是识别，一个是验证。

- 识别是指要明确访问者是谁，即要对网络中的每个合法用户都有识别能力。要保证识别的有效性，必须保证能代表用户身份的识别符的唯一性。
- 验证就是指在访问者声明自己的身份后，系统要对其申明的身份进行验证，以防假冒。

识别信息一般是非秘密的，如信用卡上的用户名、身份证号码等；而验证信息一般是秘密的，如信用卡的密码。

身份验证的方法有：口令验证、个人持证验证和个人特征验证三类。

- 口令验证：每一个合法用户都有系统给的一个用户名/口令对，用户进入时，系统要求输入用户名、口令，如果正确，则该用户的身份得到了验证。口令验证方法简单，系统开销也小，但其安全性也较差。用户取的密码一般较短，且容易猜测，容易受到口令猜测攻击；口令的明文传输使得攻击者可以通过窃听通信信道等手段获得用户口令；加密口令还存在加密密钥的交换问题。

● 个人持证验证：持证为个人持有物，如钥匙、磁卡、智能卡等硬件。它比口令法安全性好，但验证系统比较复杂。例如，基于智能卡的身份认证机制在认证时需要一个智能卡，智能卡中存有秘密信息，通常是一个随机数，只有持卡人才能被认证。这样可以有效地防止口令猜测，有卡有密码的用户会被得到认证。

● 个人特征验证：以个人特征进行验证时，可有多种技术为验证机制提供基础，如指纹识别、声音识别、虹膜识别等技术。个人特征方法验证的安全性最好，但验证系统相应地也最复杂。

【习题 2】

1. 一个密码系统由哪几部分构成？试画出一个密码系统的示意图。

2. 什么是对称密钥密码体制和非对称密钥密码体制？每种密码体制各有哪些主要算法？

3. 请使用循环移位密码算法并设定 k=5，对明文“we are students”进行加密，给出其对应的密文。

4. 维吉尼亚密码算法中，如果设置密钥字符串为“quiz”，对于明文“how are you”，计算其对应的密文。

5. 简述 DES 算法的加密过程和解密过程。

6. 试编程实现 DES 加密算法，并对字符串“network”进行加密和解密操作。

7. 简述 RSA 算法的加密原理和加解密过程。

8. 什么是密钥管理？密钥分配有哪几种方案？

9. 什么是数字签名？数字签名有哪几种方式？

10. 简述信息摘要的概念和应用场合。

11. 什么是消息认证和身份认证？

第3章　网络实体安全

计算机网络实体安全是系统安全的重要组成部分，内容包括硬件实体安全、软件实体安全和数据资源安全。

硬件实体指的是计算机、外部设备和网络部件等，用于采集、传输、存储、处理、分发信息。硬件实体一般存放于机房、数据存储中心等专用空间内，因而保障硬件实体安全的前提是保障专用空间的安全。国家标准《计算站场地安全要求》(GB 9361—88)为计算机房等专用空间的安全制定了详细的规范，从整体上将安全性划分为A类、B类和C类三个基本类别，其内容涵盖了场地选择、防火、内部装修、供配电系统、空调系统、火灾报警及消防设施、防水、防静电、防雷击、防鼠害、防电磁波等诸多方面。

- A类对机房的安全有严格的要求，有完善的机房安全措施，机房具有最高的安全性和可靠性。
- B类对机房的安全有较严格的要求，有较完善的机房安全措施。
- C类对机房的安全有基本的要求，有基本的机房安全措施。

数据往往是大型应用中最具核心价值的部分。保障数据资源安全，特别是在突发灾难的时候能否有效、快速地恢复数据，是衡量数据实体安全的重要依据。

3.1　防湿和防水

3.1.1　环境湿度和防湿措施

环境湿度是影响硬件设备连续可靠运行的重要因素之一，过高或者过低的环境湿度均会影响硬件设备的正常工作。当环境湿度过高时，计算机部件的表面会附着一层水膜。在相对湿度接近饱和程度时，水膜厚度甚至可以达到10微米，从而导致若干负面效应。首先，水膜可能会造成某些金属部件生锈而损坏；其次，水是电的良导体，水膜可能导致生成"导电电路"，从而使集成电路的逻辑判断出现错误；最后，水膜还会损坏磁性材料的性能，降低磁盘等设备的磁头运转速度与磁性媒体的导磁性，造成读写数据错误，甚至对这些设备产生永久性的伤害。另外，潮湿的环境会降低纸质媒体的强度，使之变厚、变软、易破损，更易于产生打印机卡纸现象。

低湿度对计算机设备的危害性也不能忽略，甚至可能更大。首先，过低的环境湿度会导致部分元器件、纸张及磁质媒体等卷曲变形，出现计算错误、数据丢失、使用寿命减少等情况。其次，低环境湿度还会改变电气绝缘材料的电气性能，降低绝缘性能。再次，在干燥环境下，化纤衣服、机壳表面等多种地方均易产生静电，这不仅影响计算机设备的正常运行，也对机房工作人员的心理状态和身体健康不利。

综上所述，过高或者过低的环境湿度都会妨害机房设备的正常运作及机房人员的身心健康，而且低环境湿度带来的危害性比高环境湿度还严重。值得注意的是，环境湿度频繁交替变化对计算机设备所造成的危害更为严重，因此有必要严格控制机房的环境湿度，以保护硬件实体安全。国家标准《计算站场地技术条件》(GB2887—89)对环境湿度做了详细规定，如表 3-1 所示。

表 3-1 《计算站场地技术条件》关于机房湿度的规定

指标级别 / 项目	A级		B级		C级	
相对湿度	开机时	停机时	开机时	停机时	开机时	停机时
	45%—65%	40%—70%	40%—70%	20%—80%	30%—80%	8%—80%

防止环境湿度过高过低的措施较为简单。首先，机房的位置尽量安排在湿度相对较小的楼房上层房间，而非底层。其次，采用一些控温手段控制环境温度变化，以控制环境温度，间接控制环境湿度。最后，使用空气除湿器等设备精确控制环境湿度，该方法一般用于对环境湿度要求较为严格的场合。

3.1.2 水灾和防水

由于水是良好导体，水灾会对计算机系统造成灾难性后果。供电系统进水可导致线路短路，引起保护装置切断电源，甚至因过电流引发火灾。计算机硬件进水会导致设备局部线路短路，引起数据处理、输送与记录错误，数据丢失，使系统误动作甚至全面瘫痪。实际上，即使机房设备没有浸水，仅仅由于渗漏所造成的环境湿度过大就可能会严重影响计算机系统的正常运作。

有些设备自称拥有非常良好的防水能力，但系统管理员仍旧不能够掉以轻心。在设备通电情况下，水仍旧可能会渗入到设备内部，造成短路现象。即使在断电情况下，仍然存在诸多隐患。首先，若供电系统仍在运行，水可能会致使员工触电。其次，即使能成功检测到漏水现象，并在设备与水接触前切断电源，高温的元器件接触水后急剧降温，很可能会导致元器件变形，从而影响其寿命乃至工作能力。第三，水灾或洒水系统会带来多种污染物质，即使在过水器件彻底干燥之后，部分污染物质仍会残留下来。最后，即使被水浸湿的设备可以恢复，在重新使用前，也需要相当长的时间做干燥和测试工作。

水灾发生的原因多种多样，常见的有：

● 空调系统与水冷系统：数据中心或机房广泛采用空调系统或水冷系统来控制室温。空调系统(例如制冷机和空调)通过压缩机不断实现室内和室外的空气交换；水冷系统利用水的比热容较大的特点，通过水循环系统降低环境温度。但是，这些系统可能由于泄漏或冷凝的原因而产生水滴。

● 设备管道泄漏：随着使用年限不断增加，水管和下水道等不断老化，密封性下降，泄漏的水可能会沿管道流入数据中心等核心区域。机房管理人员需要在规划设计阶段将重要设备安放在远离管道的地方以规避这个风险。

● 洒水系统：洒水系统有助于降低发生火灾的概率和规模，但却提升了发生水灾的风险。洒水系统的喷头和喷管较为脆弱，维修不当或其他意外因素均可能损害其密封性，造成水泄漏。另外，洒水系统往往和烟雾探测器、温度探测器等协同工作，当这些探测器出现故障，无法准确预报时，也可能会引发水灾。

必须采取防水措施以降低发生水灾的风险。首先，对放置计算机设备的建筑做隔水防渗漏措施，特别是屋顶、地板、外墙面等可能渗漏的建筑部位。其次，安装现代化的测漏系统，以便有效探测空气中的微量水分，从而在水接触到通电设备之前及时发出预警，避免更大的伤害。

3.2　控温与防火

3.2.1　环境温度的影响

计算机设备包含大量集成电路、电子元器件，其性能与可靠性均受到环境温度的极大影响。过高或者过低的环境温度均可能导致设备运行出现异常。

当环境温度升高时，集成电路及电子元器件内的电子、空穴载流子的扩散与漂移运动加剧，穿透电流增大，从而产生大量热量，因此必须配备相应的散热装置以散去热量。如果聚热效应超出了散热装置的散热能力，则计算机设备会进一步升温，半导体材料加速老化，最终引起热击穿而损坏设备。

当环境温度过低时，设备表面易出现水珠凝聚和结露现象，从而降低设备的绝缘性能，并导致机器锈蚀。过低的温度可能造成某些硬件设备无法正常启动或者运行。例如，在冬天的时候，硬盘的轴承中的润滑剂凝固可能导致盘片由于阻力大而转不起来，出现“找不到硬盘”的故障；某些计算机的电源风扇在开机阶段呼呼作响，使用一段时间之后才逐渐减弱，其原因也是由于风扇轴承中的润滑油过于黏稠，导致阻力增大。

计算机设备、人工照明、人体体热以及太阳辐射热等是机房的主要热源。机房中的计算机设备数量较多，这些设备在运行过程中会产生大量热量，是机房的主要热源。为保证各类计算机设备的正常运行，需要安装空气调节器，使环境温度维持在一个较恒定的范围之内。国家标准《计算站场地技术条件》分三个级别对机房的开机时温度、关机时温度进行了规定，如表 3－2 和表 3－3 所示。

表 3－2　《计算站场地技术条件》关于机房开机时温度的规定

指标级别 / 项目	A级		B级	C级
	夏季	冬季		
温度(℃)	22±2	20±2	15—30	10—35
温度变化率(℃/h)	<5 要不凝露		<10 要不凝露	<15 要不凝露

表 3-3 《计算站场地技术条件》关于机房关机时温度的规定

指标级别 / 项目	A级	B级	C级
温度(℃)	5—35	5—35	5—40
温度变化率(℃/h)	<5 要不凝露	<10 要不凝露	<15 要不凝露

3.2.2 火灾防护

与水灾相似，火灾对于计算机系统的危害性也是致命的。火焰会吞噬一切可燃物质，同时，燃烧也伴随着高温、水蒸气、烟雾、腐蚀性气体等，会对所在区域造成严重破坏。例如，高温会破坏 CPU、存储介质，水蒸气会破坏微缩胶片，烟雾可能会使部分设备失效，腐蚀性气体可能会对设备造成永久性损伤。火灾的起因很多，有人为因素、电气因素以及其他因素。

- 人为因素：工作人员违规操作可能会酿成火灾。例如，违规在机房内吸烟并乱丢烟蒂；违规使用高负荷电器致使线路过载发热、绝缘受损发生短路；违规使用电热器、电磁炉等发热装置而未合理处置热源导致引燃周围易燃品。
- 电气因素：供配电系统或用电设备的设计或使用不当可能会引发火灾。例如，机房设计不当可能造成局部过载、过热；开关、插头、插座接触不良可能会引起高温和火花；线缆绝缘破损、击穿可能会引起短路或者致使工作人员触电。总之，电气因素是机房火灾的主要因素。
- 其他因素：其他引发火灾的因素还包括雷击、相邻建筑火势蔓延等。可以安装避雷针等措施降低雷击引发火灾的危险，防止火势蔓延则需要配备消防设备，提升机房的隔火能力。

尽管火灾发生的原因很多，但如果认真做到日常防范、预燃检测、明火扑灭三个步骤，很多火灾都可以在成灾前就消灭。

1. 日常防范

日常防范工作是火灾防护的基石。提升建筑物防火等级和制定并严格遵守规章制度是两项首要任务。在建筑物里大量采用防火建材、合理部署防火墙以及针对器材的特性进行有效隔离等方法都能够减少火灾发生概率以及火灾的规模。从日常运行的角度来看，若能够制定合理的防火条例，并且要求员工严格遵守，则建筑物发生火灾的可能性可以大大降低，甚至完全不可能发生。例如，几乎所有机房或数据中心均禁止吸烟行为，因为吸烟行为不仅可能导致直接的火灾危险，而且其烟雾也可能破坏一些敏感的元器件。

另外，与本地消防部门建立紧密联系，积极配合消防部门做定期检查，聘请专业的火灾巡视员分析公司的防火安全状况，也是非常必要的措施。火灾巡视员通常会提供一些专业性的建议，包括现有火灾检测和消防系统的优点、缺陷、整改意见等。整改意见可能是发现建筑的结构可能需要做某些修改，提示一些在消防系统安装时被忽略的问题，推荐一些必要的火灾探测和消防设备等。

最后，了解相邻公司（或者建筑物）的一些具体情况也非常重要。若相邻公司的防火等级较低，火灾隐患较多，就需要适当提升本公司的火灾防护系统。更好的方法是主动与对方进行沟通，通过双方合作降低火灾发生的可能性。如果相邻建筑存放有毒的化学物质或易挥发物质，则还需考虑万一发生火灾时所伴随的有毒气体危害。

2. 预燃检测

预燃检测是火灾防护的关键步骤。一旦检测到险情，探测器马上发出警报，提醒人员做出应急措施。预燃探测器种类繁多，基本类型如下：

(1) 光电探测器

典型的光电探测器分两部分：光源和光传感器，如图 3.1(a 和 b)所示。正常情况下，光源发出的光线不会被传感器检测到(图 3.1(a))。火灾发生时会产生大量烟雾，烟雾会阻碍光线的方向，使之产生折射，从而被探测器检测到(图 3.1(b))。光电探测器适用于烟雾比较多的火灾场景。

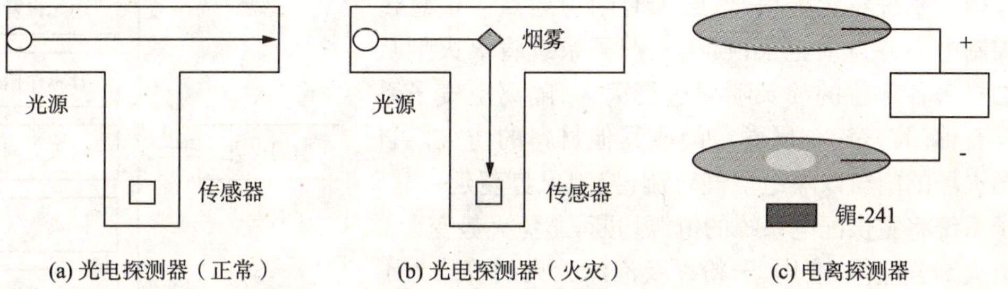

图 3.1　光电探测器和电离探测器

(2) 电离探测器

典型的电离探测器分两部分：电离腔和电离辐射源，如图 3.1(c)所示。一般采用镅-241作为电离辐射源，产生阿尔法粒子，能电离氧气和氮气。两个电板之间存在电压，构成一个电离腔。正常情况下，正负电极分别吸附负电荷和正电荷，产生微小的电流。当火灾发生时，烟雾进入电离腔，吸附离子并使它们中性化，使电板之间的电流下降。电离探测器适用于探测燃烧时火焰多于烟雾的情况。

(3) 温度探测器

温度探测器能够检测周围环境的温度。根据报警条件不同还细分成两种。第一种在环境温度超过阈值时就会报警，而第二种则是在升温速度超过预定值时才会报警，它对核电站和重工业厂房尤为重要。

(4) 空气采样探测器

有些材料在预燃状态时会首先生成一些肉眼不可见的物质，这些物质可以被空气采样探测器检测到，并在可视系统上显示。因此，空气采样探测器能够提供更多预警时间，甚至可以在材料真正燃烧起来之前将其扑灭。

3. 明火扑灭

当机房发生火灾时，必须采取各种灭火设备进行应急处理。典型的灭火设备包括：便携式灭火器、固定式灭火器和自动灭火系统等。

(1) 便携式灭火器

一般挂在墙壁上或安置在走廊、墙角，适用于现场有人的初发火灾的扑灭，在中小型机房比较常见。便携式灭火器使用方便、灵活，占地面积小，造价低与配置灵活。

(2) 固定式灭火器

与便携式灭火器不同，固定式灭火器需被预先安放在机房的特定位置上(例如天花板)，它同时装备有热敏式探头，能检测火灾信号。当火灾发生时，热敏式探头实时检测火灾信号，触发灭火器将灭火剂喷出。固定式灭火器适用于现场无人或扑救人员无法进入火场扑救的情况。

(3) 自动灭火系统

自动灭火系统由灭火剂瓶站、灭火剂输送管道、喷嘴、火灾自动探测器、自动控制系统及对讲系统组成。当监测到火灾信号时，自动灭火系统启动一系列子系统进行处理，包括声光报警、日志存档、喷灭火剂、隔离空气和切断电源等。

如图 3.2 所示。声光报警子系统向机房人员告警；日志存档子系统将火警信号、起火时间与地点等信息传送到控制中心并自动记录；喷灭火剂子系统将灭火剂从安装在机房各部位的喷头喷射进行灭火；隔离空气子系统启动石棉门窗帘、金属卷帘门或其他材料的防火门自动封闭火场的门窗以隔绝空气对流，控制火势蔓延；切断电源子系统将主供配电系统的电源切断，避免火势变大。

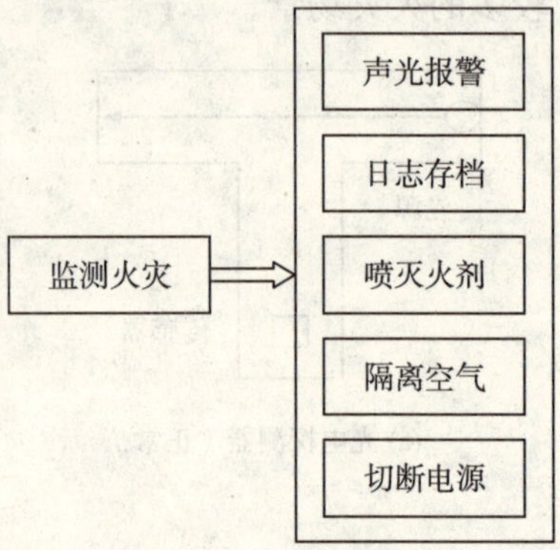

图 3.2 自动灭火系统

灭火剂分气体、液体、干粉以及泡沫灭火剂等。为了防止对精密电子设备的二次污染，计算机机房应该使用气体灭火剂。气体灭火剂主要有以下几种：(1)不燃性气体，包括二氧化碳、氮气以及其他惰性气体；(2)卤代烷灭火剂，由低级的烷烃如甲烷分子中的氢被卤族原子如氟、氯、溴、碘等取代得到的产物，典型的产品有三氟一溴甲烷(1301)和二氟一氯一溴甲烷(1211)等；(3)其他新型灭火剂，如"烟烙尽"(inergen)等。卤代烷灭火剂尽管灭火效果好，但是会带来较严重的环境污染，目前已经停止或控制使用。

"烟烙尽"灭火剂由部分纯天然气体混合而成，主要成分包括氮气、氩气、二氧化碳等，它具有以下优点。(1)环保：主要成分均为天然气体，灭火剂释放时丝毫不损坏大气环境；(2)保护人员的生命：灭火剂能降低空气中氧的浓度以实现灭火，同时"烟烙尽"能刺激人体呼吸速度，使人体在低氧环境下仍可自由呼吸；(3)有助于现场逃逸："烟烙尽"释放时不产生雾，现场人员可以清晰地看到紧急出口指示；(4)不腐蚀设备：释放"烟烙尽"气体不会使室温骤降，也不生成腐蚀性分解物，因而能保护敏感的电子设备。综上所述，"烟烙尽"是一种理想的机房用灭火剂，但价格相对较高。

3.3 环境污染

水灾和火灾所带来的危害性是显而易见的，而环境污染的危害性则易被人忽视。事实上，环境污染所带来的危害性一点也不弱于水灾与火灾。有报道称，因环境污染而间接引起的IT企业停工,比火灾、水灾、飓风、地震和罢工所引起的停工总和还要多。例如,空气中的尘粒侵入计算机设备,是引发计算机设备短路甚至起火的潜在因素。环境污染包括灰尘污染和有害气体污染等。

3.3.1 灰尘污染

机房或数据中心的室内空气中可能含有大量的微小尘粒。灰尘对计算机设备的正常运转影响很大,特别是精密设备以及接插件。

● 减少了电子元器件和空气的接触面积,降低散热能力;灰尘会堵塞过滤器,减少空气流通量,这两个效应的后果都会使设备过热。

● 增加接触部分和传动部分的摩擦力,使设备加速磨损甚至卡死。典型的例子是硬盘,磁头与盘片间的距离非常微小,灰尘会降低硬盘的使用寿命。

● 导电性灰尘会降低设备的绝缘性能,甚至引起短路现象。金属颗粒和炭颗粒都是导电性灰尘。绝缘性灰尘则会导致接触插件触点的接触不良。

空气中绝大多数尘埃的直径小于1微米,但是真正起到较大破坏力的则是直径大于或等于1微米的尘埃。国家标准《计算站场地技术条件》分A和B两级对机房内空气含尘量做了规定,如表3-4所示。

表3-4 《计算站场地技术条件》关于机房灰尘的规定

项目 \ 指标级别	A级	B级
粒度(微米)	≥0.5	≥0.5
个数(粒/cm^3)	≤10,000	≤18,000

1. 主要的灰尘来源

室内尘埃来源很杂,大致有以下四类。

● 工作人员带入。如线头、头发、皮屑、香烟的烟雾和烟灰。

● 室内装修老化引起。随着使用时间推移,室内装修装饰材料会产生水泥粉尘、沙子、石灰和砖灰等灰尘。例如,工作人员与地板摩擦、墙面内饰风化、密封效果减弱导致原有尘粒飞出等。

● 室外粉尘。室外粉尘会通过门、窗、空调系统进入室内。我国北方部分城市空气质量较差,经常出现阴霾天气,大气中粉尘的含量非常高。

● 办公设备损耗引起。例如,打印机部件或传动螺杆磨损、激光打印机调色剂挥发、金属材质设备生锈等。这些尘粒存在一个严重问题,那就是它们都可以导电,进入设备中可能会导致短路。其中,金属颗粒的吸附能力会造成更大的伤害。

几乎所有污染物都能导电,包括纸屑。导电尘粒带来的危害非常大。若尘粒正好吸附在打开的微电闸之间而且可以吸水,则在吸水后会形成回路,造成电子线路短路。另外,这些尘粒会被短路所造成的高温瞬间分解,因此短路的原因难以找出。

2. 防护措施

可以采取一些有效的措施,以降低灰尘污染带来的危害。常规的方法有:

● 制订严格的禁烟制度,禁止在数据中心或配电室吸烟。吸烟造成的尘粒和焦油会损害电脑设备。

● 不把废纸篓放置在机房室内。废纸篓是纸屑和纤维的主要来源地,纸屑吸水之后就成为导电体。

● 使用机房专用吸尘器。普通吸尘器在清理的同时会制造更多污染,特别是马达摩擦会产生金属颗粒。机房专用吸尘器装有不带电刷的回转轴和带有微磁场的过滤器,较适合机房使用。

● 定期清洗。

对于数据中心等核心机构,还需要采取更严格的措施,进一步降低粉尘所带来的风险,主要措施如下。

● 将打印机(特别是激光打印机)安置在单独的房间内,与 CPU、磁带机、交换机和磁盘驱动器等隔离开。

● 重视机房地板的维护工作,以厂商推荐的方法进行维护。碎裂的地板砖会使机房充满粉尘,必须及时替换。

● 为设备安装先进的过滤器,不让一些旧设备排出较大的尘粒。

● 建立正压的空气循环系统,即室内气压略高于室外气压。当门被打开时,正压的空气系统使气流向外吹,户外空气污染物就难以进入室内。

● 移除空气净化设备、加湿器和烘烤式加热器,定期维护和检测空调设备。这些设备容易产生带电粒子,对计算机设备产生威胁。

3.3.2 有害气体

机房中有害气体包括:二氧化硫、硫化氢、氮氧化合物、氯气、一氧化碳、臭氧等。尽管有害气体的浓度较小,但是这些微量浓度的腐蚀气体仍旧会导致计算机的误操作甚至永久性损坏。

● 腐蚀金属。计算机设备大量使用金属,如铜、金、银等。二氧化硫与硫化氢能够腐蚀镍、铜、金、银等金属;氮氧化合物与氯气在水分子作用下可以腐蚀大多数的金属件及镀层。

● 腐蚀橡胶制品:臭氧能够腐蚀塑料、橡胶制品等材料,降低材料的弹性,破坏半导体器件的稳定性。

● 破坏开关、继电器的接触性。一氧化碳气体的还原作用可以使开关、继电器触点附着炭而引起接触不良。

有害气体对计算机设备的腐蚀能力与机房温度、相对湿度以及空气含尘量紧密相关。在高湿、高含尘量的环境下,有害气体的腐蚀作用尤其严重。因此,对有害气体的防护应综合考虑控温、控湿、控尘等措施。简单而言,主要的防护措施如下:

● 严格控制机房相对湿度,使之不至于很高。

● 在通风管道中使用化学过滤器,降低有害气体浓度。

● 采用全封闭式设计,避免室外有害气体侵入。

● 对机房内部空气进行重复循环过滤。

3.4　供电安全

供电安全是网络实体安全的重要组成部分,同时也最容易被公司企业所忽略。公司企业会很乐意购买最新型的服务器和网络设备,以增强系统的扩展性、可用性和有效性,同时更好地运行某些专业软件。但是,他们对于电力供应问题的考虑则甚少。在很多人的思维中,电力供应仍停留在接线板、多输出电源板、设备架、组合开关装置或设备室等层面上,最多还包括不间断电源(UPS)。这种思维方式无助于构建安全的供电模块。

3.4.1　缺乏稳定电力供应的危害

现代企业的日常运作越来越依赖于信息系统,而突然断电或者低质量的电力供应无法保障信息系统的正常运行。企业内部电网上连接着诸多用电设备,因此,电力质量问题不仅仅是由各个具体设备内部配电系统所引起,而更可能是由于设备数目、设备间的连接方式等因素所导致。具体而言,这些因素有:

● 开启和关闭大型设备造成电压波动:可能会毁坏敏感的元器件,降低电器绝缘性能,从而造成不可预测的关机、死机和计算机及网络设备的损坏。例如,电动机、冷却装置、电梯等设备正常运行所耗功率已经不低,部分设备还要求启动功率是正常运行功率的3倍,从而对整个电网造成较大的负荷。

● 电路超载:各电网均有最大负荷,当电器数量不断增加,乃至于超过最大负荷时,会造成供电中断,甚至引发火灾。在计算当前子网的总用电负荷时,不能仅考虑各设备正常运行时的功率,还需要考虑它们的启动功率。

● 不正确的配线或接地造成电压漂移和升高:会引起数据错误、信息丢失、设备关闭等事件。

● 对设备的某些特定操作可能会产生谐波或线性噪声:这些噪声会导致数据存储、数据传输和电话语音的严重失真。

3.4.2　不间断的电力供应

提供不间断的电力供应是供电安全的首要问题。目前,有三种典型的方案:冗余策略、替换策略和构筑电力保护模块。

冗余策略的核心思想是备份某些关键部件,当运行的部件失效时,备用设备仍然能够保证系统正常运行。例如,当建筑物的电网有多个独立的电力接入点时,即使建筑物的一部分遭到破坏,企业依然可以通过未受影响的接入点获得电力供应。更进一步,还可以利用多根电缆传输电力,这种做法可以避免因电缆故障而导致的断电。更强的冗余策略是采用多个独立的变电站供电,即使其中一个变电站出现问题(例如火灾、设备故障或者检修等),企业均可以由其他变电站供电,日常运作不会受影响。

替换策略是指在冗余策略失效时使用代用品以备不测。比较成熟的方法是使用备用发电机和电源切换设备。

最后，还可以通过构筑电力保护模块提供稳定的电力供应。电力保护模块是本地组件，典型的方案是不间断电源，将在 3.4.4 节中详述。

3.4.3 提高供电质量

电力质量问题主要包括电压的瞬时冲激、电压过低、电流干扰和谐波等。低劣的供电质量不仅降低敏感电子产品的使用寿命，损坏服务器和交换机，还可能造成磁盘读写错误，导致不可预知的后果。即使与电力供应中断的危害相比，低供电质量带来的危害性一点也不弱。据统计，每年因供电质量所导致的停工时间比所有电源中断所浪费的时间加起来还要多。

以下几种方法可解决供电质量问题。

1. 冲激抑制器

诸多原因会产生冲激电流或者冲激电压（统称冲激信号），例如电力公司的设备切换，或者公司内部设备的启动/关闭等。冲激信号可以对设备造成永久性的损害，甚至使之完全失效。冲激抑制器可实时监控冲激信号，一旦发现电压/电流达到预先设定的阈值，会自动进入设备保护模式，吸收多余的能量，并使输入信号平滑。同时，一旦冲激信号被完全吸收，冲激抑制器便会“重启”以等待下一个冲激的到来。

2. 线性调节器

线性调节器为电路提供滤波和平滑功能，用于抑制电压的突然起落、电流波动、电子干扰等。按分贝降低指定波段外的噪声功率也是其功能之一。从某种意义上，冲激抑制器也可看作是“简易的线性调节器”。事实上，市场上已经出现了新型混合设备，这种设备既有冲激保护功能，又有线性调节功能。

3. 电压调节器

电压调节器能够以指定的电压值输出电流，防止设备电压过低导致的电压落差。由于冲激抑制器具备了不规则电压调节功能，也被看作是“简易的电压调节器”。

3.4.4 构筑电力保护模块

通常还需要对关键性设备构筑电力保护模块，以提供稳定、高质量的电力供应。典型的方法是采用不间断电源（UPS）。UPS 内置大容量蓄电池，能够在突然断电之后仍旧提供相当长时间的稳定电力供应，使工作人员有足够时间关闭系统和其他设备，从而避免丢失重要数据。

UPS 按工作方式不同可分为后备式、在线式以及在线互动式三大类。

1. 后备式 UPS(offline UPS)

在市电正常时，由市电向负载供电，逆变器不工作；当停电或市电超出工作范围时，转为蓄电池逆变供电。后备式 UPS 的结构简单、体积小、成本低，但输入电压范围窄，输出电压稳定精度差，有电源切换时间，且输出波形一般为方波。后备式 UPS 一般适合家用场合。

2. 在线式 UPS(online UPS)

与后备式 UPS 不同，市电正常/异常情况下，逆变器始终处于工作状态，保证无间断输出。只是在市电正常时，逆变器由市电提供能量；在市电异常时，逆变器由电池提供能量。在线式 UPS 有极宽的输入电压范围，无切换时间且输出电压稳定、精度高，特别适合对电源要求较高的场合，但是成本较高。在线式 UPS 是目前大功率 UPS 的主要类型。

3. 在线互动式 UPS(online interactive UPS)

在线互动式 UPS 的工作原理与后备式 UPS 较为接近。在市电正常时，由市电向负载供电；当市电不稳定时，利用稳压线路稳压后输出；当停电或市电异常时，转为电池逆变供电。在线互动式 UPS 一般输出正弦波，有较宽的输入电压范围，噪音低，体积小，但同样存在切换时间的问题。

还可以按照其他指标对 UPS 进行分类。按照输出容量大小可划分为小容量(3kVA 以下)、中小容量(3kVA～10kVA)和中大容量(10kVA 以上)；按输入/输出方式可划分为三类：单相输入/单相输出、三相输入/单相输出、三相输入/三相输出。目前，中、大功率 UPS 多采用三相输入/单相输出或三相输入/三相输出的供电方式。

近年来，智能型 UPS 越来越引起 IT 工业界的关注。智能型 UPS 以整个网络系统为保护对象，而非单个计算机设备。当供电系统故障时，智能型 UPS 能保障整个网络运行通畅。智能型 UPS 内部配置了微处理器芯片，通过接口与计算机进行通信。UPS 的工作状态信息，例如输出电压频率、电网电压频率、电池状态等，均能够传送到一台服务器上，工作人员根据上述信息实时分析供电质量，并采取相应的措施。

3.4.5　接地与屏蔽技术

为保证电工设备、网络系统可靠运行，保护工作人员人身安全，机房必须提供良好的接地系统。接地系统将各种设备上可能产生的漏电流、静电荷以及雷电电流等引入地下，避免人员触电和可能发生的火灾、爆炸等事故。在理想情况下，整个计算机网络系统中各处的电位都以大地电位为基准，这就为系统中的各电子电路设备提供一个稳定的 0V 参考电位。另外，接地也是防止电磁信息辐射的有效措施。因此，接地系统是机房或数据中心的重要组成部分，是衡量机房建设质量的关键因素之一。

为了使得接地电流易于流动，接地电阻值越小越好。机房接地宜采用综合接地方案，综合接地电阻应小于 1 欧姆。值得注意的是，不同类别的系统不应使用共地回路，例如信号系统和电源系统、高压系统和低压系统。为了避免因大地回流和静电感应所产生的干扰，灵敏电路的接地应各自隔离或屏蔽。

国家标准《计算站场地技术条件》列举了 4 种接地方式：计算机系统直流地、交流工作地、安全保护地和防雷保护地。

1. 计算机系统直流地

直流接地是计算机本身的逻辑参考地。计算机系统中每个设备都有一个直流地，可以将这些直流地连接在一个铜线上，再把铜线埋到建筑物附近的地下。直流地使各个设备共用一个稳定的基础电压，减弱并且消除干扰，以保证数据被正确处理。

2. 交流工作地

即将机房中的交流电源的中性线作为工作地，并且连接各设备的中性点。交流工作地主要用于交流电源和部分交流供电的设备，例如空调、I/O 外部设备等。

3. 安全保护地

直流地与交流地的目的在于保障设备正常运行，而安全保护地的目的是为了保护工作人员的安全。正常情况下，计算机设备的外壳与电路部分是绝缘的，对安全人员不构成威胁；但若绝缘性能下降或甚至失效，则外壳的对地电位将升高，威胁工作人员的安全。所谓的安全接地就是将设备的金属外壳接地，使外壳上积累的电荷迅速排放，故障电流经由该低阻通路流经大地，而不致对工作人员造成威胁。

4. 防雷保护地

雷击引发的瞬间电压可高达10MV以上，对人员和计算机设备具有很强的破坏性。若单独建设的机房或者机房所在的建筑物尚未安装防雷设施，则必须设置专门的防雷保护地，以防雷击。防雷保护地将具有良好导电性能和一定机械强度的避雷针安装在建筑物的最高处，引导线接到地网或者地桩上，为泄放雷击电流提供一条低阻值通路，从而达到保护工作人员和建筑物的目的。

3.5 静电、电磁辐射、雷击、振动防护

网络实体安全还需要考虑对静电、电磁辐射、雷击、振动等的防护措施。

3.5.1 静电

静电对计算机实体是一大威胁。计算机设备内含大量半导体器件，当设备所聚积的静电荷达到某一程度时，会使计算机运行出现随机故障，或烧毁某些元器件（如CMOS电路、场效应管、双极性电路等）。此外，静电还会对工作人员放电，给人以触电的感觉，这虽不会直接导致严重的伤亡事件，但是会造成工作人员精神紧张，工作效率降低，从而引发次生事故。

机房静电主要发生在冬春干燥季节，在夏天等湿度较高的季节里出现较少。静电故障多为随机故障，偶发性强，难以找出诱发原因。机房静电还与地板、家具和工作人员服饰有关，例如化纤衣服容易产生静电。

机房静电的产生原因复杂，摩擦生电、电容性感应电荷积累、射线辐射造成电荷积累、干燥空气中悬浮的带电粒子等都可产生静电。预防与消除机房内静电的方法主要有以下几种：在机房地面上铺设防静电地板；不穿易产生静电的服装和橡胶鞋；操作及维修时带防静电手镯；机房内不使用地毯，避免频繁走动；使用防静电中和器定期清除关键设备中的静电；设备在搬运时预先采用防静电包装；保持室内适当湿度和温度。

3.5.2 电磁辐射

计算机设备在工作时会通过地线、电源线、信号线等将信息以电磁波或者谐波的形式放射出去，形成电磁辐射。电磁辐射会带来以下几种负面影响。

● 干扰其他仪器设备。电磁辐射会干扰其他仪器设备的输入输出数据流产生错误，导致设备误动作或数据丢失，甚至使计算机完全瘫痪。

● 破坏设备硬件。电磁辐射通过辐射、传导、辐射—传导或者传导—辐射等方式，可能会对硬件产生物理损伤，甚至导致某些零部件或整机损毁。

● 可能导致信息泄密。计算机设备、网络设备等所辐射出的电磁波携带有用信号，如果这些辐射信号被恶意监听，经过复杂处理之后，能够恢复原始信息。

● 干扰人体磁场，导致人体某些机能紊乱，降低工作人员的精神及健康状况。

国家标准《计算站场地技术条件》规定：机房内无线电干扰场强在频率范围为0.15—1 000MHz时，不大于120dB，机房内磁场干扰场强不大于800A/m。电磁防护的重点在于各种电磁屏蔽技术，包括对各类动力线、信号线采取穿铜管、蛇皮管并对管接头进行防漏磁处理，使用屏蔽线缆等。

3.5.3 雷击

雷击对计算机设备的危害非常大。据资料显示，每年全球因雷击至少造成100亿美元的损失。因雷击导致的人员生命损失也屡见不鲜。

雷击对机房的危害性主要表现为两类情况。其一，直击雷，即雷电直接击中计算机设备、网络设备或终端设备，造成非常强大的破坏力。但是直击雷发生概率较低，影响的范围较小。其二，感应雷，即雷电在附近的架空线路、埋地线路等类似传导体上产生的感应过电压，对相关电子设备造成损害。感应雷虽不及直击雷猛烈，但是发生概率高，袭击范围大，而且感应过电压可通过电力线、电话线等导体快速度、远距离传输，使雷害范围扩大。雷击过电压主要有以下三种情形。

1. 电磁感应

主要针对井口金属环。雷击会产生瞬变电磁场，在雷击点附近的电压甚至会高过数千伏，足以击毁附近的电子元器件使设备损坏。

2. 静电感应

主要针对电力线、信号线等长导体。雷击会在雷击区内的长导体上形成脉冲形式的感应过电压波，这种电压波会以近似光速沿导线向两端传播，从而破坏接地不良的电气系统。感应过电压波可在金属架构与接地不良的金属器件间产生放电火花，严重情况下甚至可能引发爆炸或火灾。

3. 雷击电磁脉冲

针对闭合/不闭合回路，雷击还可以产生空间雷击电磁脉冲，它能够破坏三维空间范围内所有电子设备。雷击在闭合回路中产生感应电流，在不闭合回路中产生感应电动势，在空间形成电磁脉冲。雷击电磁脉冲能干扰微机系统的正常工作，甚至会损毁设备，对机房的危害性非常大。

机房防雷体系主要包括建筑物内、外两层防护措施。机房内部防护措施包括屏蔽措施、均压等电位措施和防闪络措施等。

● 屏蔽措施是利用各种金属屏蔽体来阻挡和衰减施加在计算机等设备上的电磁干扰或过电压能量。例如，利用法拉第笼对建筑物和计算机设备进行初级屏蔽；利用金属丝纺织网、金属软/硬导管等对各类线缆进行屏蔽。

● 等电位连接措施是将电源线、信号线、金属管道、电气装置等都经由过压保护器进行连接，形成一个等电位网络，目的是彻底消除雷电引起的电位差。

● 闪络是指气体或液体介质在高电压作用下沿绝缘表面发生的破坏性放电，发生闪络后，电极间的电压迅速下降到零或接近于零，绝缘表面局部过热造成炭化，损坏绝缘性能。防闪络措施包括正确使用均压环等。

外部防护主要是对直击雷的防护，主要的方法有避雷针和法拉第笼。避雷针在城市的高楼中应用非常普遍。当雷云放电接近避雷针时，避雷针顶部聚积了大部分电荷，形成局部电场强度畸变，引导雷电向避雷针放电，再通过接地引下线和接地装置将雷电流引入大地。另外，也可以将建筑物的金属门窗等用导线连接之后再接地，构筑法拉第笼，可以对建筑物内的设备进行初级屏蔽。

3.5.4 振动

振动的危害性主要表现为会使计算机设备的接触部分发生物理变化，从而降低设备寿命甚至使之失效。计算机设备属于精密仪器，其所包含的零部件之间的距离往往极小。以磁盘驱动器为例，高速转动的盘片与磁头之间的距离甚至不足1微米，因此周围环境的振动不仅可能会使之出现数据处理错误或数据丢失，甚至可能会致使磁头破碎。

机房的振源大致可以分为外部振源和内部振源。外部振源指的是机房周围环境的各种振源，例如公路、铁路、机场、工地等。一般来说，在机房选址时应尽量避开强外部振动源，否则就需要采取必要的防振和隔振措施，提高机房的抗振性，同时尽量将机房设置在高楼的低层。其他方法还包括对重点计算机设备进行防振、防冲击设计，为高灵敏度的计算机设备安装减震器等。

机房的内部振源主要包括工作人员自身活动和大型室内设备的运行因素，例如空调、打印机等。主要的对策如下：

● 对机房内部的主要振源采取建筑隔离措施，防止振动的扩大与传播。

● 对于防振要求高的设备采取单独的隔振与防振措施，例如磁鼓、磁盘机等。

● 制定规章制度，降低工作人员自身活动产生的振动。

另一值得关注的环节是计算机设备运抵机房的运输过程。为了降低振动的影响，必须在设计运输线路、设备吊装搬运、设备固定与缓冲等环节做防振工作。

3.6 数据备份

3.6.1 数据的重要性

近年来，数据存储的重要性得到了越来越多网络用户的认可。处理器、网络、系统、软件等遭到破坏之后均可以购买或者重建，而积累的数据一旦丢失，将对工作造成无法挽回的损失。因此，很多公司都非常重视数据备份和灾难恢复工作，在日常工作中关注对关键性数据的备份，从而在万一发生灾难时，能够在最短的时间内恢复对数据的访问能力。

大型公司往往在网络系统中部署多种类型的存储平台，作为集中的企业数据仓库对外提供服务，包括大范围的多服务器存储磁盘阵列、网络存储设备、或者存储区域网(SAN)等。各种异构的处理器平台之间可以通过高速网络互联，实现数据的高效共享。

除了电子化数据之外，公司企业还会用到那些存储在纸质媒体或磁性媒体上的重要信息，包括文件、文档、原始资料等。工作人员还需要维护这些非电子化数据，例如采用分门别类的保险箱、文件柜、缩微胶片甚至是最原始的办公桌抽屉。

尽管系统中的数据量非常大，但是不同数据的重要性差异很大。如果对所有数据均以最高的规格进行保存，会大大增加公司的开销负担。因此，必须对数据进行分类，重要的数据采用高规格的备份技术，相对不重要的数据采用稍低规格的备份技术。区分数据的重要性的工作可以通过梳理关键业务流程来进行。各公司的业务均可参照重要程度进行划分。影响关键业务流程的数据就是最重要的数据，必须得到最全面的保护，从而在灾难发生之后能够在最短的时间之内恢复关键业务流程的运转。

3.6.2　数据备份系统

数据安全并不仅仅是维护安全的离站数据拷贝，它还要求企业能够在最短的时间内以可访问的形式恢复电子数据，并保证这些数据可以被系统、网络以及最终用户所使用。目前存在三种数据备份技术：传统磁带备份、远程磁带库备份和磁盘镜像，如表 3-5 所示。

表 3-5　数据备份系统

名　称	描　述	技术特点
传统磁带备份	以人工方式将数据从硬盘拷贝到磁带，并传送到安全设备中。	优点：易于实现，受到多种软硬件支持 缺点：人工操作容易出错，安全风险大，数据恢复时间长
远程磁带库备份	通过广域网将数据从磁盘拷贝到远程磁带系统中。	优点：数据恢复时间较短，花费低，不易出错 缺点：存在网络延迟，依赖于电子磁带服务提供商，存储的数据较难恢复
磁盘镜像	通过广域网将存放在磁盘或磁盘阵列中的数据复制到另一个磁盘或磁盘阵列中。	优点：实时数据访问恢复能力 缺点：存在网络延迟，会降低系统处理性能，镜像数据集中可能含有原始逻辑错误

1. 传统磁带备份

所谓的传统磁带备份，就是工作人员手动将数据从计算机设备拷贝至磁带上。磁带是一种历史悠久的数据存储媒介，也是磁盘技术成熟之前所采用的主要存储媒介。与磁盘技术相比，磁带技术不能随机存取数据，数据传输速度较慢，但是磁带技术在容量、能耗和移动性等方面均具有优势，因此仍在数据备份存储领域占有一席之地。首先，从最近几年的规律来看，磁盘容量的增长速度较有规律性，并呈现一种放慢的趋势，而磁带容量的增长并无明显的规律性，而是具有跳跃性，总的来说磁带容量的增长速度更快一些。其次，磁带产品不需要让所有的磁带介质以及机械臂始终保持工作状态，而磁盘则必须始终处于运转状态，因而使用磁带产品节能效果非常明显。最后，磁带的可靠性、移动性更好。磁盘介质拥有复杂的机械结构，抗振性能不佳，不适应频繁的远距离转移。相对而言，磁带的抗振性要高得多，也更适合远距离转移。

在磁带备份技术中，将数据拷贝至磁带并不是整个任务的终点。为避免自然灾害的影响，还必须将磁带运送至远程的安全地点，使得备份磁带与计算机设备不至于同时遭受毁灭性打击。

2. 远程磁带库备份

与传统的磁带备份不同，远程磁带库备份通过广域网将计算机设备的数据传输到远程的磁带库系统中去。远程磁带库备份技术省去了运输、装货、磁带分拣以及在数据恢复方发放磁带的过程，节约了大量时间。通过该技术，备份磁带可以以电子形式传送到数据恢复方，当需要投入使用时，数据磁带已经准备好了。

远程磁带库备份技术的另外一个优点是可以同时备份到多个远程磁带设备中去。系统中使用多路控制器设备，同时将备份数据流复制到两个或者多个磁带设备上去。把一个数据流定向到本地磁带自动装载器，而另一个数据流通过高速网络定向到远程磁带自动装载器，本地和远程的备份都会变得快捷。这种基于控制器的解决方案被许多备份/恢复软件产品和磁带库所使用，这种方法还可以在产生一个备份的时间内生成多个备份。

3. 远程镜像

磁盘镜像（远程磁盘镜像技术）是一种重要的备份技术，该技术在向一个磁盘写入数据的同时，也向另一个备份的磁盘写入相同数据。磁盘镜像技术在大型系统中较为常见，它也是廉价磁盘冗余阵列（RAID）的核心技术。RAID 是一个驱动器阵列，数据通过一种“分拆”技术均匀地写在每一个驱动器上，同一份数据可以被分别保存在 RAID 的不同驱动器中。当某一个驱动器遭遇故障时，可以直接从其他驱动器中获取备份数据，从而不影响系统运行。然而，RAID 技术无法应对火灾、断电或者其他自然灾害。在这些意外事件中，备份数据与原始数据遭遇相同的风险，很可能同时失效。

远程磁盘镜像技术则能够增加系统抵抗上述灾害的能力。该技术通过网络将镜像数据存放于异地数据处理设施之中。远程磁盘镜像技术实质上是对磁盘镜像技术的扩展，核心思想是把数据副本存放在离原始存储设施足够远的磁盘阵列上，从而不会在一次灾难中同时丢失原始数据和备份数据。镜像数据可存放于公司内部网络的另一部分，也可存放在安全的远程离站存储设备中，甚至可存放在商用系统中。

远程镜像技术大致分为两种：异步远程镜像技术和同步远程镜像技术。在异步远程镜像技术中，待写入原始磁盘的数据首先被放置在一个队列中，然后被发送到远程系统，远程系统将其写入镜像磁盘之后发送消息回原始系统，之后原始系统才从队列中取出数据并写入原始磁盘。同步远程镜像技术使用一种被称为镜像写入一致性的工作模式，保证数据同时被写入到本地和远程的镜像阵列，但是同步远程镜像技术会降低系统的性能，因此使用时需要在可靠性和系统性能之间进行权衡。

部分网络管理人员，特别是灾难恢复规划人员比较推崇磁盘镜像（尤其是远程磁盘镜像）技术，在他们看来，这种技术能够在非常短的时间内完成数据恢复工作，甚至达到开发商所承诺的零停工期。但是事实上,即使对整个系统进行了正确的配置、操作和远程镜像管理,零停工期也是不现实的。原因很多。首先,异步远程镜像技术会在原始磁盘和镜像磁盘之间造成一些微小的差异,为了保证远程镜像的有效性,必须采用特定方法解决数据差异问题。其次,数据仅仅是灾难恢复的一部分,而不是全部。在灾难恢复过程中,进行数据恢复之前需要做许多工作:系统硬件需要安装、操作系统必须安装和配置、网络也许需要重新配置、终端用户需要获得系统的访问权限,这些操作都需要时间来完成。因此,并不能说有了远程磁盘镜像技术就足以应付数据恢复问题了。

3.6.3 数据备份策略

1. 完全备份(full backup)

完全备份是指对整个系统所有的文件(数据)进行备份。这种方法操作简单,使用较为广泛。当文件(数据)被完全备份之后,工作人员可以方便地将文件(数据)恢复到完全备份的时间点。如果周期性地对文件(数据)进行完全备份,例如每天或者每周,则能够很大程度提高数据安全性。完全备份策略也存在不足之处。首先,如果定期对系统进行完全备份,则备份数据含有大量重复内容,从而挤占了大量的磁盘/磁带空间,增加了系统成本。其次,当数据量非常大时,完全备份所花的时间也不短,若企业的备份窗口时间较短,则无法完成该操作。

2. 增量备份(incremental backup)

增量备份是指备份上一次完全备份(或者增量备份)后增加或修改过的内容。增量备份的优点在于减少了重复的备份数据,既节省存储介质空间,又缩短了备份时间,缺点是数据恢复较为麻烦,无法一次性完成恢复操作。

3. 差异备份(differential backup)

差异备份是指备份上次完全备份或增量备份之后发生改变的文件(数据),其优点在于节省了备份时间和存储介质空间。差异备份与增量备份的区别在于:差异备份仍然存在冗余。例如,假设周日做完全备份,周一至周六每天做一次差异备份,则每次备份的数据均是当天内容与上周日内容的不同之处。相比而言,若周一至周六每天做一次增量备份,则每次备份的数据均是当天内容与昨天内容之间的差异。

4. 按需备份

按需备份是指除了正常的备份之外,为了达成特殊目的所进行的备份工作。进行按需备份的原因很多,例如,只想备份少数关键性的文件或者数据,以进行更安全的升级等。按需备份比较灵活,是其他备份方式的良好补充。

在实际应用中,单独一种备份方法可能无法满足性能需求,比较常用的方案是综合采用多种备份手段,以达到最终目的。典型的方案有:完全备份+差异备份,完全备份+增量备份。这两种策略均较好地兼顾到易用性与存储效率。

- 完全备份+差异备份:完全备份安全性高,使用方便,但是会造成磁盘冗余;差异备份仅备份更新的部分,比较节约空间。可以在周日做完全备份,在周一至周六做差异备份。若在周四时出现意外,数据被破坏,则可以基于上周日的完全备份数据和本周三的差异备份数据进行恢复。

● 完全备份＋增量备份：增量备份同样仅备份更新的部分内容，因此与完全备份方法一道使用也能够得到理想的结果。可以在周日做完全备份，在周一至周六做增量备份。若在周四时出现意外，数据被破坏，则可以基于上周日的完全备份数据和本周一至周三的所有增量备份数据进行恢复。

3.6.4 数据备份类型

数据备份的类型大致有以下三种：冷备份、热备份和逻辑备份。

1. 冷备份

冷备份是指在数据库正常关闭时，对整个数据库所做的备份工作。在这种条件下，备份操作简化为将数据库文件拷贝到预定存储设备之中。冷备份的优点在于：①操作快捷（仅需拷贝文件）；②易于将数据库恢复到特定时间点上（只需将文件再拷贝回去）；③安全性好，不会损害数据库。同时，冷备份也有若干不足之处：①只能将数据库恢复到做备份操作的时间，无法恢复到更多的时间点；②在做冷备份时必须关闭数据库，这降低了数据库的有效工作时间；③仅能够备份整个数据库，无法选择性地备份一部分数据库。

2. 热备份

热备份是指在数据库正在运行时备份数据库的方法。相比冷备份，热备份的优点非常明显：①备份时数据库仍可使用，提高了数据库的有效性；②可以对数据库中各种不同实体进行备份，而不一定要对整个数据库进行备份；③恢复的时间粒度较细，某些软件甚至可以达到秒级恢复；④恢复速度较快，而且能够在数据库仍然工作的情况下进行恢复。热备份的不足之处在于维护困难和失败的风险较大。如果热备份过程出错的话，不仅会导致备份数据无法恢复，还可能会导致整个数据库系统出现严重错误。

3. 逻辑备份

逻辑备份是指仅仅备份数据库中若干实体（表、用户、或整个数据库）的方法。逻辑备份必须在数据库运行时才能够进行。

3.7 物理访问控制

物理访问控制系统是应对上述问题的有效方案，包括门锁、安全保卫人员、闭路监控器、电子身份卡和生物识别系统等。下面主要介绍电子门禁系统和生物识别系统。

3.7.1 电子门禁系统

传统的机械门锁是单纯的机械装置，其安全性依赖于坚固的材料和复杂的门锁设计。但是，对于酒店、会所等用户众多的场合，如何有效管理钥匙就显得非常麻烦——无论钥匙丢失还是人员更换，都要同时更换锁和钥匙。

最近，电子门禁系统的应用越来越广泛。合法用户被授予一张电子身份卡，而非机械钥匙。若用户要进入某个门区时，只需让读卡器对电子身份卡进行验证即可。相比传统的机械门禁系统，电子门禁系统的优势非常明显。首先，系统能够对电子身份卡授予具体的权限，限制用户进出通道的能力。其次，工作人员可以实时监测各门区的人员进出状况，以及各个门区的当前状态。再次，门禁系统可以保存所有的刷卡记录，以供未来进行查询，可实现考勤等功能。最后，当检测到非法侵入或门超时未关时，可以进行报警，在紧急状态下也可打开/关闭所有的门区。

电子门禁系统识别合法用户的方法很多，大致可以分为密码识别、卡片识别、生物识别三类。密码识别技术通过检验用户输入的密码是否正确来识别进出权限。普通密码识别技术中键盘的排序固定，而高级密码识别系统中键盘的排序不固定，且能够不定期自动变化。密码识别系统操作方便，避免用户携带卡片，但是无法防范密码泄露的风险，且无法进行日志分析，安全性能有限。卡片识别技术通过读卡或读卡加密码方式来识别进出权限。卡片可以是磁卡或者射频卡。磁卡的成本较低，但是易磨损和复制，且卡片信息会因外界磁场的影响而丢失，安全性能有限；射频卡较难被复制，卡片与设备无接触，安全性更高，但是成本较高。相比而言，生物识别技术的安全性最高，也最为复杂，它利用人体的生物特征进行个人身份判定，例如指纹、虹膜、人脸等。

3.7.2　生物识别系统

生物识别系统主要依据人体独特的生理特征来判断其身份，授予他们进入关键系统或位置的权利，例如指纹、虹膜和人脸等。这些生物特征具备唯一性，难以伪造，从而大大提高了系统的安全性。

1. 指纹识别

指纹是指人的手指末端正面皮肤上凹凸不平产生的纹线。我国古代就已经使用指纹(手印)来签押。现如今，指纹识别技术已经非常广泛地应用于身份验证应用中。早期的指纹识别系统属于光学识别系统，利用光线扫描手指皮肤的表面，并提取指纹特征。但是，由于光线只能扫描手指皮肤的表面，不能够深入真皮层，因此手指表面的干净程度会直接影响识别效果。这也使得人造的指纹手模能够通过识别系统，因此不是很安全和稳定。新一代的指纹系统采用了电容传感器技术，其电子信号能够穿过手指的表面和死性皮肤层，到达到手指皮肤的活体层(真皮层)，直接读取指纹图案，因而大大提高了指纹识别的准确性。

2. 虹膜识别

眼睛的外观图由巩膜、虹膜、瞳孔三部分组成。虹膜由相当复杂的纤维组织构成，其细部结构由遗传基因决定。虹膜识别技术将虹膜的可视特征转换成一个512字节的Iris Code(虹膜代码)，这个代码模板被存储下来以便后期识别所用。虹膜识别可以达到相当高的准确度，两个不同的虹膜信息有75%匹配信息的可能性仅有1∶1 000 000，完全匹配的概率就极其微小了。

3. 人脸识别

利用脸部特征进行身份识别。不同人的脸部特征存在差异，即使是双胞胎也不例外。相比其他生物识别技术，人脸识别技术的一大优点是不被察觉性。人脸识别技术完全利用可见光获取人脸的图像信息，并且进行分析处理，因此可以在不知不觉中完成识别过程。

人脸识别技术的难点主要在于:①不同个体之间的区别不大,所有的人脸的结构都相似,甚至人脸器官的结构外形都很相似;②人脸的外形不稳定,受到很多因素的影响,例如表情、年龄、光照条件、摄像方向、头发、墨镜等。

3.8 日常管理

再好的网络系统,如果缺乏认真细致的日常管理措施,仍然不会具备良好的安全性。近年来,由于管理疏忽而造成的损失不断增加。为了确保系统的安全,特别是网络系统的安全,迫切需要建立一系列的规章制度,并且认真执行。

1. 口令(密码)管理

口令管理非常重要,但也易被忽视。猜测用户密码是黑客入侵的重要途径。常见的口令错误有:密码采用数字组合或者单词;密码从不更新;多个账号共用同一个密码;将密码写于纸上等。为了提高安全性,用户应该:使用复杂口令;不将口令写在易见的媒体上;经常更新口令;更严格情况下,可采用口令鉴别和 PKI 验证过程。

2. 安装和更新防病毒软件

防病毒软件是对付计算机病毒的重要武器,它依赖病毒库来识别现有病毒种类,但是对于未知病毒则无能为力。因此,为了保证防病毒软件对新病毒的检测能力,需要不断更新病毒库。

3. 使用软件更新工具

操作系统和应用软件都需要不断更新版本。新版本不仅在功能上有所增强,还会修补若干漏洞,加强系统的安全性。有些操作系统和软件均支持自动更新,应该打开相关选项。

4. 安装防火墙

防火墙可用于检查进/出网络的数据,若数据不满足预定义的规则就丢弃该数据,以防止恶意攻击。可以在公司的内网与外网之间设置硬件防火墙以抵御来自外网的攻击,同时在各用户主机上安装软件防火墙,进一步保护用户主机的安全。

5. 安装反垃圾邮件软件

垃圾邮件是未经用户许可就强行发送到用户邮箱中的电子邮件,它会大大影响用户的工作效率和心情,占用他们的工作时间。垃圾邮件导致的更恶劣的后果是:①有些垃圾邮件的附件含有病毒,可能导致系统瘫痪;②有些垃圾邮件属于"网页仿冒"类别,欺骗收件人泄露密码以及有价值的信息。反垃圾邮件系统能自动识别垃圾邮件,为用户的日常工作带来便利。

6. 限制设备访问

对服务器和网络设备等核心设备采取物理访问限制措施,将其单独安置在一个房间内,并确保仅有少数几位员工能够接触这些设备。这种做法可以减少某些员工直接对设备动手脚的可能性。

7. 设置权限级别

合理设置权限级别是系统安全的重要组成部分。原则上仅将必须拥有的权限分配给用户，不需要的权限则一概不分配。绝对禁止将"管理员"访问权限分配给很多用户。

8. 删除离职员工的网络访问权限

及时取消离职员工登录公司内部网络的能力，避免某些心怀不满的员工损害或窃取内部文件。

9. 制订电子邮件和 Internet 使用策略

要求员工不打开不明来源的电子邮件附件；禁止访问不安全站点，并下载免费使用程序；指示员工慎重保护自己的账号和密码信息，不随意泄漏给不安全站点。

10. 配置无线安全功能

在无线网络的无线电范围内的任何人都具有在网络上接收或传送数据的潜力。如果计划使用无线网络，则请求 IT 专业人士帮助以确保激活安全功能和正确配置无线加密和访问控制功能。

【习题 3】

1. 低湿度对计算机设备的危害性表现在什么地方？
2. 预燃探测器主要有几种？
3. 请简述自动灭火系统的原理。
4. 如何防止灰尘对计算机设备造成的污染？
5. 有害气体的危害性表现在什么地方？
6. UPS 按照工作方式不同可以分为几类？
7. 机房的接地方式主要有哪几种？
8. 什么是远程磁带库备份？什么是磁盘镜像？请比较它们的优劣。
9. 数据备份策略有哪几种？
10. 什么是生物识别系统？请列举几种典型的技术手段。

第 4 章　网络操作系统安全

因特网的快速普及对计算机系统安全提出了新的挑战。在网络时代之前，恶意攻击者必须接触主机，并使用软盘等介质才能够破坏该主机，破坏力有限。因特网的出现改变了这一切。攻击者只需要坐在自己主机面前，通过一根网线在网络上传播数据、执行特殊指令，侵入远程计算机系统，窃取关键数据。在网络时代，恶意攻击的传播速度快、影响范围广、破坏性更强。因此，设计与实现适应互联网时代的安全的操作系统就显得尤为重要，这种操作系统要求性能高、稳定性好、功能强大、便于管理、网络通信能力强。

4.1　网络操作系统概述

网络操作系统(Network Operating System，NOS)是现代因特网的核心部分，它有效整合传统单机操作系统的功能与因特网服务功能，为网络用户使用网络资源提供安全与便捷的帮助。通常的操作系统应该具备进程控制与调度、信息处理、存储器管理、设备管理、文件管理、输入/输出管理等诸多功能，而网络操作系统还具备如下两大功能：①高效、可靠的网络通信能力；②丰富的网络服务功能，例如文件传输服务功能、电子邮件服务功能、远程打印服务功能、远程登陆功能等。总而言之，网络操作系统的目的是使网络用户能方便、快捷、安全、有效地共享网络资源。

在早期的网络操作系统中，操作系统通用功能与网络服务功能并未得到有效整合，更类似于在单机操作系统上直接“增添”网络访问功能模块。这种网络操作系统仅能够实现有限的网络访问能力，例如文件传输功能或者电子邮件功能等，远远无法满足用户对于使用网络资源的迫切需求。现代网络操作系统改进了这个弱点，具有如下特点。首先，它支持多种网络协议，例如 TCP/IP、FTP、HTTP 等，并且能够根据需要添加具体的协议。其次，网络操作系统大多是多用户共享资源的操作系统。再次，网络操作系统支持多种网络硬件，例如网卡、调制解调器、路由器等，能够构成复杂的拓扑结构。

常用的网络操作系统有：Windows 2000 server、Windows Server 2003、Novell NetWare、Unix 和 Linux 等。Unix 系统出现于 20 世纪 70 年代初，不仅可作为网络操作系统，也作为单机操作系统使用，主要应用领域是工程应用与科学计算。Linux 系统是一个类似于 Unix 的操作系统，1991 年由芬兰赫尔辛基大学的大学生(Linus Benedict Torvalds)提交最初版，之后世界上很多程序员加入进来，目前 Linux 的功能已经非常完善了。NetWare 网络操作系统是 Novell 公司于 1985 年开发的网络操作系统，一度非常流行，但现在使用的人已经很少了。Windows 2000 server 和 Windows Server 2003 都是微软公司的产品，界面友好，功能丰富,且新版本的安全性也提高了很多。

4.2　可信计算

随着网络技术的不断普及与因特网的飞速发展,保护网络操作系统的安全成为一件非常迫切的事情。可信计算技术越来越引起人们的关注,成为解决安全问题的良好方案。但是,在计算机应用环境中,对于"可信"有多种解释。一种简单的定义为:如果一个实体(包括组件、系统或过程)的行为在任何操作条件下是可预测的,并能很好地抵抗应用程序、病毒以及一定的物理干扰造成的破坏,则该实体是可信的。

要在因特网时代设计实现可信实体并不容易。例如,计算机系统可以采用防火墙、入侵检测和病毒防范等多种手段保证系统安全,但是这些措施主要用于防范来自外部的攻击,而忽略了对终端机器的保护,因而仍然存在安全隐患。终端往往是创建和存放重要数据的场所,绝大部分攻击事件都是有意无意地从终端发起的。例如:随意更改主机 IP 地址;使用移动存储设备;安装、使用盗版软件或黑客软件;越权使用单位的网络资源;操作系统的"后门"等。

保证网络实体安全还需要保证数据在终端与终端之间传输时的保密性与完整性。多种情况均可能破坏数据的保密性与完整性,例如,使用不安全的网络协议;以不安全的方式(拨号、无线)上网;未使用加密手段等。总之,构建可信操作系统不仅要构建可信终端,还要构建可信网络连接。

4.2.1　可信终端

可信终端得到了诸多国际组织和公司的支持,例如 TCG(可信计算集团,前身是 TCPA)、Microsoft、IBM、Intel、武汉瑞达、联想等,其共同点是在 PC 机硬件平台上引入安全芯片架构,通过安全芯片提供的安全特性来提高终端系统的安全性。可信终端包括含可信硬件的底层硬件和含可信内核的操作系统。可信硬件的主要作用是提供密码保护和安全存储;含可信内核的操作系统的主要作用是提供双重执行环境。

在产业界,不同的企业关注点不同。TCG 主要关注可信硬件规范,提出了 TPM、CRTM 等各种终端规范。TPM 含硬件密码模块,为系统提供高安全性的密码服务;它还能够为各程序建立安全可信计算域,确保应用程序在运行过程中的可信赖性和数据安全性。CRTM 用于度量和校验软件模块的完整性,建立起系统平台的信任链,确保所启动的系统平台没有被攻击和修改过。此外,微软公司提出了终端体系结构 NGSCB,Intel 提出了 PC 可信硬件平台解决方案 LT 技术,IBM 研制了可信硬件 ESS 和可信内核 PERSEUS。国内的瑞达与联想则分别推出了 SQY14 嵌入密码型计算机和可信芯片"恒智"。

目前,可信终端仍然存在一些有待解决的问题,如下所述。

- 证明问题,即证明终端身份的安全方式。典型的方式是采用基于公钥加密的数字证书技术。但存在一些细节问题,例如证书的签发机构、证书的有效期、交叉认证等。在证书规模较小的情况下,用 PKI 容易解决,但是规模一旦增加,PKI 就解决不了。大规模证书撤消列表(CRL)的维护是一个最为棘手的问题。因此,高效的身份证明方案仍在研究之中。

● 隐私问题。隐私与可信本来是两个矛盾的概念。可信终端必然拥有能够证明用户身份的机制,从而无论用户在网络上做什么操作,均能够被精确定位,这也从实际上暴露了用户的身份。另一方面,用户又不想时刻暴露自己的身份。目前,还没有针对这个问题的良好解决方案。

● 潜在的行为控制问题。在现有可信系统中,受到系统信任的是一个被签名的硬件或者软件,而非用户自身。合法用户访问计算机系统的能力依赖于这个软硬件。若外部提供者不信任用户的计算机系统或平台本身认为已存在的实体不可信,它们就能合法地拒绝用户的访问,即使该用户是计算机的拥有者。需要一些商业策略来解决这一问题。

● 终端行为可信问题。有观点认为:只要终端的环境是可信的,密钥和重要数据能安全存放和使用,终端平台身份是可以证明的,那么该终端就是可信的。但也有人认为:可信终端还应该包括对终端行为和内容的控制和监管。

4.2.2 可信网络连接

网络系统中的实体通过网络相互连接,并交换数据。数据交换必须在网络设备的帮助下才能够进行。因此,必须采用安全可靠的网络设备,采用容错计算技术提高性能,同时,还必须通过机房管理、规章制度等措施保障网络设备的实体安全。可信网络连接主要包括传输可信问题和可信接入问题。下面分别介绍。

1. 传输可信

传输可信是指在传输过程中保证数据的完整性和保密性,信息既不会泄露也不会被篡改。但是现有的网络协议设计时间较早,主要考虑鲁棒性与有效性,而并未过多地考虑安全性,从而存在较多安全隐患。例如,TCP/IP 协议应用非常广泛,但存在明显的安全缺陷,针对 TCP/IP 协议的攻击方法有:TCP 扫描攻击、协议栈指纹鉴别、IP 欺骗、DNS 欺骗、DoS 等。其他一些早期的应用层协议以明文方式传输数据,无法保护数据的保密性,甚至账号和密码也会以明文方式传输。因此,解决可信传输的较好解决办法是采用安全的网络传输协议,例如 MPLS、ATM 和 IPv6。

● MPLS 协议,即多协议标记交换协议,是由 IETF 提出的新一代 IP 高速骨干网络交换标准。它引入了基于标记的机制,提供每个 IP 包一个标记,并由此决定数据包的路径以及优先级。MPLS 协议利用活性标签(Active Label)技术和标签化交换(Labeled Switching)技术来确定数据传输的路由线路。这些标签可以作为传输可信的证据。

● ATM 协议,即异步传输模式协议。ATM 支持永久虚电路和交换虚电路。若使用永久虚电路,传输信道一直存在并且可以任意使用,可以保证可信传输。若使用交换虚电路,路由选择算法预先决定了消息传输的虚通路(Virtual Path)路径,从而决定了虚电路(Virtual Channel)的路径,虚通路的标识和虚电路标识均可作为传输可信的证据。

● IPv6 协议。IPv6 协议最大的特点是 IP 地址的长度从 IPv4 协议的 32 位扩展到了 128 位,几乎能够为地球上所有通信设备分配地址。除此之外,IPv6 还在其他方面做了改进,例如简化头部格式、改进可选项和扩展项、增加数据流标签能力、增加认证和保密功能,这些技术均有助于解决传输可信问题。

2. 可信接入

传输可信解决了数据在网络之间传输的安全性问题，可信接入则对应于判断终端是否能够接入网络的问题，符合要求的终端才被允许接入网络，并对终端的访问进行授权和控制。随着互联网的发展，恶意软件的数量越来越多，对网络造成的冲击也越来越大。可信接入技术为网络与主机之间建立一个有效的屏障。传统的网络准入技术主要包括身份验证、访问控制等，但由于身份认证（如用户名、密码等）容易受到攻击，存在较大的安全隐患。可信接入技术还增加了对终端环境的完整性校验技术，大大增加了安全性，典型的解决方案有：①TCG 的可信网络连接（TNC）；②思科公司的网络准入控制（NAC）；③可信认证网关。

- 可信网络连接标准 TNC：由 TCG 于 2005 年 4 月公布。TNC 是基于完整性和认证性双重概念开发的。"完整性"是指某端点配置的预期状态，由 IT 策略所定义，例如系统可以被检查出是否遵守预先设定的策略，并且不参与异常或恶意的行为。"认证性"保证系统通过认证只能被授权用户所使用。带有 TPM（Trust Platform Module）的系统运行时，能够激活 TNC 以提供一个可信赖的引导机制，阻止木马程序及其他相似的攻击。
- 网络准入控制（NAC）：是思科公司自防御网络计划的重要组成部分，能够识别不安全的设备和访问，将它们隔离，阻止它们进入网络。NAC 技术不仅依赖于签名匹配来分析识别，还采用基于行为的评估标准进行分析识别，因此能够有效阻止主机入侵、预防可疑代码、保护操作系统完整性、加固日志等，为网络提供了最大能力的保护。
- 可信认证网关：可信认证网关包括认证服务器和完整性验证服务器。认证服务器通过对终端的证言身份证书（AIC），对终端进行身份认证，确定终端是否包含 TPM；完整性服务器检查可信终端的软硬件配置是否满足受保护网络的要求，如果发现客户端具有正确的配置，就批准客户端接入网络。

4.2.3　可信操作系统（TOS）的安全特性

相比普通的操作系统，可信操作系统拥有很多安全特性，从而大大提升了安全性。这些特性包括：用户鉴别功能、自主访问控制与强制访问控制、客体复用保护、实现完全仲裁、使用可信路径、详细的审计日志能力、入侵检测等。

1. 用户鉴别功能

用户鉴别功能是可信操作系统的最基本的安全能力，这也是访问控制列表的基础。系统必须精确知道当前用户的身份，从而确定该用户在系统之中的操作能力。用户鉴别的技术很多，除了传统的账号密码识别技术之外，近来也出现了一些生物识别技术，利用人体的生物特征识别用户身份，具有更高的安全性。

2. 自主访问控制（DAC）和强制访问控制（MAC）

自主访问控制（DAC）是指客体的拥有者或者拥有特殊权限的用户可以指定其他用户访问该客体的能力，并且能够改变这种访问权限。例如，用户 A 创建了一个文件，则他可以授权用户 B 访问这个文件。

与自主访问控制不同，在强制访问控制（MAC）体制中，用户无法自行更改客体的访问权限，客体的访问权限是由访问策略控制中心决定的。例如在军用安全体制中，机密文件的创建者无权降低该文件的机密性以防泄密。

3. 客体复用保护

客体(资源)复用机制是多用户操作系统的必备机制。计算机系统的硬件资源是有限的,当某用户申请硬件资源时,它将空闲资源分配给该用户;当用户完成指定任务时,它又会将资源回收,以便在将来供其他用户使用。简单的客体复用机制可能存在严重的安全隐患。例如,当用户删除一个文件,会将该文件所占磁盘空间回收到缓冲池中,而并未真正从磁盘上清除文件内容。其他用户申请大块磁盘空间之后,通过扫描磁盘很可能会找到一些敏感信息。事实上,很多内存、寄存器、存储器或磁性介质均面临这一问题。因此,必须实施客体复用保护机制,在用户释放资源或者申请资源时主动清空内容。

4. 实现完全仲裁

所谓的完全仲裁,指的是对每一个对象的每一次访问都需要经过计算机系统检查,以确认是否得到授权。例如,假设用户 A 和 B 分别拥有对象 O_A 和 O_B 的访问权限,则这两个用户无法通过相互授权使得它们具备同时对 O_A 和 O_B 的访问能力。这个授权过程仅能够通过计算机系统来实现。

5. 使用可信路径

在计算机系统中,用户一般并不直接与内核打交道,而是通过应用层接口来访问内核。但是应用层的安全性无法得到充分保证,很可能被非法用户预先安置了木马等恶意软件,从而导致用户无法安全访问系统内核。应对方法是使用可信路径,即避开应用层,在用户与系统内核之间创建一个直接通道,保证用户能够以安全的方式访问内核。

6. 详细的日志审计能力

强大的日志审计模块能详细记录系统安全事件以及登录用户在系统中针对具体对象所做的操作,例如用户创建新文件或者编辑、删除现有文件。详细的日志信息有助于找出系统的非法用户并且列举出他们的非法操作,分析操作系统被破坏的严重程度。日志记录必须无法被任何外部用户所更改,否则非法用户可以修改日志来掩饰自己的行为。

详细的审计日志并不意味着要以最小粒度完全记录系统中的每一件事情。过于庞大的日志记录会降低管理员有效分析日志的能力。可以指定有效的审计策略,对用户操作进行分类,仅保留重要的与安全相关的日志信息。使用审计工具能够提高管理员的工作效率。审计工具应具备:①日志分类功能,以特定条件抽取出部分日志记录;②自动审计功能,根据预定义的规则自动找出非法用户及其所做的非法操作。

7. 强大的入侵检测能力

入侵检测模块是构建安全操作系统的必备模块。入侵检测可以通过分析一些统计信息,查看登录用户的行为是否与正常行为差异很大;或者预先制订一些规则,查看登录的用户是否与这些规则差别很大。现在,入侵检测软件已经较为成熟,并包含在很多可信操作系统之中。

4.2.4 可信操作系统(TOS)的评估标准

不同网络操作系统或者信息安全产品的安全性相差很大。有些产品的安全性并不像其声称的那么好。因此,亟待有第三方评价机构以客观的标准,从需求、设计、实现等诸多方面对其安全性进行评价。

制定信息安全产品的国际标准是一个漫长的过程。早在 1983 年，美国国家计算安全中心(National Computer Security Center，NCSC)率先推出了《可信计算机系统评估准则》(Trusted Computer System Evaluation Criteria，TCSEC)，即“橘皮书”标准，该标准对工业界产生深远影响。接着，在 1990 年前后，英国、德国、加拿大等国也分别独立推出本国的信息安全评估标准，例如加拿大的《可信计算机产品评估准则》(CTCPEC)等。美国也于 1991 年又制定了一个《联邦(最低安全要求)评估准则》(FC)。由此在国际上形成了多种国际标准共存的态势。但是，这种局面并不适应信息安全产品越来越国际化的趋势，一些国家重新联合起来制定新的标准。1991 年欧洲英、法、德、荷四国国防部门信息安全机构率先联合制定了《信息技术安全评估准则》(ITSEC)，该标准成为欧盟各国使用的共同评估标准。之后，美国、加拿大与上述四国联合起来，并于 1996 年共同推出了一个供欧美各国通用的信息安全评估标准，即《信息技术安全通用评估准则》(CC)。之后，上述国家又推动将 CC 标准上升到国际标准。1999 年，国际标准组织批准 CC 标准以“ISO/IEC 15408-1999”名称正式列入国际标准系列。

4.3　Windows Server 2003 操作系统

Windows Server 2003 操作系统是微软公司自从 Windows 2000 server 之后的又一成熟的 Windows 网络服务器运营平台，其安全性比 Windows 2000 Server 操作系统提高很多。然而，安装、部署一套安全的服务器操作系统并不容易，它依赖于对整个系统方方面面的精心配置。正确的系统配置应该是能够保证系统应用程序正确运行，同时不给非法入侵者留任何漏洞。显而易见的是，如果权限配制得越宽泛，系统被侵入的概率也越高。本节从用户管理安全、系统服务安全、系统设置安全、活动目录安全、文件系统安全、防火墙安全等六个方面详细介绍 Windows Server 2003 的安全特性。

4.3.1　用户管理安全

用户管理安全是系统安全与数据安全的基石，其任务包括管理用户账号、合理分配账号权限等。各用户账号均被赋予了特定权限，当用户以账号登录之后，仅能够执行相对应的有限功能。系统管理员必须确保各用户账号仅拥有完成指定任务的能力，而无法完成任何其他任务。同时，还应保证账号的密码不容易泄露或被破解。

保护计算机和计算机内存储数据的安全措施之一，就是指定拥有不同访问权限的用户账号，通过限制账号的权限的方式，实现对计算机资源的控制。登录的身份决定了该用户是否可以进入该计算机，以及可以在该计算机上做些什么。因此，对用户账号和管理员账号的严格审批、发放和控制，再辅以严格的账号策略，是确保服务器安全的重要手段。

Windows Server 2003 平台能够实现用户管理安全。首先，该系统能够创建/删除账号，各账号可以包含若干具体的权限。其次，对于大中型企业而言，用户数目较多，如果为每个用户单独赋予权限，则既费时费力，又容易出错，从而造成重大安全隐患。因此，Windows Server 2003 平台同时支持用户组机制，以实现对于同类账户的管理。各用户组可以分别配置权限，用户组可以包含多个用户账号。属于同一用户组的用户能够共享该组的权限。因此，用户组可以大大简化用户账号管理的任务。

对于用户组，还需注意两大规则。①权限叠加规则：一个用户账号可以同时从属于多个用户组，则该用户账号所拥有的权限，是其从属的所有用户组的权限之和。如果将用户从某一个用户组中移除，则该用户将不会享受到该用户组的权限。②拒绝权利优先规则：不同用户组可能对同一对象有相反的设置，例如"拒绝"或者"允许"。若用户所属的多个组恰巧存在这种情况，则认为该用户无法访问指定的对象。

通常情况下，Windows Server 2003 系统的账号密码数据文件 SAM 已经加密，无法明文阅读。然而这种加密机制无法防范一些黑客软件，这些黑客软件能够轻易查看该文件。因此，Windows Server 2003 操作系统额外提供了一个工具 syskey，以增强保护功能。其安全保护措施主要有以下几点：①可对账号密码进行 128 位加密，从而对密码信息进行坚强保护；②可以对整个账号密码数据文件进行二次加密；③可以设置启动密码，这个密码先于用户账号密码之前，能够起到双重保护的功能。

1. 修改 administrator 账号

administrator 账号是系统的超级账号，其权限不受限制。因此，对该账号的保护显得尤为重要，措施如下：①可以将该账号改名，不采用缺省名称；②精心设计该账号的密码，在长度复杂度方面均有足够强度，事实上，这一点对于所有账号都很重要；③在 administrator 组中创建新账号，并使用该账号对系统的日常管理和维护工作；④尽量减少 administrator 组成员的数量。

2. 采用安全验证方式

验证是系统安全性的一个基本因素，它确认试图登录到域或访问网络资源的所有用户的身份。Windows Server 2003 支持多种验证方式。Windows Server 2003 支持的默认的网络服务验证方式是 Kerberos V5，为交互式登录方式。当用户需要访问安全的 Web 服务器时，Windows Server 2003 还支持通过安全套接层/传输层安全协议（SSL/TLS）来进行验证。

3. 设置账户管理策略

利用 User Manager 工具可以对用户账号进行更加详细的管理。例如，可以设定各用户账号连续输入密码错误的最大次数，可以限制允许用户登录的时间；可以强迫用户定期更改密码等。这些措施尽管简单，却也能够有效地挫败黑客的各种密码攻击。

4.3.2 系统服务安全

Windows Server 2003 平台通过大量服务来为远程用户/应用程序提供各种功能。服务不仅能在操作系统安装时被自动装入，还能够在后期安装应用程序的时候被装入。显而易见的是，服务在提供功能的同时，也存在潜在的安全漏洞。运行的服务越多，安全隐患越多，同时还会占用大量的系统资源。系统服务的风险很多，主要包括：不验证客户端身份、使用不安全协议、特权太多等。系统服务安全的防范重点在于：仅开放使用必需的服务，而关闭其他服务，具体表现为：

● 详细了解各个服务的内容和功能，确定是否使用此服务；

● 对于不是必须使用的服务，禁止或者设置成手动启动的方式；

● 对于安装应用程序的时候同步安装的服务，必须清楚地了解其对系统可能造成的影响，并经过充分测试之后，再在应用中使用。

值得注意的是，Windows 服务存在相互依赖的关系。虽然禁用不必要的服务可以减少占用系统资源以及系统漏洞，但是有些服务被禁用以后将会导致应用程序运行异常，甚至系统无法引导。因此，为了保证系统的稳定性，在禁用系统服务之前应该在测试环境中先进行测试。

4.3.3　系统设置安全

Windows Server 2003 操作系统可以对诸多选项进行设定，这里介绍几种与安全相关的设置选项，包括注册表、日志审核、端口安全和启用文件加密等。

1. 注册表

注册表是 Windows 系统所采用的一个小型中央分层数据库，它包含了 Windows 在运行期间不断引用的信息，包括系统设置信息、应用程序信息、硬件分配信息、文件系统信息等等。对于注册表的使用不当，不仅可能导致应用程序无法正常运行，还可能导致系统无法正常启动或者严重的安全泄密事件。

首先，应该严格禁止远程访问注册表。Windows Server 2003 在默认安装时启用了允许远程访问注册表，这使得用户不接触电脑主机也能够方便地修改各项设置，包括系统服务设置、ACL 权限设置、新账号设置等。一旦该功能被误用或者恶意使用，将会对系统造成极大的伤害。其次，需要正确理解注册表中各个选项的内容。在 Windows 各个版本中，注册表各选项的含义略有区别，必须充分阅读相关技术材料，正确设定参数。

2. 日志审核

系统日志有助于系统管理员分析和管理系统运行状况，检测潜在的入侵行为。Windows Server 2003 的日志包括应用程序日志、安全日志、系统日志、Web 管理日志等。日志审核是本地安全策略的一部分，它允许跟踪用户的行为和 Windows Server 2003 系统的行为(事件)。日志审核设置可以确定是否将安全事件记录到计算机上的安全日志中。例如，可以设置是否保存登录成功或登录失败的信息，或两者都记录。

3. 端口安全

端口是 TCP/IP 网络体系架构中的重要一环。一台拥有 IP 地址的计算机可以拥有 65536 个端口，以供各服务/应用程序所使用。Windows Server 2003 系统为了保障端口安全提供了以下手段。

● 端口查询工具：系统自带的 netstat 工具能够方便地查看系统的端口使用情况；Windows Support Tools 工具包软件 PortQry 可以用于帮助排查 TCP/IP 连接问题；微软公司也提供 Port Reporter 工具，用于端口监控。

● 关闭/开启端口：默认情况下，Windows Server 2003 系统会开放很多端口，黑客可能会通过开放的端口侵入系统。通常情况下，需要关闭不使用的端口。例如，NetBIOS 协议用于在多台计算机之间解析名字、建立连接和支持可靠数据传输。然而，该协议会导致计算机信息泄露。因此，需要禁用 NetBIOS 端口 139。

- 端口重定向：即采用端口映射的方法，把一个端口重定向到另外一个端口。例如，通常 Web 服务器和 FTP 服务器分别以 80 端口和 21 端口向外界提供服务，可以分别改变这些通用的端口号，以提高安全性。Windows Server 2003 可以借助于 IIS 服务，实现 WWW 和 ftp 服务的重定向；借助注册表，实现对远程终端服务的重定向。其他端口的重定向也可以通过第三方软件实现。

4. 启用文件加密

一个 Windows Server 2003 系统拥有众多用户。有些用户希望自己的私有文件数据不被其他人所访问，甚至在电脑失窃的情况下，偷窃者也无法知道文件的内容。解决这个问题的唯一途径是为私有的文件数据进行加密。但是，第三方的加密软件贵而且使用麻烦，影响工作效率。Windows Server 2003 提供了一种文件加密系统（Encrypting File System，简称 EFS），它能够为磁盘、文件夹和文件进行加密，保护数据内容。值得称道的是，这个功能对于使用的用户透明，使用加密的用户可以直接以正确的用户身份登录以后对指定的文件或者文件夹任意操作，好像是没有加密一样。但是对于其他用户而言，内容是加密的，里面的内容无法正确读出。

4.3.4 活动目录安全

活动目录（Active Directory）是 Windows Server 2003 网络体系结构中非常关键的部分。它提供了一套为分布式网络环境设计的目录服务，能够对有关网络资源和用户的信息进行有效管理。活动目录是操作系统对用户账号、客户、服务器和应用程序进行管理的唯一点，因此操作系统可以利用它来验证用户身份并控制其对网络资源的访问。登录的用户账号可以访问网络上经过授权的任何资源，这也使得 Windows 网络操作系统更易于管理、更安全。

1. 安全描述符

活动目录的安全性通过安全描述符来体现。所谓的安全描述符指的是网络中的每个容器和对象所附加的一组访问控制信息，这种控制信息决定了该对象如何被用户和组所访问。在创建容器或对象时，安全描述符同时被自动创建。例如，文件就是一个带有安全描述符的典型对象。安全描述符中另一重要概念是权限，表示特定的用户或组对于某具体对象的访问方式。指派给用户或组的每个权限称为“权限项”，即访问控制项。允许将多个权限项赋予某用户，这些权限项就构成了权限组。每个对象都带有一组安全信息或安全描述符，指定了可以访问对象的组或用户，以及授予这些组或对象的权限。

2. 权限继承

在创建对象的时候，可以直接为该对象设定权限，生成安全描述符。当对象数量较多时，效率较低。Windows Server 2003 同时提供了权限继承方法，能够提高效率。所谓的权限继承方法，指的是当基于父对象创建子对象时，子对象的权限会直接从父对象中继承得来，也就是说用户对于子对象与父对象的权限相同。以文件夹的权限问题为例，当创建子文件夹时，我们可以指定子文件夹的权限与父文件夹相同。因此，继承权限可以减轻管理权限的任务，并且确保给定容器内所有对象的权限一致。

3. 权限委派

权限委派是活动目录的一大特色。所谓的权限委派是指将用于某一功能的处理和管理的责任分配给另一个用户、组或单位。通过权限委派，可以使部分用户和组也具备了一定范围的管理能力。例如，可以将用户组 B 的"重设用户密码并强制下次登录时更改密码"权限委派给用户 A。则 A 可以修改用户组 B 中任何用户的密码，并且要求这些用户在下次登录系统时修改密码。

4. 用户权利管理

在活动目录管理中，存在一个与权限相类似的概念——权利。不同之处在于：用户权利适用于用户账号，而权限则附加给对象。这些权利允许用户执行特定的操作，例如：将工作站添加到域、更改系统时间、配置文件系统性能等等。系统管理员可以将权利指派给单个用户或者用户组。当然，为了简化用户账号的管理，提高安全性，较好的方式是将用户权利应用于组。若用户属于多个组，则他的用户权利会自动累积。要删除用户的权利，管理员只需从组里删除用户即可。这样，用户便不再拥有指派给这个组的权利。

5. 组管理活动目录对象

活动目录中还定义了用户组，用于将职能类似的用户、计算机账号和联系人等对象凑到一个集合里面。属于特定组的用户和计算机称为组成员。可同时为诸多账号指派公共的权限和权利，而无需为每个账号做重复的事情。在安装活动目录时，系统自动定义了一系列默认的组，管理员也可以再创建其他组。

组的优点在于：①管理简便，所有组成员的权限相同，即为组而不是个别用户指派对共享资源的权限。这样可以将相同的资源访问权指派给该组的所有成员；②委派管理，将管理某一个组的权限分配事宜委托给特定用户；③创建电子邮件通信组。

组的类型分两种：通信组和安全组。通信组仅用于电子邮件应用程序中，其主要目的在于群发邮件，但是，通信组并不启用安全，不能够列在访问控制列表中。安全组能够实现对网络上的资源的有效管理，能够用访问控制列表实现权限分配管理。另外，安全组也可用作电子邮件实体，给安全组发送电子邮件会将该邮件发给组里的所有成员。

6. 服务安全

服务是一种在后台运行的应用程序类型，能为网络系统的用户提供各种关键性功能。保证服务的安全性的重点在于做好权限分配工作，具体包括服务账号权限安全和服务权限安全。每个服务背后均有一个默认账号，服务对于操作系统上的文件数据的访问权限实际上就是该默认账号所拥有的权限。若更改这个默认账号，可能会致使服务运行失败。所谓的服务账户权限即指该默认账号所拥有的权限。服务权限指配置服务需要的权限。每个服务都有特定的权限，可以将这些权限授予或者不授予每一个用户或组。服务权限种类较多，常用的有：启动、停止、暂停和继续、状态查询等。

4.3.5　文件系统安全

保护文件系统安全对于网络系统的安全至关重要。各种文件服务器中存储着重要和敏感的数据，如果重要文件或数据被恶意获取或者破坏，将会造成不可弥补的损失。文件服务既可以为局域网用户提供数据存储服务，同时，也可以作为网站服务器的远程共享文件夹，实现数据的集中安全存储。

Windows Server 2003 操作系统支持 FAT、FAT32 和 NTFS 等文件系统格式。FAT 文件系统格式的历史比较悠久，但是磁盘利用率较低，FAT32 格式提高了 FAT 文件格式的磁盘利用率。不足之处是 FAT 和 FAT32 文件格式在安全方面的考虑较少。从 Windows NT 开始，微软推出了 NTFS 文件格式，大大提升了安全性。首先，NTFS 对用户访问权限的控制更加细致，不仅可以为文件夹授权，而且还可以为单个的文件授权。其次，NTFS 支持数据压缩和磁盘限额，从而可以进一步高效率地使用硬盘空间。最后，NTFS 能够对文件系统进行透明加密，从而使保存的文件数据更加安全。因此，Windows Server 2003 服务器最好采用 NTFS 文件系统，以提升资源管理的安全性。

Windows Server 2003 利用访问控制列表（Access Control Lists，ACL）技术来保障重要数据的存储安全。ACL 技术针对具体对象设定访问权限，防止未经授权的用户非法伤害文件系统对象，从而有效地保证数据的访问安全。ACL 中包含有那些被授权访问具体对象（例如文件、文件夹）的所有用户账号、组和计算机，还包含它们被授予的访问类型。为了让一个用户访问某个文件或者文件夹，针对相应的用户账号、组，或者该用户所属的计算机，ACL 中必须包含一个对应的元素，这样的元素叫做访问控制元素（Access Control Entries）。NTFS 文件格式为每个文件和文件夹都存储一个远程访问控制列表 ACL。由于用户账户可能从属于多个用户组，则一个用户可能针对某一个对象含有多重权限。这样的话，就需要充分了解多重权限的组合情况。①权限是累积的；②文件权限优先于文件夹权限；③拒绝权限优先于其他权限。

另外，还需要注意 NTFS 权限的继承问题。即：当在父文件夹中创建文件或者子文件夹时，父文件夹的权限也会应用到新创建的文件或者子文件夹中去。在默认情况下，为父文件夹指定的权限会由其所包含的文件夹和文件继承并传播。用户也可以根据具体情况，限制这种权限继承。

Windows Server 2003 提供了卷的磁盘配额，以跟踪、控制磁盘空间的使用情况。可以设置两个参数：磁盘配额限制和磁盘配额警告级别，且磁盘配额限制大于磁盘配额警告级别。系统管理员可以配置①是否用户占用的空间超过磁盘配额限制或磁盘配额警告级别时记录事件；②是否将磁盘空间分配给超过配额限制的用户。当系统的用户数量较多时，NTFS 的磁盘配额管理方法比较有效。

1. 共享文件夹

文件服务的一个重要内容就是提供文件共享服务，使得用户可以通过网络远程访问服务器的文件数据。为了保证文件共享服务的安全，必须为共享文件夹进行权限控制。共享文件夹权限有 3 种：读取、修改、完全控制。“读取”权限允许用户显示文件夹名称、文件名称、文件数据和属性、运行应用程序文件。“修改”权限允许用户创建（/修改/删除）文件夹（/文件），以及执行“读取”权限所允许的操作。“完全控制”权限允许用户修改文件权限，获得文件的所有权，以及执行“修改”和“读取”权限所允许的所有任务。

共享文件夹权限具有以下特点。①权限设置仅限于文件夹，而不适用于单独的文件，甚至也无法设置子文件夹的权限；②共享文件夹权限并不对直接登录到计算机上的用户起作用，它们只适用于通过网络连接该文件夹的用户；③在 FAT/FAT32 系统卷上，共享文件夹权限是保证网络资源被安全访问的唯一方法；④默认的共享文件夹权限是读取，并被指定给了 everyone 组。

前面讲到，在 NTFS 卷上，各个文件/文件夹均需进行权限控制。因此，在 NTFS 卷上如何设置共享文件夹权限与 NTFS 权限就比较麻烦。其主要的规则有如下几条。首先，共享文件夹中的文件和子文件夹均可以应用 NTFS 权限，而且不同文件/文件夹所应用的 NTFS 权限可以不同。其次，用户必须同时具备访问文件/文件夹的共享文件夹权限和 NTFS 权限，才能够访问该文件/文件夹。最后，当用户从属于多个组时，可能存在权限组合问题，这时用户对文件/文件夹的访问权限是组合的共享文件夹权限和组合的 NTFS 权限之间较小的那个。

2. 文件权限的访问控制

网络攻击的目的在于获取用户权限，而获取用户权限的目的，在于获取超级文件权限。为了确保文件系统的安全，可以采取下述措施。

- 文件和文件夹访问的审核安全。在 NTFS 分区上，可以实现对文件和文件夹访问的审核。
- 取消“everyone”组对所有磁盘的完全控制权限。
- 删除不必要的文件，例如与注册表安全设置相关的文件、网络服务相关的文件、管理工具等。
- 取消系统的文件保护功能，移除系统中备份的系统文件，包括根分区“Windows\Driver Cache”目录下的所有文件。

4.3.6　Windows 防火墙

防火墙技术是本地计算机与外部网络之间的一道屏障，可以限制从网络传入本地计算机的信息，或者从本地计算机传出到外部计算机的信息。防火墙是对付恶意代码的有效手段。Windows Server 2003 操作系统自带了防火墙功能，具备了软件防火墙的典型功能，它检查和筛选所有 TCP/IP 通信。非请求传入通信将会被丢弃，除非它是对主机的请求或者请求的通信响应，或者是被特定允许的。工作人员可以配置 Windows 防火墙的各个选项。但是该工作人员必须是本地计算机上的 Administrator 组的成员才行，否则“控制面板”的“Windows 防火墙”中的所有设置都将显示为灰色（即无法配置）。主要的配置项包括：

- 打开/关闭 Windows 防火墙：Windows 防火墙有 3 种设置：“开”、“关”和“开并且无例外”。默认情况下为“开”，Windows 防火墙会阻止所有到计算机的未经请求的连接，除了“例外”中列出的程序或服务。如果是“关”，则关闭防火墙，计算机易受到非法入侵者或 Internet 病毒的侵害。如果是“开并且无例外”，则防火墙会阻止所有到计算机的未经请求的连接。
- 还原防火墙默认设置：若防火墙的某些设置项与当前计算机系统不相匹配，则可以将所有的策略还原到系统默认的设置。
- 启用/禁用防火墙通知：当其他应用程序经过网络访问本地计算机的时候，防火墙通知能够显示连接信息，并告知计算机用户。

● 启用防火墙事件审核：防火墙事件审核能够确定是否将防火墙的审核日志记录到日志文件中去。

● 其他功能：其他典型的设置还包括允许/限制端口访问、允许/限制程序访问、允许/限制服务访问、允许/限制 ICMP 协议等。

4.4 Unix/Linux 操作系统

Unix 操作系统与 Linux 操作系统具有很多相似性，很多工具、服务软件都能够同时在这两个平台上运行。本节首先分别介绍这两个操作系统，然后再介绍一些常用的工具和服务软件。

4.4.1 Unix 操作系统概况

Unix 早期版本仅达到 TCSEC 的 C1 安全级，安全性较弱；新版本的安全性则达到了 C2 安全级，系统整体安全性有所改善。这是由于引入了受控访问环境的增强特性，增加了审计特性，进一步限制用户执行某些系统指令，审计特性可跟踪所有的"安全事件"和系统管理员的工作。

1. Unix 的文件系统安全

Unix 的文件系统是 Unix 操作系统设计实现中最优秀的模块之一。与其他操作系统的文件系统相比，Unix 文件系统结构简单、管理规范、使用灵活。在 Unix 系统中，所有对象都是文件，文件是一组字节序列。基本的文件类型包括正规文件、特殊文件、目录、链接、套接字、字符设备等。Unix 系统使用一个分层的树型结构管理文件，树根即为"/"目录。

在 Unix 操作系统中，每个用户都有一个用户名和 UID(用户标识符)，同时每个用户从属于一个或多个组。基本分组成员在\etc\passwd 中定义，附加的分组成员在\etc\group 中定义。不同用户对于文件的访问权限差别很大。首先，Unix 系统将用户分为三类：文件拥有者(u)、同组用户(g)、其他用户(o)。其次，定义了三种不同身份用户对于文件的具体权限，包括 r、w、x。权限 r(读)表示能够读目录文件，可列出目录中的文件；权限 w(写)表示能够修改目录文件；权限 x(执行)表示能够执行该文件。例如，当某文件的属性为 rw-r—r--，含义为：所用用户均可读取，但仅有文件的拥有者能够修改，该文件不可执行。

Unix 操作系统为了保护文件系统安全性所采用的一个创新技术是使用文件的 SUID(指文件所有者 ID 号)位和 SGID(指文件所在组 ID 号)位。当用户执行一个 SUID 文件时，用户 ID 在程序运行过程中被置为文件拥有者的用户 ID；同样，当一个用户执行 SGID 文件时，用户的组被置为文件拥有者的组。一般来说，文件拥有者(或者文件拥有者的组)的权限比登录用户(登录用户的组)高，从而使登录用户临时获取权限访问某些重要文件。UNIX 系统实际上有两种类型的用户 ID：实际 ID 和有效 ID。实际 ID 是在登录过程中建立的用户 ID，有效 ID 是用户运行进程时的有效权限。程序不是 SUID 文件或 SGID 文件时，进程继承了用户登录 shell 的权限，实际 ID 与有效 ID 相同。当 SUID 位被设置时，进程则继承了命令所有者的权限。例如，/dev/kmem 文件存储了核心程序所要访问的重要数据，不能被普通用户所读写。但同时，ps 等程序要访问这个文件。ps 文件的拥有者是 bin，所属的组是 system，它是一个 SGID 文件。当 ps 程序运行时，实际上是以 system 组成员的身份进行操作，从而能够访问/dev/kmem 文件。

多种措施可以提升 Unix 文件系统的安全性。首先，需要保护开机启动文件，这些文件被恶意修改之后可能会运行一些破坏系统的程序。其次，避免在系统中保留所有用户均可写和执行的文件，如果有的话，则重新设置用户权限。再次，保护内核文件，将其拥有者设置为 root，且仅能够被 root 读或者修改。重要的内核文件包括\etc\passwd、\etc\inetd.conf 和\var\adm\inetd. sec 等。最后，禁止普通用户运行 crontab，并确保\usr\lib\crontab 文件对任何人均不可写。crontab 命令用于安装、删除或者列出用于驱动 cron 后台进程的表格，用户把需要执行的命令序列放到 crontab 文件中以获得执行。恶意攻击者可能会在 crontab 中放置后门，所以要正确理解 crontab 脚本。

2. Unix 系统的典型漏洞

Unix 系统存在一些典型的漏洞，需要得到妥善处理。

(1) RPC 服务缓冲区溢出

远程过程调用(RPC)是于远程主机上执行特定任务的一种协议，它允许一台计算机上的程序执行另一台远程计算机上的程序，因而被广泛用来提供网络远程服务。目前，RPC 面临的主要风险是远程缓冲区溢出攻击。缓冲区溢出是指当计算机向缓冲区内填充数据时超过了缓冲区本身的容量，使得溢出的数据覆盖在合法数据上。当所溢出的数据经过精心编制时，即可导致严重后果。RPC 的错误检查机制比较薄弱，当恶意攻击者发送程序所不支持的数据时，这些数据会被继续传送和处理。

(2) Sendmail 漏洞

Sendmail 是 Unix 上广泛使用的邮件收发程序。恶意攻击者利用 sendmail 存在的缺陷进行攻击。例如，攻击者发送一封特别的邮件消息给运行 sendmail 的计算机，sendmail 会根据该消息要求被攻击的计算机将其口令文件发送给攻击者，这样口令就会被暴露。应对措施包括：更新 sendmail 版本、及时下载或更新补丁程序、非邮件服务器或代理服务器不要在 daemon 模式下运行 sendmail 等。

(3) 远程命令缺陷

Unix 系统提供诸多远程命令，为远程主机提供服务，例如 rsh、rcp、rlogin 和 rcmd 等。远程命令的主要风险来自：如果该命令来源于可信赖的 IP 地址，则允许用户登录远程计算机而不必提供口令，远程计算机不用询问用户名和口令。如果可信赖网络中的任一主机被攻破，则会对该网络造成巨大破坏。应对的措施包括：不允许以 IP 为基础的信任关系，甚至不使用远程命令。

(4) Sadmind 漏洞

Sadmind 用于执行分布式的系统管理操作。但是 Sadmind 的验证实现存在问题，远程攻击者可以利用这个漏洞以 root 用户权限在系统上执行任意命令。应对的措施包括杀掉正在运行的 Sadmind 进程、安装最新补丁程序等措施来防范 Sadmind 漏洞。

3. 提升 Unix 主机安全性

可以采取多种措施来保障 Unix 主机的安全，包括账号口令安全、系统配置安全、使用安全工具、系统服务安全等。

(1) 账号口令安全

很多安全事件的起因均是账号的口令被窃取，特别是 root 账号。因此必须重视账号与口令的安全问题。系统的账号必须采取强口令，即有一定强度与复杂度；口令需要定期修改；设定账号锁定策略，防止穷举攻击；封闭不常用的账号；启用安全审计功能，监控用户操作。

(2) 系统配置安全

Unix 系统庞大而复杂。构建安全的 Unix 系统必须预先进行全面的系统配置工作。例如：浏览安全网站，为系统打上最新的补丁；禁止非路由器设备转发数据包；对常用网络协议进行安全配置等。

(3) 使用安全工具

安全工具不仅能够检查系统自身的安全性能，也可以进行入侵检测。重要的工具包括 SAINT、Nmap、Tcpdump、Ethereal、GnuPG 等。

(4) 系统服务安全

Unix 系统借助于一些应用服务软件为其他用户提供服务。典型的服务软件包括 DNS 服务器软件 BIND、Web 服务器软件 Apache、文件共享服务器软件 Samba、NFS、代理服务器软件 Squid 等。这些软件各有特点与弱点，必须参照说明仔细配置，修补漏洞。同时，禁用一些用不上的服务。

4.4.2 Linux 操作系统概况

1. 文件系统安全

Linux 使用标准的 Unix 文件权限体系来实现 Linux 的基本用户隔离和存取授权功能。每个文件存在三种存取权限：用户访问权限、组访问权限、其他用户访问权限，分别对应于文件拥有者、文件拥有者的组成员、其他用户。root 作为系统管理者，其权限很大，可以访问任何文件并对其进行读写操作。如果 root 账号的密码被黑客所窃取，相当于整个系统完全被攻破了。Linux 也使用 SUID 和 SGID 机制，使得用户能够访问自身账号无法访问的文件。

利用文件加密机制能够提高网络系统的安全性，防止磁盘信息被盗窃、未授权的访问等。所谓文件加密机制就是将加密服务引入文件系统，数据以密文方式在磁盘之中存储。Linux 已有多种文件加密系统，如 CFS、TCFS、CRYPTFS 等，较有代表性的是 TCFS。TCFS(Transparent Cryptographic File System)工作于 VFS 层之下，将加密服务与文件系统紧密结合，使用户感觉不到文件的加密过程，访问保密文件与访问普通文件几乎一样。TCFS 通过 DES 算法将原始数据进行加密，因此其安全性依赖于 DES 算法的强度。TCFS 不修改文件系统的数据结构，备份、修复以及用户访问保密文件的语义也不变。TCFS 不仅仅能够对文件内容进行加密，甚至能够对一些敏感的元数据进行加密，例如文件名称。总之，TCFS 能够使保密文件对①合法拥有者以外的用户；②用户与远程文件系统通信线路上的窃听者；③文件系统服务器的超级用户都不可读。

2. PAM

身份认证是所有网络系统必须要面对的首要问题。较早时候，Linux 系统的用户鉴别过程比较简单，系统管理员创建用户账号，指定口令；用户登录后重设口令，该口令经过加密处理后存放于/etc/passwd 文件中。用户登录时，登录服务程序提示用户输入其用户名和口令，如果该口令加密之后与/etc/passwd 中的口令匹配，则判定是合法用户。后来也逐步采用其他鉴别方法，例如 Kerberos 认证方法、智能卡鉴别系统等。但是这些鉴别方案与整个系统之间联系过于紧密，一旦所用算法存在缺陷或者试图换一种鉴别方法时，将会带来巨大的不便。

插件式鉴别模块(Pluggable Authentication Modules，PAM)机制是一种良好的替代方案。作为 SUN 公司提出的认证机制，它采用模块化设计和插件功能，能够轻松地在应用程序中插入新的鉴别模块或替换原先的组件，而不必对应用程序做任何修改，简化了软件的定制、维护和升级过程。应用程序可以通过 PAM API 方便地使用 PAM 提供的各种鉴别功能，而不必了解太多的底层细节。PAM 的易用性也较强，它对上层屏蔽了鉴别的具体细节，用户仍可以用同一个口令登录而感觉不到差异。

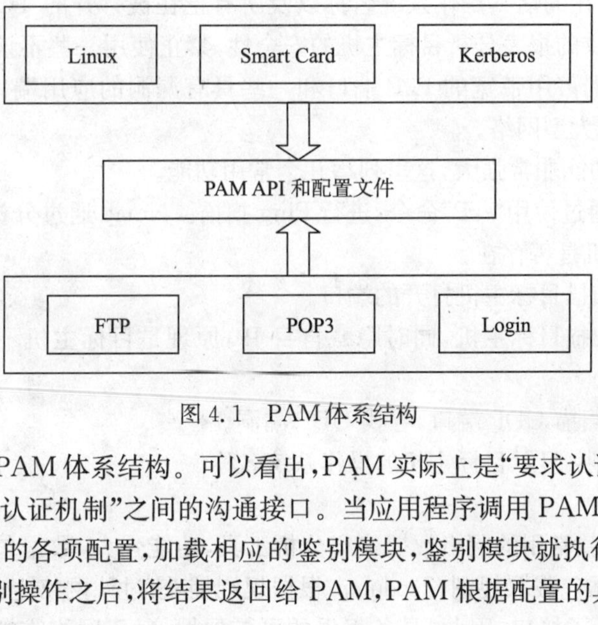

图 4.1　PAM 体系结构

图 4.1 描述了 PAM 体系结构。可以看出，PAM 实际上是"要求认证服务的应用程序"与"提供认证服务的认证机制"之间的沟通接口。当应用程序调用 PAM API 时，PAM 根据配置文件 pam.conf 的各项配置，加载相应的鉴别模块，鉴别模块就执行具体的鉴别操作。当鉴别模块完成鉴别操作之后，将结果返回给 PAM，PAM 根据配置的具体情况，将鉴别结果返回给应用程序。

4.4.3　Unix/Linux 安全工具

有很多安全工具能够保障 Unix/Linux 平台的安全。

1. SAINT

SAINT(Security Administrator's Integrated Network Tool)是一款著名的网络脆弱性评估工具，其前身是 SATAN，它使用非入侵方式侦测任何远程主机的安全漏洞，包括服务器、工作站、网络装置，以及其他网络节点，同时对网络安全性能做一个评估。SAINT 的用户界面非常友好，输入参数设定与图形化结果呈现均可通过本地或者远程浏览器实现。

SAINT 由 Perl 语言编写，具有很好的跨平台性，能够运行在大多数 Unix/Linux 系统上。

SAINT 有多种主机扫描模式，从不同程度探测一台主机，并且返回该主机的相关信息。轻量级的扫描模式执行速度较快，返回信息有限；重量级的扫描模式执行速度较慢，但返回信息更丰富。

- Discovery：这是最轻的入侵扫描模式，通常只是确定目标主机是否存在。
- Light：从 DNS 中收集数据，试着找出主机的操作系统，并对其建立起 RPC 服务。
- Normal：包含了上述两种测试，检测主机的重要服务，如远程登录、FTP、WWW、电子邮件等，进一步确认操作系统类型以及软件版本。
- Heavy：检查 TCP 端口 1-10000，UDP 端口 1-2050，探知每个服务可能存在的漏洞。
- Heavy Plus：包含 Heavy 测试，并尽可能扫描任何可能会使用的端口。
- Top20：扫描 http://www.sans.org/top20/发布的漏洞。
- Custom：客户自定义扫描规则。

2. Nmap

Nmap 是一个强大的端口扫描工具，它包含在 RHEL 4.0 中。Nmap 能够检测出目标主机是否存在、若存在的话其操作系统名称以及所有正在被打开的 TCP/IP 端口等。用户可以根据 Nmap 提供的报表分析目标主机的安全性，禁止使用一些不该打开的不安全的端口号，比如，一些特别占用带宽的 P2P 端口和一些具有漏洞的应用端口。Nmap 的扫描速度非常快，尤其适合大型网络。

Nmap 工具的功能非常强大，这里列举几个常用功能。

- Ping 扫描：通过使用“-sP”命令，进行 Ping 扫描。Nmap 通过分析各主机对 ICMP 数据包的应答探知主机是否存在。
- 端口扫描：扫描目标主机打开的端口。
- 隐蔽扫描：扫描目标主机，同时隐藏自身 IP，原理是目标主机不记录不完全实现的 TCP 握手过程。
- UDP 扫描：扫描 UDP 端口，寻找 UDP 漏洞。
- 操作系统识别：显示目标主机的操作系统名称。

3. Tcpdump

Tcpdump 是一款常用的网络数据采集分析工具，功能强大，数据包截取策略灵活。使用者可以自定义数据包截取规则，Tcpdump 根据规则捕获/过滤网络上的数据包。Tcpdump 提供了源代码，公开了接口，因此，具备很强的可扩展性，对于网络维护和入侵者都是非常有用的工具。Tcpdump 是一个命令行方式的网络流量监测工具。

Tcpdump 工具利用过滤表达式来判定是否捕获数据包。若数据包满足过滤表达式的条件，则将会被捕获；反之则被忽略掉。但若不指定过滤表达式，则网络上所有数据包都将被截获。过滤表达式是正则表达式，一般有如下几种类型的关键字。

- 类型关键字：用于指定主机、网络或端口，包括 host、net 和 port 三个关键字。
- 方向关键字：这类关键字用于指定截获的方向，包括 dst、src、dst or src、dst and src 四个关键字。
- 协议关键字：这类关键字用于指定要截获的数据包所属的协议，包括 ether、fddi、tr、ip、ip6、arp、rarp、decent、tcp 和 udp 等关键字。

● 其他：包括 gateway、broadcast、multicast、less、greater 等关键字。

例如，如果用户想要截获 IP 地址为“192.1.1.2”的主机接收或者发出的 FTP 数据包，则可执行命令 tcpdump tcp port 21 host 192.1.1.2。

4. Ethereal

Ethereal 是一个网络端口探测器，能运行在 Linux、Solaris、SGI 等各种平台上，其功能相当于 Windows 下的 Sniffer 工具，都是在一个共享的网络环境下对数据包进行捕捉和分析，Ethereal 网络检测工具可以在实时模式或离线模式中用来捕获和分析网路通信。

Ethereal 最常用的功能是用来检测目标主机通过 23、80 和 110 端口进行的一些明文传输数据，以获得用户的登录口令和邮件账号密码。Ethereal 的过滤规则与 Tcpdump 工具几乎一样。对于网络管理员来说，也可以通过捕包分析，来确定一些异常的流量和局域网内部的非正常用户与外界的通信。该软件有图形用户界面，并且能够使得用户通过图形界面的配置和选择，效果非常好。

5. GnuPG

数据安全是网络用户所关心的问题。但是，很多网络协议由于设计时间较早，主要考虑易用性与鲁棒性，而非安全性。在这些协议中，数据以明文形式通过网络进行传输，这使得其他用户能够通过一些网络嗅探工具截获数据包，并查看内容。典型的例子是 FTP 协议与简单邮件发送协议，当用户通过网络发送邮件或传递文件时，电子邮件或者文件的内容很可能被窃取。

有些协议也利用加密技术将邮件内容或者传输的文件转化为其他用户无法识别的密文，从而保护数据安全。例如 PGP 方法。但由于许可证问题，PGP 无法在中国随便使用。GnuPG(GNU Privacy Guard)则是一款替代的产品，它是对 PGP 加密技术的完全和免费的代替。GnuPG 基于公钥加密技术，可以为数据和通信加密，并可以使用数字签名进行验证。在使用过程中，用户必须公布公钥，但绝不应该出示私钥。

4.4.4 服务安全

1. DNS 服务器的安全策略

域名系统(Domain Name System，DNS)是一种组织域层次结构的计算机和网络服务命名系统，其目的在于将互联网的网址解析为 IP 地址。DNS 服务器保存了一张庞大的映射表，将域名与 IP 地址关联起来。当接收到用户的域名地址时，从映射表中查找出匹配的 IP 地址，并返回给用户。在 Unix/Linux 平台上，常用的 DNS 服务器软件是 BIND。DNS 服务器面临如下诸多安全问题。

(1) 域名欺骗

所谓的域名欺骗是指用户发送域名解析请求，但是却得到虚假的 IP 地址，这也是最常见的 DNS 安全问题。域名欺骗可能会将用户引导到错误的互联网站点，或者将电子邮件发送到未经授权的邮件服务器。

(2) 拒绝服务攻击

所谓的拒绝服务攻击是使得正常的业务请求无法得到满足。某些 DNS 软件(例如 BIND 9)存在漏洞，若有人向运行 BIND 的设备发送特定的 DNS 数据包请求，BIND 就会自动关闭，这使得正常的域名解析请求得不到满足，整个互联网将一片混乱。

(3) 缓冲区漏洞攻击

BIND 软件的默认设置是允许主机间进行区带传输(Zone Transfer)，用于主域名服务器与辅域名服务器之间的数据同步，使辅域名服务器可以从主域名服务器获得新的数据信息。但是，区带传输容易泄露信息，包括整个授权区域内的所有主机的信息。攻击者可以利用这些信息推测主域名服务器的网络结构，找到主机的弱点。

(4) 缓冲区溢出漏洞攻击

BIND 软件的许多版本均存在缓冲区溢出漏洞。攻击者构造特殊的数据包来对 DNS 服务器进行缓冲区溢出攻击，这不仅会造成 DNS 服务停止，甚至会使得入侵者能够完全控制整个相关的网络系统。

(5) 分布式拒绝服务攻击

攻击者控制几十台或几百台计算机，同时攻击一台主机，使得该主机无法对正常域名解析请求提供服务。在最常见的 SYN Flood 攻击中，攻击者在短时间内向目标主机发送大量的 TCP SYN 包，大量消耗目标主机的内存，最终导致该主机不能正常工作。

(6) 不安全的 DNS 动态更新

RFC2136 提出了 DNS 动态更新，使 DNS 客户端能够在 IP 地址或名称出现更改的时候，在 DNS 服务器上动态更新其资源记录。然而，有些攻击者可能伪造成服务器所信任的主机，对域名映射表进行各种动态更新攻击，比如删减、增加、修改资源记录。

为了解决 DNS 服务器(主要是 BIND)的安全问题，必须认真做好以下工作。

- 使用最新版本的 DNS 软件。BIND 是最常用的 DNS 软件，可以在 http://www.isc.org/上下载最新版本的 BIND 软件。并保持 DNS 服务器配置正确、可靠。
- 隔离 DNS 服务器，不在 DNS 服务器上运行其他服务，尤其是允许普通用户登录，减少其他服务可以缩小被攻击的可能性。
- 以非特权身份运行 BIND，防范远程控制攻击。
- 隐藏 BIND 版本号，避免透露服务器的信息。
- 控制区域传输，避免缓冲区漏洞攻击。
- 建立完善的 DNS 日志。

2. Apache 服务器的安全策略

Web 服务是互联网上重要的服务形式之一。Apache 服务器是目前应用得最为广泛的 Web 服务器软件，它可以运行在几乎所有广泛使用的计算机平台上。Apache 源自 NCSA (National Center for Supercomputing Applications)所开发的 httpd。在 1995 年 2 月底，8 位核心贡献者成立原始的 Apache 组织，1995 年 4 月，Apache 0.6.2 公布。目前，apache http server 软件是 Apache 软件基金会的部分，2008 年 6 月，推出了 2.2.9 版本，可以从 http://httpd.apache.org/上下载。Apache 服务器面临的主要安全问题如下。

(1) HTTP 拒绝服务

攻击者使服务器拒绝对 HTTP 应答，从而占用了大量的系统资源(CPU 时间和内存)，最终导致系统变慢甚至完全瘫痪。

(2) 缓冲区溢出

攻击者编制一些特殊的缺陷程序，造成缓冲区溢出。一旦缓冲区溢出，攻击者可以执行恶意指令。

(3) 攻击者获得 root 权限

如果 Apache 以 root 权限运行，系统上的一些程序的逻辑缺陷或缓冲区溢出的漏洞，会让攻击者在本地获得 Unix/Linux 服务器上管理员 root 权限。

要配置一个安全的 Apache 服务器，可以采取以下措施：

● 勤打补丁。Apache 服务器的普及性使之成为众矢之的，因此不断会有补丁出现。管理员需要经常关注官方网站 http://httpd.apache.org/，及时升级系统或添加补丁，并使用最高和最新的安全版本。

● 隐藏和伪装 Apache 的版本，防止黑客知道版本号后发动针对性的攻击。

● 不使用 root 账号，而采用专门的用户和用户组，并为这些账号分配一个合适的权限，让其能够完成 Web 服务。

● 禁止使用目录索引，禁止默认访问，禁止用户重载。

● 管理 Apache 服务器访问日志，以便将来进行分析。

● 减少通用网关接口(CGI)的风险。CGI 脚本的漏洞已经成为 Web 服务器的首要安全隐患，通常是程序编写 CGI 脚本中产生了许多漏洞。在编写 CGI 脚本时需要注意对输入数据的合法性检查、谨慎使用系统调用。

● 通过 chroot 限制 Apache 服务器在运行时所能访问的根目录，保证其只能对该目录及其子目录的文件有所动作。这样，即使被破坏或入侵，所受的损伤也限制在该目录之内。

● 使用具有 SSL 功能的 Web 服务器，提高网站的安全性能。SSL 使用加密方法来保护 Web 服务器和浏览器之间的信息流，从而保证了网络数据传输的安全性。

● 利用 Apache DoS Evasive Maneuvers Module 来防范 Dos 攻击。该软件通过查询一张各子进程的哈希表，可以快速拒绝来自相同地址对同一 URL 的重复请求。

● 使用众多安全工具进一步保障服务器安全。例如，tcp_wrappers 可以进一步控制访问权限，AIDE 可以监视系统是否被改动过。

3. Samba 服务器的安全策略

目前，市场上多种操作系统并存，服务器端大多使用 Linux 和 Unix，桌面端使用 Windows 操作系统，所以企业的网络往往是 Linux/Unix 和 Windows 操作系统共存形成的异构网络。传统上 Unix/Linux 和 Windows 网络是相互隔离的，Windows 客户机不能方便地使用 Unix/Linux 服务器上的文件，反之亦然。Samba 的出现改变了这一切。Samba 是基于 Unix/Linux 平台的开发源代码软件，它支持基于 Unix/Linux 的主机与基于 Windows 的主机共享文件与打印机。

Samba 文件服务器只能用于局域网中，其安全设置也和其他服务器不同。Samba 服务器根据客户端/服务器的验证过程的不同，将 Samba 文件服务器划分为四个安全级别，分别是：共享(share)、用户(user)、服务器(server)、域(domain)。

(1) 共享级别

并未为各用户设定单独的账户和密码，用户可以凭借一个公用的密码登录 Samba 服务器。

(2) 用户级别

为各用户设定单独的账户和密码，并由提供服务的 Samba 服务器进行验证，是默认的安全等级。

(3) 服务器级别

由另外一台 Windows 服务器或 Samba 服务器负责检查账户及密码的工作。

(4) 域级别

最高的级别，指定 Windows 服务器的域控制服务器来验证用户的账户及密码。

Samba 的安全隐患主要有以下几点。

● 非法访问数据。如前所述，访问 Samba 服务器需要身份认证过程。但是通常情况下，口令与数据在网络上是用明文传送的，容易被人截获。这使得一些未授权用户也能以正常途径访问 Samba 服务器。

● 计算机病毒的影响。由于 Samba 运行于 Unix/Linux 与 Windows 组成的异构网络，无论是 Unix/Linux 病毒还是 Windows 病毒都会对系统造成破坏。

提升 Samba 服务器的安全性的措施主要有以下几条。

● 对口令加密。默认情况下客户使用明语密码登录 Samba 文件服务器，这样虽然方便，但是不安全。因此可以采用口令加密措施。

● 不使用共享级别安全。在共享级别中，各用户共享一个密码，这不仅容易泄露密码，而且更改密码非常麻烦。

● 通过主机名称、IP 地址列表、用户列表控制 Samba 访问。Samba 服务器可以允许或者拒绝来自某些主机名称、IP 地址访问，也可以允许或者拒绝某些用户账号的访问。

● 使用 pam_smb 对 Windows server 2003 服务器的用户进行验证。

● 为 Samba 配置防范病毒软件，例如 ClamAV 软件。

● 当 Samba 服务器安装有两个网卡，且分别连接内网和外网时，使用防火墙软件保护 Samba。Samba 和 SMB 协议是针对私有网络的。可以使用防火墙软件阻塞 Samba 连接外网的端口，以限制防火墙以外的其他机器访问 Samba。

● 使用 Gsambad 软件管理监控 Samba 服务器。

● 为了保护数据传输的安全性，利用 SSL 加固 Samba 服务器。SSL 是一个标准协议，它允许双方在不安全的网络上互相进行安全的通信。

4. NFS 服务器的安全策略

网络文件系统(Network File System，NFS)由 SUN 公司开发，是分布式计算机系统的一个组成部分，可以实现在异构网络上共享和装配远程文件系统。NFS 可以通过网络，让不同操作系统的计算机可以共享数据，包括 Windows 与 Unix/Linux 操作系统，所以也可以将它看作是一个文件服务器。

NFS 也存在一些安全问题，如下所示。

● 如果对 NFS 的配置不熟悉，会出现重大漏洞。缺省情况下，NSF 设置共享目录时若不指定为只读，则该目录可写。另外，NFS 配置不当将可能被网上任何一台机器访问。恶意用户可以使用 showmount 命令轻松查知上述漏洞。

● NFS 缺乏真正的用户验证机制，它只对 RPC/Mount 请求的过程进行验证。来自客户端的 NFS 请求的用户认证，由用户账号和所属组名称组成。但是这个用户账号可以是客户端生成的，而不是 NFS 服务器所指定的。

● SUID 程序所具备的潜在破坏力。在 RPC 远程调用中，一个 SUID 的程序就具有超级用户权限。如果将还有 SUID 程序的目录 export 出去，并且该文件有执行权，SUID 程序相当于超级用户本身。

可以采取如下措施，提升 NFS 系统的安全性。

● 注意配置文件语法/etc/exports 的格式错误，额外的空格也会影响语义。

● 使用防火墙软件，使得 NFS 服务器仅在防火墙背后一个分段的安全网络上运行，避免了数据包被截获的危险。

● 把开放目录限制为只读权限，而不是读写权限。

● 如果不希望开放某一个子目录，则采用 noaccess 选项关闭对该子目录的访问权限。

● portmap 服务是用于 RPC 服务的动态端口分配守护进程。但是它的验证机制比较薄弱。使用 TCP 会话程序来保护 portmap；使用 lptables 来保护 portmap。

● 访问控制列表 ACL 为不同用户配置了不同的权限。Linux 2.6 内核为 ext3 文件系统和 NFS 导出的文件系统提供了 ACL 支持。

5. Squid 服务器的安全策略

Squid 是一款 Unix/Linux 环境下的代理服务器软件。

代理服务器软件的工作机制较为简单。假设用户主机是 U，数据服务器是 D，代理服务器是 P。如果主机 U 想获取数据服务器 D 上的数据，则 U 直接与 P 建立连接，P 接收到 U 的请求之后，从服务器 D 上下载主机 U 所需的数据，并将该数据转发给 U，完成代理任务。代理服务器具有诸多优点。例如，能够通过缓存增加访问速度，能够提供内部 IP 访问互联网的方法，能够提高网络的安全性，便于对用户进行管理等。Squid 是免费软件，可以从 http://www.squid-cache.org/上下载。Squid 支持的客户端协议包括 HTTP、FTP、Gopher、WAIS、SSL 等，支持的缓存及管理协议包括 ICP、Cache Digests、SNMP、HTCP 等。

当然，Squid 软件也有一些安全隐患，需要引起管理员的重视。首先，客户端可能会通过代理服务器访问不良网站。如果缺乏对代理服务器的访问控制策略做全面细致的配置，这些行为将无法有效监控，给管理工作带来极大的不便。其次，还需要面对计算机病毒所带来的影响。计算机病毒包括 Unix/Linux 平台上的病毒，以及 Windows 平台上的病毒。

提升 Squid 安全性的措施如下。

● 仅允许内部一个网段的私有 IP 地址进行转发。

● 限制访问时段。

● 仅允许列表中的机器访问互联网。

● 屏蔽某些特定站点，或者含有某些特定字词的站点。

● 设置代理服务器端口，使得其他用户无法访问。

● 使用用户认证方式登录代理服务器，包括 LDAP 认证、基于 MySQL 的认证、基于 SOCK5 的密码认证和基于 Radius 的认证。

● 使用 cachemgr.cgi 全面监控 squid 代理服务器的运行。

● 使用日志管理软件，以备将来分析。

【习题 4】

1. 网络操作系统与通常的操作系统的差异在于哪两点？

2. 请列举几种常用的网络操作系统。

3. 构建可信操作系统需要满足哪两个要求？

4. 请列举可信操作系统的安全特性。

5. Windows Server 2003 支持哪几种分区格式？试简述 NTFS 格式安全性较高的原因。

6. 请解释 UNIX 系统中的 SGID 文件和 SUID 文件。

7. UNIX 系统的漏洞很多，请介绍几个典型的漏洞。

8. 什么是 PAM？

9. 请简述网络安全工具 SAINT 的用途。

10. 如何构建一个安全的 Apache 服务器？

第 5 章　Internet 安全

Internet 安全涵盖的范围很广，但从 TCP/IP 体系结构的角度来看，大致可以分为三类，即 IP 层安全、传输层安全和应用层安全。本章将重点研究 IP 层的安全协议，以及传输层和应用层的安全协议及应用。主要包括：支持 IP 安全的一组安全协议集 IPSec、支撑安全 Web 服务的 SSL/TLS 协议、支持网上安全交易的 SET 协议、为电子邮件提供安全性服务的 S/MIME、PGP 和 PEM 协议。

5.1　IP 层安全协议(IPSec)

在 IPv4 设计之初，以解决网络互联作为目标，而对于网络的安全性的设计缺乏考虑。IP 协议是建立在可信的环境之下的，连接的主机完全基于互相信任的原则，因此使得网络攻击变得轻而易举。总的来说，IP 安全面临着如下几个问题：①伪造 IP 包的地址，并修改其内容；②重放(replay)以前的包，拦截并查看包的内容。因此，IP 安全有如下的安全需求，即保证收到的 IP 数据包满足：①来自原先要求的发送方(IP 头内的源地址)；②包含的是发送方当初放在其中的原始数据；③原始数据在传输过程中未被其他人看过。

随着网络的蓬勃发展，安全问题已变得至关重要，在这种形势下，IETF(Internet Engineering Task Force)的 IP 安全协议工作组研究开发了 IP 安全协议套件 IPSec，从而为 IP "无缝"地引入了安全特性。

IPSec 可保障主机之间、网络安全网关(如路由器或防火墙)之间或主机与安全网关之间的数据包的安全。与其他在高层协议中提供的安全保护不同，IPSec 在 IP 层提供安全性，并对应用程序和终端用户是透明的，不需要对应用程序、其他通信层次和网络部件做任何改动。IPSec 的另一个显著特点是：它几乎可以运行在使用 IP 协议进行通信的任何机器上，不论是路由器、防火墙主机、服务器，还是运行在终端用户的个人计算机或笔记本电脑上，IPSec 都能提供一定的安全保障。由于受 IPSec 保护的数据包本身不过是另一种形式的 IP 包，所以完全可以嵌套提供安全服务，同时在主机之间提供像端到端这样的认证，并通过一个隧道，将那些受 IPSec 保护的数据传送出去。

5.1.1　IPSec 体系结构

1. IPSec 的组成

IPSec 是一套在网络层为 IP 协议的各个高层协议(如 TCP、UDP、ICMD、BGP 等)提供安全性保护的协议。完整的 IPSec 核心文档集包括以下内容：

- Internet 协议安全结构(RFC2401)。
- IP 验证头(IP Authentication Header,简称 IP AH)(RFC2402)。
- IP 封装安全负载(IP Encapsulating Security Payload,简称 IP ESP)(RFC2406)。
- Internet 密钥交换(RFC2409)。
- ESP DES-CBC 变换(RFC1829)。
- ESP 和 AH 中 HMAC-MD5-96 的采用(RFC2403)。
- ESP 和 AH 中 HMAC-SHA-1-96 的采用(RFC2404)。
- NULL 加密算法(NULL Encryption Algorithm)及其在 IPSec 的应用(RFC2410)。

根据 RFC2401,IPSec 的安全结构包含以下 4 个基本部分：

- 安全协议(AH 和 ESP)。
- 安全关联(SA)。
- 密钥交换。
- 认证和加密算法。

2. IPSec 的功能

IPSec 是 IPv6 必须支持的功能,对于 IPv4 来说,是一个建议的可选服务。IPSec 将加密技术、消息摘要技术、身份认证技术等几种安全技术结合在一起,形成比较完整的安全体系结构。IPSec 中的各个协议协同工作,支持 IP 数据项的认证,保障信息的完整性和机密性,保护所有基于 IP 的服务和应用。通过选择所需要的安全机制,决定使用的算法和密钥,IPSec 可在 IP 层提供所要求的服务,保护一条或多条介于主机之间、安全网关之间、主机和安全网关之间的数据通道。IPSec 提供的安全功能有:访问控制、数据源认证、无连接完整性、抗重放攻击、机密性以及有限传输流量的机密性。

(1) 访问控制

访问控制防止未经授权对资源进行访问。IPSec 中,需要进行访问控制的资源通常指主机中的数据和计算能力、安全网关内的本地网及其带宽。IPSec 使用身份认证机制进行访问控制。

(2) 数据源认证和无连接完整性

数据源认证对数据来源所声明的身份进行验证。无连接完整性服务对单份数据包是否被修改过进行检查,而对数据包的到达顺序不作要求。IPSec 使用消息鉴别机制实现数据源认证服务和无连接完整性服务。

(3) 抗重放

此也称为部分序号完整性服务,是指防止攻击者截取和复制 IP 包,然后再发送到目的地。IPSec 根据 IPSec 头中的序号字段,使用滑动窗口原理,实现抗重放服务。

(4) 机密性和有限传输流量的机密性

相应的接收者能获取发送的真正内容,而其他人则无法获知数据的真正内容。有限传输流量的机密性服务能够防止通信的外部属性(源地址、目的地址、消息长度和通信频率等)的泄漏,从而使攻击者无法对网络流量进行分析,推导其中的传输频率、通信者身份、数据包大小、数据流标识符等信息。

IPSec 采用了 AH 和 ESP 两个协议提供传输安全。IP AH 提供无连接完整性、数据源认证和可选的抗重放服务。ESP协议可提供机密性和有限传输流机密性，还可以提供无连接完整性、数据源认证和抗重放服务。这些协议可单独使用或组合使用，以提供所希望的安全服务。

IPSec的安全服务由IP层提供，所以能被更高层次的协议所利用（如TCP、UDP、ICMP、BGP等），应用程序不需要更改就可使用IPSec提供的服务。IPSec提供的安全服务对于终端用户来说也是透明的，终端用户无须接收安全方面的专门培训就可使用。

5.1.2 安全关联(SA)

1. SA的定义

安全关联(Security Association，SA)是IPSec中的关键概念，安全协议AH和ESP都依赖SA。SA是一个单向的逻辑连接。它实质上是一组参数的集合，是通信双方对参数的协商。比如协商IPSec协议所使用的操作模式，所采用的鉴别算法、加密算法、协议所使用的密钥、密钥的生命期等等。SA为逻辑连接上传输的数据提供安全保护。因为SA是单向的，所以如果通信双方要建立双向安全通信，需要建立两个SA。

安全参数索引(Security Parameters Index，SPI)、目的IP地址、安全协议(AH或ESP)标识符这三个部分的值唯一标识一个安全连接。安全参数索引(SPI)是32位值，用于区分不同的SA。SA是通信双方之间的一种协商，为了让数据包的接收方能够识别和理解SA，每发送一个数据包，便同时发送一个SPI，数据包的接收方根据SPI来解释SA。

2. SA的类型

根据保护的数据范围不同，SA有两种类型：传输模式和隧道模式。SA在ESP协议中使用时，传输模式仅保护IP数据项的上层协议数据部分，对IP数据包的报头以及扩展头不提供保护；SA在AH协议中使用时，传输模式除了保护IP数据项的上层协议数据部分外，还可以保护IP头的可选部分、扩展头的可选部分和可选项等。不管SA是在AH还是在ESP中使用，隧道模式都保护整个IP数据包。两个主机之间的安全连接必须使用传输模式。而安全网关之间或者安全网关和主机之间的安全连接必须采用隧道模式。

3. SA的数据库

要实现IPSec，必须维护两个数据库：安全策略数据库和安全关联数据库。

(1) 安全策略数据库(Security Policy Database，SPD)

安全策略数据库定义提供给IP数据包的服务，以及这些服务的提供方式。所有IP数据包的输入和输出（包括IPSec传输和非IPSec传输）的处理都必须咨询SPD。对于输出的数据包，必须先查阅SPD，以决定提供给它的安全服务。对于输入的数据包，也要检索SPD，判断为其提供的安全保护是否和策略规定的安全保护相符。对任何输入或输出的IP数据包的处理有三种选择：丢弃IPSec、绕过IPSec、采用IPSec。第一种选择指的是IP数据包根本不允许离开主机、穿过安全网关或最终传递到某一应用程序。第二种选择指的是允许IP数据包通过而不用额外的IPSec保护传输。第三种选择指的是IP数据包需要IPSec保护，对于这样的传输，SPD必须规定提供的安全服务、所使用的协议、算法等等。

(2) 安全关联数据库(Security Association Database，SAD)

安全关联数据库为输入和输出的数据包维持一个活动的SA列表。SAD中存放现行的 SA 条目。每个 SA 条目包含由 SPI、目的 IP 地址、安全协议(AH 或 ESP)标识符组成的三元组索引。除了三元组索引外,SA 条目还包含如下数据域:序列号计数器,序列号溢出,抗重播窗口,AH 认证密码算法和所需要的密钥,ESP 认证密码算法和所需要的密钥,ESP 加密算法、密钥、初始化向量和初始化向量模式,IPSec 协议操作模式,路径最大传输单元,SA 生存期。

SA 的管理可以由管理员手工操作,也可以通过 IKE 来进行。IKE 可以自动建立 SA 并动态维护 SA。

对数据包的处理需要访问 SPD 和 SAD 两个数据库。为了提高访问效率,SPD 的每条记录都有指向 SAD 相应记录的指针,反之亦然。处理输出的数据包,必须先查询 SPD,获得指向 SAD 中相应记录的指针,再在 SAD 中查询进行处理所需的参数。如 SA 未在 SPD 中建立,则使用 IKE 进行协商,建立 SPD 和 SAD 间的指针。处理输入的数据包,则需先查询 SAD,对 IPSec 数据包进行还原,再根据 SAD 中指向 SPD 的指针,查找相应的数据,验证该数据包应用的策略与 SPD 中规定的是否相符。

5.1.3 AH 协议

AH 协议是 IPSec 协议集的重要协议之一,IP AH 为 IP 数据包提供无连接完整性、数据源认证和抗重放攻击。AH 采用的是数字签名和验证原理,将数据包通过消息摘要算法,计算摘要值。如果数据包中有稍微的改变,摘要值就会改变,因此能够保证数据包的完整性。数据源认证是通过在数据包中包含一个通信双方共享的密钥来保证的。抗重放攻击是通过在 AH 中使用一个序列号来实现的。

1. AH 的报头格式(采用 RFC2402)

AH 的报头格式如图 5.1 所示。

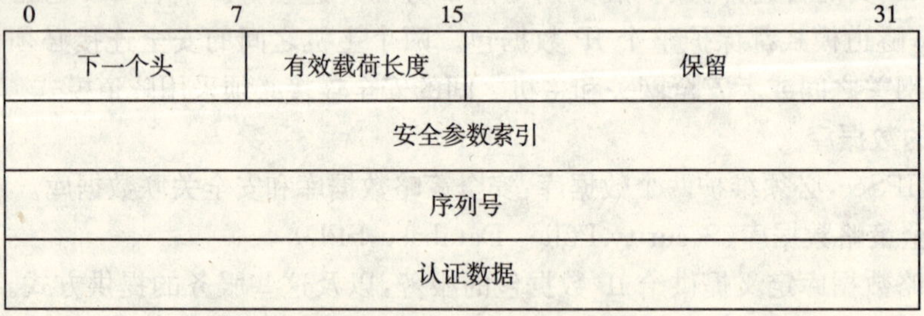

图 5.1　AH 的报头格式(采用 RFC2402)

(1) 下一个头

该域长度为 8bit,用来定义紧跟 AH 头之后的下一个头的类型。该域的取值是选自 Internet Assigned Numbers Authority(IANA)定义的 IP 协议号集合。

(2) 有效载荷长度

该域的长度也是 8bit,指定以 32 位为单位的认证数据字段的长度,再减去 2。例如:缺省的验证数据字段的长度是 96bit(3 个 32bit),加上固定头(3 个 32bit),头部总共 6 个 32bit,因此该字段的值为 6－2＝4。

(3) 保留

该域长度为16bit,留待将来使用。

(4) 安全参数索引

安全参数索引SPI长32bit,它与IP目的地址以及安全协议(AH)一起为该数据包唯一地指定它所使用的SA。1～255的SPI值由IANA保留,以便将来使用。这些值不会被IANA分配出去,IANA会在RFC中公布这些SPI值的指定用途。SPI的值为0是保留给本地的特定实现使用的,不允许在线路上发送。例如,当IPSec实现要求它的密钥管理实体建立新SA,但SA仍然没有建立时,密钥管理实现可以使用SPI的0值表示"没有SA存在"。

(5) 序列号

该域长32bit,是一个无符号的单调递增的计数器,用于IP数据包的抗重放攻击。这个域的值是强制的且必须出现,即使接收者没有选择抗重放攻击服务,这个域的值也必须出现。对序列号这个域的处理取决于接收者。即发送者必须传输这个域,但接收者可以不处理。当一个SA建立时,发送者的计数器将被初始化为0。每发送一个包,计数器先加1,再把计数器的值赋给序列号域。所以建立一个SA后,发送的第一个包的序列号为1。如果SA要求提供抗重放攻击服务,发送方必须确保序列号的值不能循环、不能重复,必须保证序列号的唯一性。当序列号到达最大值后,发送者重新建立一个新的SA和密钥(除非采用人工密钥管理)。如果不要求提供抗重放攻击,序列号的值可以循环,从0到达最大值后,再重置为0。默认情况下,发送者都假设抗重放攻击服务被选择。

(6) 认证数据

该域的长度可变,但必须是32bit的整数倍。该域包含数据包的完整性检查值(Integrity Check Value,ICV)和填充值(对于IPv4保证AH头的长度是32bit的整数倍,对于IPv6保证AH头的长度是64bit的整数倍)。ICV的计算需要如下数据作为输入值:

① IP头中在传输中不会改变的数据域、到达IPSec终点站时值可以预测的数据域(以预测值参与计算)以及IP头中在传输中会改变的数据域(以0填充参与计算)。

② AH头中的四个数据域:下一个头、有效载荷长度、保留、安全参数索引、序列号、认证数据(计算时全设为0)和填充数据。

③ 上层协议数据(被假定为在传输中不变)。

2. AH的模式

在应用中,AH可以采用两种模式:传输模式和隧道模式。

(1) 传输模式

传输模式只对上层协议数据和选择的IP头字段提供认证保护,且仅适用于主机与主机之间的安全通信。

在IPv4环境中,AH头放置在原始IP头之后和上层协议TCP或UDP之前,认证覆盖了整个数据包。图5.2(a)给出了IPv4数据包传输模式下AH的位置。

在IPv6环境中,AH头应该出现在路由和分段扩展头部1之后。目的选项扩展头部2可以出现在AH头之前,也可以出现在AH头之后,具体位置依赖于所需的语义。认证还是覆盖了整个数据包。图5.2(b)给出了IPv6数据包传输模式下AH的位置。

采用传输模式,AH在主机上实现,这样虽然能够减轻安全网关的通信负担,但是无法实现对端用户的透明服务。

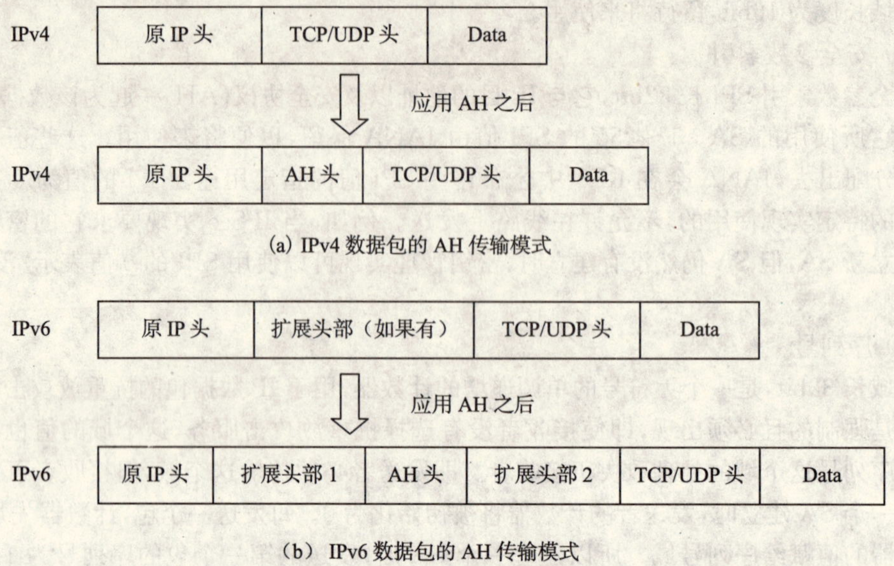

(a) IPv4 数据包的 AH 传输模式

(b) IPv6 数据包的 AH 传输模式

图 5.2　AH 认证的传输模式

（2）隧道模式

隧道模式对整个 IP 数据包提供认证保护。适用于主机和安全网关之间、安全网关和安全网关之间的安全通信。只要通信一方是安全网关，就必须采用隧道模式。

在隧道模式中，AH 头放置在原 IP 头之前，然后在 AH 头之前再添加一个新的 IP 头。原 IP 头携带了最终的原地址和目的地址，而新 IP 头可以包含不同的 IP 地址（比如防火墙地址或其他安全网关地址）。隧道模式中，认证覆盖了包括原 IP 头在内的整个 IP 数据包。图 5.3 给出了典型的 IPv4 和 IPv6 数据包中 AH 隧道模式的位置。

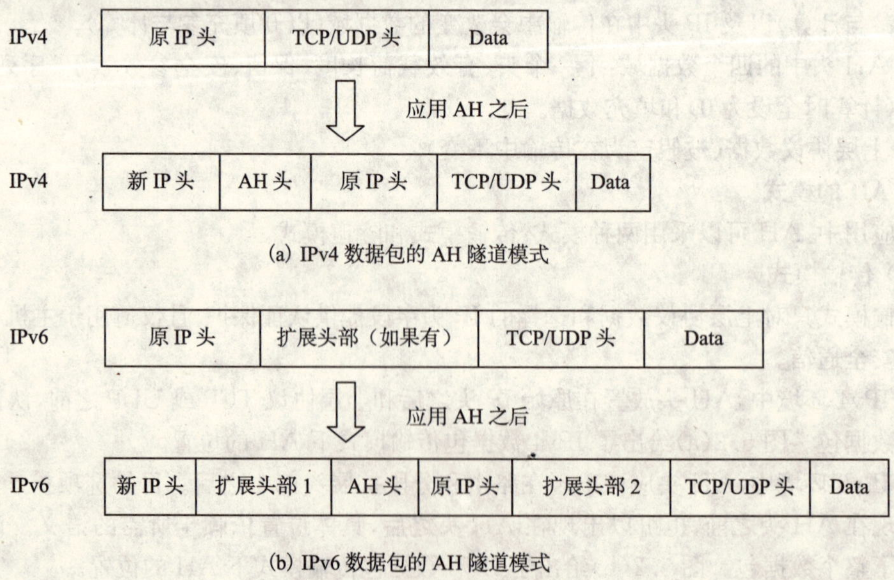

(a) IPv4 数据包的 AH 隧道模式

(b) IPv6 数据包的 AH 隧道模式

图 5.3　AH 认证的隧道模式

采用隧道模式的优点有：安全网关所保护的子网内的所有用户都可以透明地享受安全网关提供的安全保护；子网内可以使用私有 IP 地址，节省成本，而且还能保护子网内部的拓扑结构。但是隧道模式也存在缺点：AH 在安全网关实现，增加了网关的负载，容易形成通信瓶颈。

3. AH 的认证算法

AH 用于计算 ICV 的认证算法由 SA 指定。最新的 Internet 草案建议的 AH 认证算法是 HMAC-MD5、HMAC-SHA。

5.1.4　ESP 协议

ESP 提供机密性、数据源验证、无连接的完整性、抗重放服务和有限信息流机密性。AH 协议只确认信息的来源和完整性，而不能保护信息的机密性，ESP 协议不仅能够保证信息的机密性，而且也能保证信息的完整性。但是，ESP 提供的认证范围比 AH 小，ESP 只认证 ESP 头之后的信息。

1. ESP 头格式(采用 RFC2406)

ESP 头格式如图 5.4 所示。

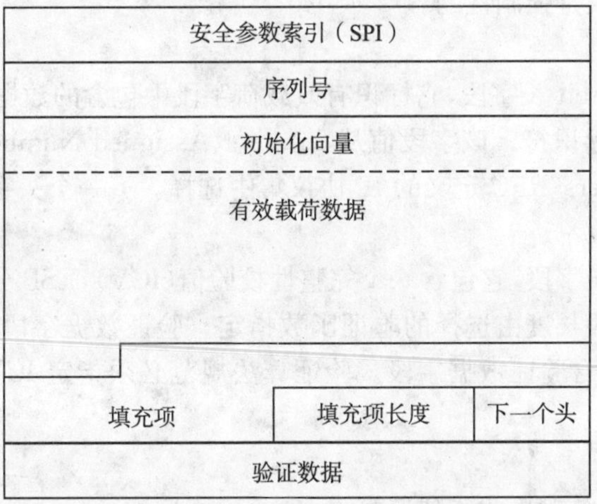

图 5.4　ESP 头格式(采用 RFC2406)

(1) 安全参数索引(SPI)

SPI 的长度为 32bit，SPI 和 IP 目的地址、安全协议(ESP)组成的三元组用于标识数据包所属的 SA。同 AH 中的 SPI 一样，从 1～255 的这组 SPI 是由 Internet Assigned Numbers Authority(IANA)保留给将来使用的；SPI 的值为 0 是保留给本地的特定实现使用的，不允许在线路上发送。

(2) 序列号

序列号是无符号、32bit 的字段，它是一个单调递增的计数器。它是强制性的，即使接收方没有选择激活一个特定 SA 的抗重放服务，它也总是存在的。序列号字段由接收方处理，即发送方必须总是传输这个字段，但接收方不需要对其操作。发送方的计数器和接收方的计数器在一个 SA 建立时被初始化为 0，使用给定 SA 发送的第一个分组的序列号为 1；如果激活抗重放服务(该服务是默认的),传送的序列号就不允许循环。因此,在 SA 上传送 2 的 32 次方个分组之前,发送方计数器和接收方计数器必须重新置位(通过建立新 SA 和获取新的密钥实现)。如果没有选择抗重放攻击,计数器的值可以循环。

(3) 初始化向量

虽然 ESP 要保护的实际数据包含在有效载荷数据字段中,但某些加密算法要用到初始化向量,它也要受到保护。

(4) 有效载荷数据

该字段长度可变,但必须是 8bit 的整数倍。有效载荷数据字段是强制出现的。它存放同步数据(例如:有些加密算法要求有初始化向量)和要保护的数据。如果加密算法要求有同步数据,则必须明确指明同步数据的长度、结构和位置。

(5) 填充

填充字段是可选的,但是所有实现必须支持填充字段的产生和消耗。填充字段的长度为 0～255 字节。填充字段的出现是为了满足某些加密算法的要求。例如:保证明文是某个数量字节的倍数。

(6) 填充长度

填充长度字段指明紧接其前的填充字节的个数。有效值范围是 0～255,0 表明没有填充字节。填充长度字段是强制性的。

(7) 下一个头

下一个头是一个 8bit 长字段,它标识有效载荷字段中包含的数据类型,例如:IPv6 中的扩展头或者上层协议标识符。该字段值从 Internet Assigned Numbers Authority(IANA)最新"Assigned Numbers"RFC 定义的 IP 协议集中选择。下一个头字段是强制性的。

(8) 验证数据

验证数据是可变长字段,它包含一个完整性校验值(ICV),ESP 分组中该值的计算不包含验证数据本身。字段长度由选择的验证函数指定。验证数据字段是可选的,只有 SA 选择了验证服务,才会包含验证数据字段。验证算法规范必须指定 ICV 的长度、验证的比较规则和处理步骤。

2. ESP 模式

ESP 有两种模式:传输模式和隧道模式。

(1) 传输模式

传输模式保护上层协议数据,但不包括 IP 头。它适用于主机之间的安全通信。在传输模式下,ESP 头被插入到原 IP 头之后、高层协议(TCP,UDP 或 ICMP)之前,或者在已经插入的任何其他 IPSec 头之前。

在 IPv4 环境中,ESP 头被放置在原 IP 头之后,高层协议之前。图 5.5(a)展示了典型 IPv4 数据包中 ESP 在传输模式下的位置,说明了应用 ESP 之前和之后数据包的格式。ESP 尾由填充、填充长度以及下一个头字段组成。

在 IPv6 环境中,ESP 头出现在路由和分段扩展头部 1 之后。目的选项扩展头部 2 可以出现在 ESP 头的前面或后面,具体方式依赖于所需语义。但是,由于 ESP 仅仅保护出现在 ESP 头之后的字段,因此一般来说,需要把目的选项扩展头部 2 放在 ESP 头的后面。图 5.5(b)展示了典型 IPv6 数据包中 ESP 传输模式下的定位。

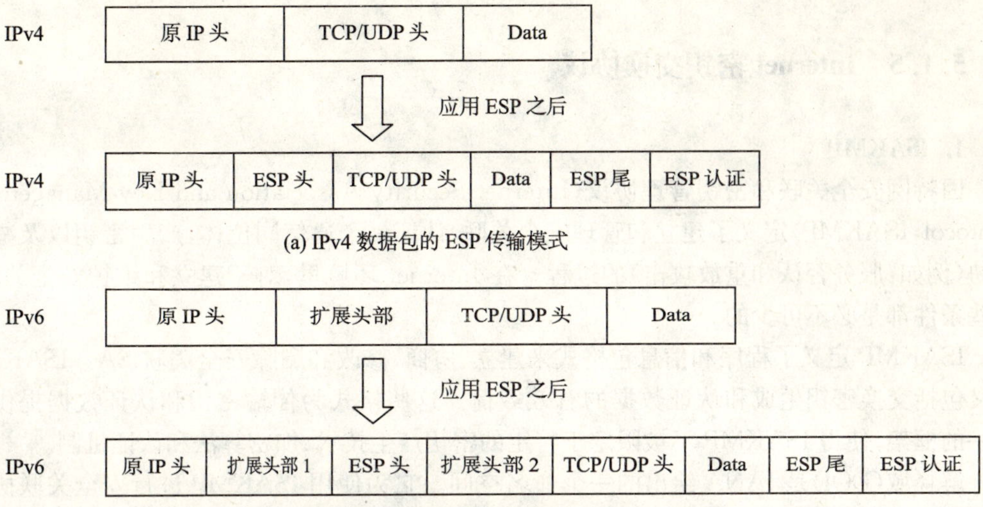

(a) IPv4 数据包的 ESP 传输模式

(b) IPv6 数据包的 ESP 传输模式

图 5.5　用于 ESP 认证的传输模式

采用传输模式时，ESP 必须在主机上实现，它能够减轻安全网关的通信负担，但无法实现对端用户的透明服务。

(2) 隧道模式

隧道模式保护整个 IP 数据包，包括 IP 头。它适用于主机和安全网关、安全网关之间的安全通信。在隧道模式中，ESP 协议先将原 IP 数据包作为 ESP 封装的载荷数据，然后再为 ESP 分组构造新的 IP 头。原 IP 头携带了最终的原地址和目的地址，而新 IP 头可以包含不同的 IP 地址，比如采用安全网关的地址。图 5.6 展示了典型 IPv4 和 IPv6 数据包中 ESP 隧道模式的定位。

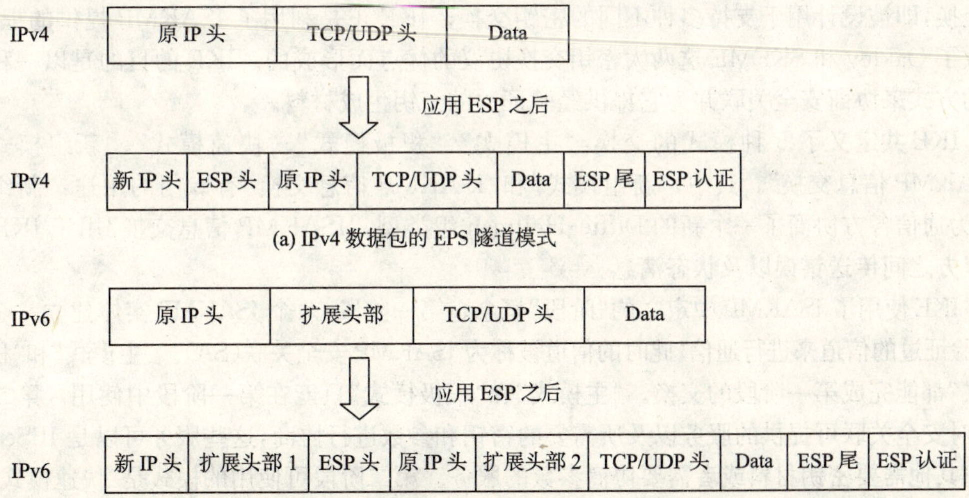

(a) IPv4 数据包的 EPS 隧道模式

(b) IPv6 数据包的 ESP 隧道模式

图 5.6　用于 ESP 认证的隧道模式

采用隧道模式时，ESP 在安全网关实现。

5.1.5 Internet 密钥交换协议

1. ISAKMP

因特网安全关联和密钥管理协议(Internet Security Association and Key Management Protocol,ISAKMP)定义了建立和管理安全关联,认证一个通信同位体,产生密钥以及减少威胁(例如:服务否认和重放攻击)的过程。在 Internet 环境里,对于建立和维护安全关联,这些条件都是必不可少的。

ISAKMP 定义了程序和信息包格式来建立、协商、修改和删除安全关联 SA。ISAKMP 定义包括交换密钥生成和认证数据的有效载荷。这些格式为传输密钥和认证数据提供了统一的框架,使得 ISAKMP 不被限定于特定的密钥产生技术、加密算法和认证机制。

解释域(DOI)是 IANA 给出的一个命名空间。它为使用 ISAKMP 进行安全关联协商的协议统一分配标识符,共享同一 DOI 的协议从一个共同的名字空间选择安全协议和密码算法,共享密钥以及交换协议标识符等等。所以,使用相同的 DOI 的协议可以对载荷数据内容做出统一的解释。

ISAKMP 对验证和密钥交换提出了结构框架,如果使用 ISAKMP 规定的语言来描述一种具体的密钥生成方案,并使用某一种具体的 DOI 对方案所交换的数据进行解释,就形成了一种具体的密钥交换协议。由此可见,具体的密钥交换协议是 ISAKMP 的一个实例。

2. IKE

IKE 是一种混合协议,它使用部分 Oakley,部分 SKEME,并结合 ISAKMP 和 Oakley 描述了一系列被称为“模式”的密钥交换,并详述了每一种提供的服务(如身份保护以及验证)。SKEME 描述了一种提供匿名、否认、快速密钥更新的通用密钥交换技术。ISAKMP 对验证和密钥交换提出了结构框架,但没有具体定义。ISAKMP 被设计用来独立地进行密钥交换,即被设计用于支持多种不同的密钥交换。IKE 正是利用了 ISAKMP 提供的框架,吸收了 Oakley 和 SKEME 这两大密钥交换协议的优点而形成的。IKE 的目的是以一种保护的方式来协商安全关联并为它提供经验证过的密钥生成材料。

IKE 共定义了 5 种模式的交换:“主模式”、“积极模式”、“快速模式”、“新组模式”、“ISAKMP 信息交换”。其中,“新组模式”和“ISAKMP 信息交换”有专门的用途:“新组模式”为通信各方协商了一个新的 Diffie-Hellman 组类型,“ISAKMP 信息交换”用于 IKE 通信双方之间传送错误以及状态消息。

IKE 使用了 ISAKMP 中定义的“阶段”概念。第一阶段,两个 ISAKMP 实体建立一个安全、验证过的信道来进行通信,此时的信道被称为 ISAKMP 安全关联(SA)。“主模式”和“积极模式”都能完成第一阶段的交换。“主模式”和“积极模式”只能在第一阶段中使用。第二阶段,对安全关联可提供的服务以及所需要的密钥和参数进行协商,这些服务可以是 IPSec 或任何其他需要密钥材料或者需要协商参数的服务。第二阶段可使用的模式是“快速模式”。

5.1.6 加密和验证算法

IPSec 中所采用的加密算法是在 ESP 协议中使用的。IPSec 标准规定可使用的加密标准有 DES、3DES、RC5、IDEA、3IDEA、CAST、Blowfish。为了让通信双方能够成功地协商加密算法，使得不同 IPSec 实现能够兼容，目前 IPSec 标准规定任何的 IPSec 实现都必须支持 DES。但由于硬件技术的发展，使得破译 DES 成为可能。因此，相信在不久之后，更多的 IPSec 实现将支持 3DES。

AH 和 ESP 协议都用到了验证算法，IPSec 协议使用 HMAC 作为验证算法，可用于 AH 和 ESP。HMAC 是一个带密钥的认证算法，HMAC 将消息的一部分和密钥作为输入，以消息鉴别码(MAC)作为输出。HMAC 提供的数据完整性和数据原始性认证依赖于密钥的分发范围。如果只有发送方和接收方知道密钥，它就提供了收发方之间数据包的原始数据鉴定和完整性检查；如果消息鉴别码是正确的，那就能证明是发送方发来的消息，并且消息正确无误。HMAC 和其他散列函数(如 MD5、SHA)结合使用可以提高安全强度。在 RFC2403 和 RFC2404 中分别对 HMAC-MD5-96 和 HMAC-SHA-1-96 的运用进行了描述。

5.1.7 IPSec 的实现方式

IPSec 保障 IP 层的安全性。为了让用户透明地使用 IPSec 提供的服务，发送方的主机在IP 数据包上添加和改变的信息，接收方的主机必须能够还原。这就引入了如何实现 IPSec 的问题。在主机或安全网关(路由器、防火墙)上，IPSec 可以有以下几种实现方式。

(1) IPSec 完全嵌入原有的 IP 层实现

这种方法将 IP 安全性支持引入 IP 层，并且作为任何 IP 实现的一个必备部分。这要求对整个 IP 协议栈重新改写以支持上述改变。

(2) BITS(Bump-in-the-stack)实现

这种方法在原有 IP 协议栈的下层，即原有的 IP 协议层和网络设备驱动之间实现 IPSec。这种方法通过一段软件来实现安全性，该软件截获从现有 IP 层向本地链路层接口传送的数据包，对这些数据包进行必要的安全性处理，然后再交给链路层。这种方法可用于将现有系统升级为支持 IPSec 的系统，且不要求重写原有的 IP 协议栈软件，所以该实现方法适用于遗留系统。这种方法多在主机上采用。

(3) BITW(Bump-in-the-wire)实现

这种方法采用外接加密处理设备对 IP 数据包进行相关的安全性处理。这种硬件设备通常作为安全网关使用，为位于它后面的所有系统发送的 IP 数据包服务。如果该设备只用于一个主机，其工作情况与 BITS 方法类似。但是，当一个 BITW 设备为多个系统服务时，实现相对要复杂得多。BITW 实现是军方、金融系统常采用的网络安全系统设计方案。

上述三种实现方式适用的情况各有不同，在进行网络设计时，应根据系统的具体情况，选择合适的 IPSec 实现方式。

5.2 Web 安全

Internet 以及建立在 Internet 上的 Web 应用正在快速地发展，但它们在各种安全威胁面前极其脆弱，因此，人们对 Web 的安全性提出了越来越多的要求。本节将从 Web 安全面临的威胁和实现方法出发，介绍保证 Web 通信安全的安全套接层(SSL)协议和传输层安全(TLS)协议、SSL/TLS 在 Web 中的应用以及广泛用于保障电子商务安全的开放式加密和安全规范——安全电子交易(SET)。

5.2.1 Web 安全概述

1. Web 面临的威胁

万维网(World Wide Web，WWW)本质上是一种运行于 Internet 和企业内部 TCP/IP 互联网络之上的客户/服务器应用。相对于一般意义上的网络和信息安全而言，Web 提出了一些新的挑战，比如：

- Internet 信息流通是双向的。与以往传统的信息发布环境不同，电子发布系统包含了文本、语音、图像等多种媒介，这一切使得 Web 服务在针对 Internet 上 Web 服务器的攻击面前显得很脆弱。
- Web 正日益成为公司发布产品信息和电子商务交易的平台。如果 Web 服务器被破坏，将使商家信誉和财产受到极大的损失。
- Web 的底层软件极为复杂，这种软件的高度复杂性掩盖了许多安全隐患。虽然 Web 的历史还很短暂，但是已经有很多案例暴露了 Web 的脆弱性。这些案例表明，即使系统正确安装和升级过，在各种攻击面前仍然是非常脆弱的。
- Web 服务器可能被攻陷并且成为攻击者进入公司或机构内部网络的着陆点，一旦 Web 服务器被攻陷，攻击者不仅能够获取 Web 服务器本身的访问权限，而且能够对本地网络的其他服务器进行存取访问。
- Web 服务的客户通常在安全方面未经过训练或重视不够，这些用户通常并不具备安全风险的概念，也没有采取相应措施消除不安全因素的知识或工具。

Web 所面临的安全威胁主要分为被动攻击和主动攻击。被动攻击包括监听浏览器和服务器之间的数据流，以及对 Web 站点的施加了访问控制措施的信息的未授权访问。主动攻击包括对其他用户的冒充、修改客户服务器之间传递的消息，以及修改 Web 站点的信息等。这两种攻击方法是互补的，被动攻击难以检测但相对容易预防，而主动攻击难以预防但相对容易检测。表 5-1 总结了 Web 面临的安全威胁与对策。

表 5-1 Web 威胁的比较

特　性	威　胁	后　果	解决措施
完整性	修改用户数据 特洛伊木马 修改内存 修改传输中的消息	信息丢失 危及服务器安全 对各种攻击变得脆弱	加密校验和
机密性	网络上的窃听 窃取服务器信息 窃取客户数据 网络配置信息 窃取客户与服务器的会话信息	信息丢失 隐私泄密	加密 Web 代理

续表

特　性	威　胁	后　果	解决措施
拒绝服务攻击	中断用户连接 对服务器进行泛洪攻击 耗尽磁盘或内存空间 攻击 DNS 服务器	网络瘫痪 骚扰用户 阻止用户完成正常工作	难以防御
认证	冒充合法用户 数据伪造	出现假冒用户 误信虚假信息	加密技术

2. Web 安全的实现方法

目前，人们开发出了许多种实现 Web 安全的方法，这些方法的服务目标一致，并且应用相近的安全机制，但是，这些方法有不同的应用范围以及在 TCP/IP 协议栈中所处的位置也有差异。从 TCP/IP 协议栈的角度，可将 Web 安全的实现方法分为三种：基于网络层、基于传输层和基于应用层。

(1) 网络层

在网络层，IP 包不具备任何安全特性，保障 Web 安全的一种方法是应用 IPSec（如图 5.7所示）。IPSec 可提供端到端的安全性，可在网络层上对数据包进行安全处理。应用 IPSec有如下好处：IPSec 对用户和应用软件是透明的；同时，IPSec 提供的是一种通用的解决方案；此外，IPSec 包含了一种过滤功能，因此只有选定的数据流才会略微增加 IPSec 处理的开销。

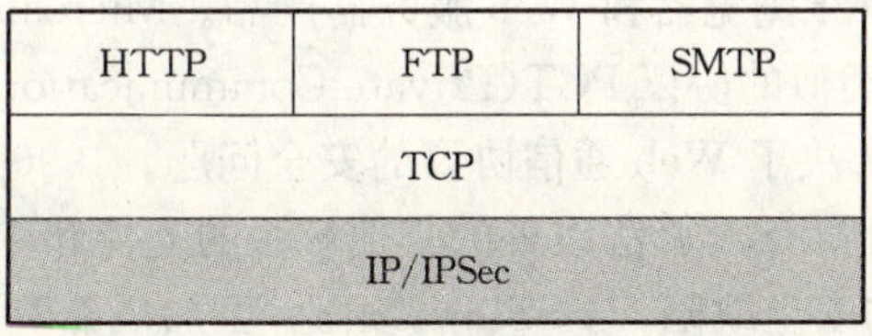

图 5.7　基于网络层实现的 Web

(2) 传输层

另外一种相对通用的解决方案是在 TCP 层之上来实施安全方案（如图 5.8 所示）。这种方法的主要应用有安全套接层协议（Secure Socket Layer，SSL）以及传输层安全协议（Transport Layer Security，TLS）。在这一层面，有两种可选的实现方案，一种是为了获得更好的通用性而将 SSL/TLS 作为下层协议的套件，这使得 SSL/TLS 的实施是对应用程序透明的；另一种是将 SSL 嵌入到特定的软件包中，比如，Netscape 以及 Microsoft 的浏览器都内嵌了 SSL，绝大部分 Web 服务器也都实施了这一协议。

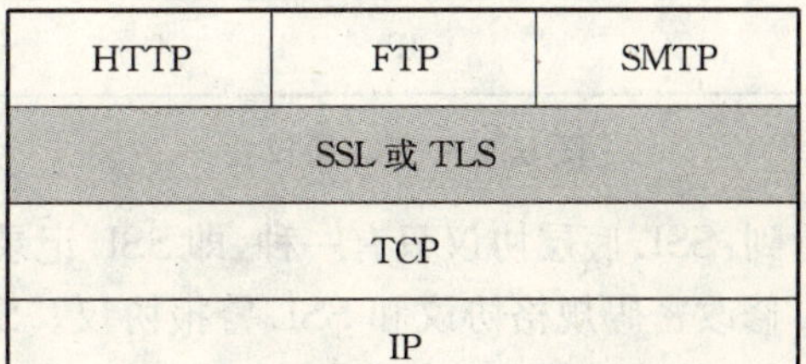

图 5.8　基于传输层实现的 Web

(3) 应用层

与上述两种较为通用的安全解决方案不同,图 5.9 给出了几种针对某种特定应用的安全解决方案。

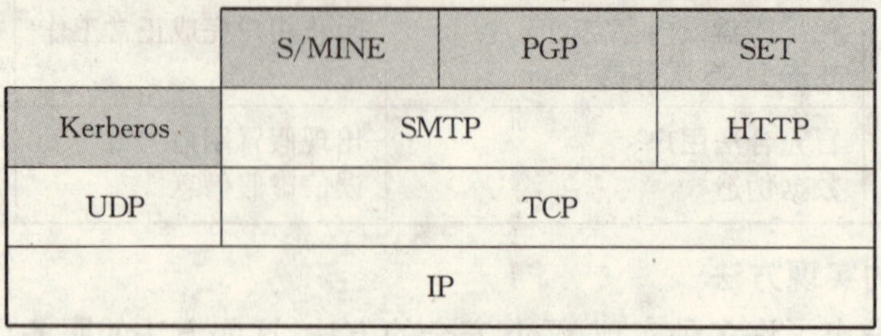

图 5.9　基于应用层实现的 Web

在这种面向特定应用的安全解决方案中,针对某种特定应用的安全机制内嵌于特定的应用软件之中。这种方法的优势是可以为给定的应用定制合适的安全服务。这种方法的一个重要应用就是安全电子交易(Secure Electronic Transaction,SET)。

5.2.2　安全套接层(SSL)

1994 年,Netscape 公司出于保证 Web 通信协议安全的目的,开发了 SSL 协议。SSL 协议的第一个成熟版本是 SSL v2(SSL v1 没有被真正应用),被集成到 Netscape 的因特网相关产品中,包括 Navigator 浏览器和 Web 服务器产品。Microsoft 公司在 SSL v2 之上作了一些改进,提出了一种类似的协议 PCT(Private Communication Technology)。

SSL v2 协议基本上解决了 Web 通信协议的安全问题。1996 年,Netscape 公司发布了 SSL v3,该版本增加了对除 RSA 算法以外的其他算法的支持和一些新的安全特性,并且修改了前一个版本中存在的安全缺陷,与 SSL v2 相比,更加成熟和稳定,很快成为了事实上的工业标准。

1. SSL 体系结构

SSL 的设计目标是利用 TCP 协议在通信双方之间提供可靠的端到端安全服务。SSL 并不是一个单独的协议,它实际上包含两层协议,如图 5.10 所示。

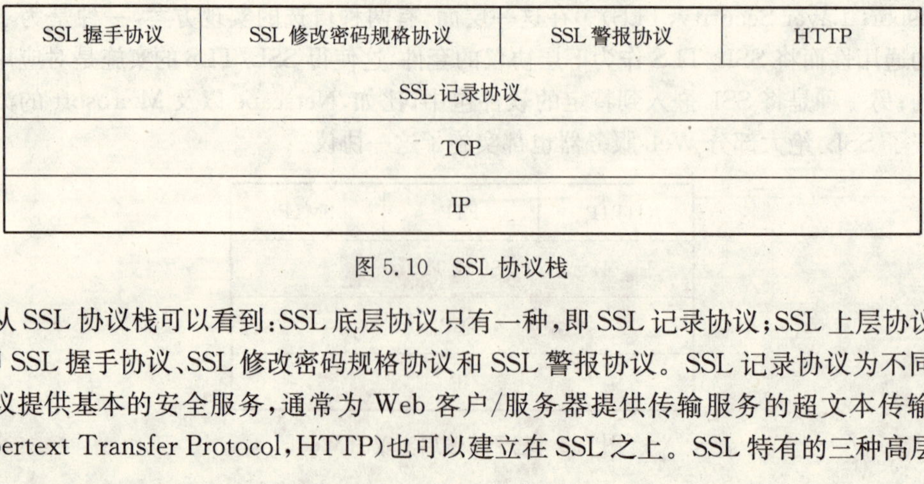

图 5.10　SSL 协议栈

从 SSL 协议栈可以看到:SSL 底层协议只有一种,即 SSL 记录协议;SSL 上层协议有三种,即 SSL 握手协议、SSL 修改密码规格协议和 SSL 警报协议。SSL 记录协议为不同的上层协议提供基本的安全服务,通常为 Web 客户/服务器提供传输服务的超文本传输协议(Hypertext Transfer Protocol,HTTP)也可以建立在 SSL 之上。SSL 特有的三种高层协议主要用于管理 SSL 的密钥交换。

与 SSL 相关的两个重要概念是 SSL 会话和 SSL 连接，分别定义如下。

● 会话：SSL 会话是客户和服务器之间的一种关联，会话是通过握手协议来创建的，会话定义了一个密码学意义的安全参数集合，这些参数可以在多个连接中共享，从而避免每建立一个连接都要进行的代价昂贵的重复协商。

● 连接：一个连接是一个提供某种类型服务的传输载体（在 OSI 层模型中定义）。对 SSL 而言，连接是一种点对点关系，同时，这种连接是暂时的，每一个连接和一个会话相关联。

每一个会话都有许多相关联的状态信息。一旦会话建立起来，对读和写（即接收和发送）都有一个当前操作状态。SSL 会话状态由以下一些参数确定。

● 会话标识符（Session Identifier）：服务器选定的用于鉴别活动或可恢复的会话状态的认证字节序列。

● 对等证书（Peer Certification）：对等实体的 X. 509 v3 证书，会话状态的这一元素可以为空。

● 压缩方法（Compression Method）：用户在加密之前对数据进行压缩的算法。

● 加密规格（Cipher Spec）：加密算法（如 DES、3DES、IDEA 等）、消息摘要算法（如 MD5、SHA-1 等）以及相关参数（如 Hash 块大小）。

● 主密钥（Master Secret）：客户与服务器共享的 48 字节的会话密钥。

● 可恢复标志（Resumable）：此标志用于表明该会话是否可以用来初始化新的连接。

在任意一对实体之间（如客户端和服务器端的 HTTP 应用程序）都可能存在多个安全连接，每个连接都和一个会话相关联。SSL 连接成功后就可以在一对实体间进行安全、保密的通信。连接状态由如下一些参数来定义。

● 服务器与客户随机数（Server & Client Random）：由服务器和客户选定的用于每一个连接的字节序列。

● 服务器写 MAC 密钥（Server Write MAC Secret）：服务器在发送数据的时候，用于 MAC 运算的密钥。

● 客户写 MAC 密钥（Client Write MAC Secret）：客户在发送数据的时候，用于 MAC 运算的密钥。

● 服务器写密钥（Server Write Secret）：用于服务器进行数据加密、客户进行数据解密的常规加密密钥。

● 客户写密钥（Client Write Secret）：用于客户进行数据加密、服务器进行数据解密的常规加密密钥。

● 初始化向量（Initialization Vector，IV）：当数据块加密在 CBC 模式中应用时，对每个密钥要维护一个 IV，IV 最初由握手协议初始化，之后的每一个记录的最后一个密文块被用作下一个记录的 IV。

● 序列号（Sequence Number）：实体在每一个连接中用于传输和接收消息而维护的一个唯一的序列号，当连接实体发送或接收改变密码的消息时，相应的序列号置 0，序列号最大不能超过 $2^{64}-1$。

2. SSL 记录协议

SSL 记录协议(Record Protocol)用来描述 SSL 信息交换过程中的记录格式,它提供了数据加密、数据完整性等功能。在 SSL 中,所有数据都被封装在记录中,一个记录由两部分组成:记录报头和非零长度的数据。SSL 握手协议的报文必须放在一个 SSL 记录层的记录里,但应用层协议的报文允许占用多个 SSL 记录来传送。

SSL 记录协议为 SSL 连接提供了以下两种类型的服务。

- 机密性:握手协议定义了一个共享密钥,该密钥可以用于 SSL 有效载荷的常规加密。
- 消息完整性:握手协议还定义了一个用于形成消息认证码(Message Authentication Code,MAC)的共享密钥。

图 5.11 表示了 SSL 记录协议的操作全过程。记录协议接收到要传输的应用层消息之后要对消息进行相应处理,首先将该消息分段成一些便于处理的数据块,之后对分段数据进行数据压缩、对压缩的数据计算 MAC、进行加密、增加一个 SSL 记录头,最后所得的数据在一个 TCP 数据段中传输。接收方对接收到的数据经过解密、验证、解压缩、重组,然后传递给高层应用程序。

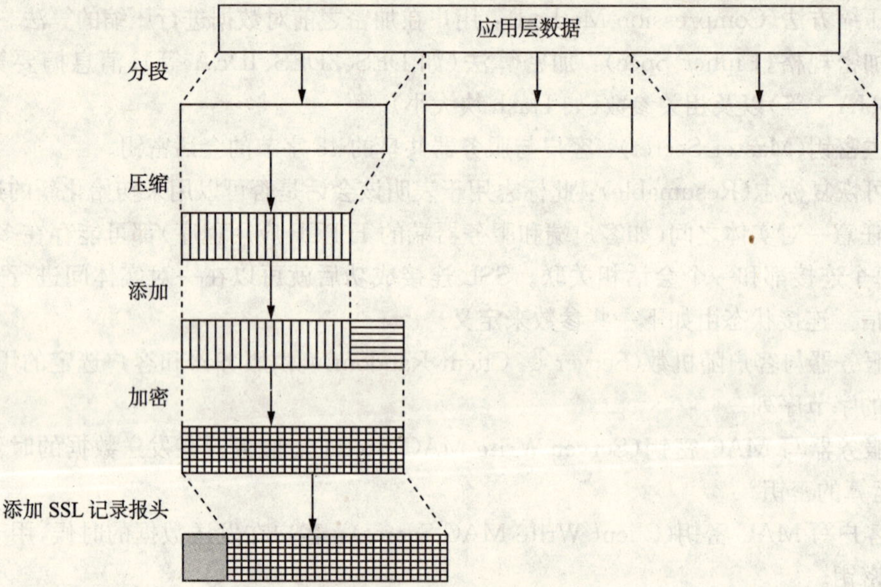

图 5.11 SSL 记录协议操作步骤

SSL 运行的第一步是分段。每一个应用层消息被分为 2^{14} 字节(16384 字节)或更小的数据块。下一步的压缩操作是可选的,如果选择了压缩操作,则必须保证压缩过程不会丢失数据,如果压缩增加了数据的长度,要保证增加值不会超过 1024 个字节。在 SSL v3 中并没有指定压缩算法,因此,默认情况下这一压缩过程是不需要的。

接下来的步骤是对压缩后的数据计算消息认证码(MAC)。这一计算过程中应用了一个共享密钥,计算过程定义如下:

Hash (MAC_write_secret ‖ pad_2 ‖

Hash(MAC_write_secret ‖ pad_1 ‖ seq_num ‖ SSLCompressed. type ‖

SSLCompressed. length ‖ SSLCompressed. fragment)).

符号说明：

‖	串接
MAC_write_secret	共享的密钥
Hash	加密的 Hash 算法，MD5 或 SHA-1
pad_1	字节 0x36(00110110)重复 48 次(384 位)用于 MD5，重复 40 次(320 位)用于 SHA-1
pad_2	字节 0x5C(01011100)重复 48 次用于 MD5，重复 40 次用于 SHA-1
seq_num	当前消息的序列号
SSLCompressed. type	用于处理这个分段的高层协议
SSLCompressed. length	压缩后分段的长度
SSLCompressed. fragment	压缩后的分段(如果未进行压缩，则指明文分段)

接下来，利用对称加密算法对压缩后的数据和 MAC 进行加密操作。如上所述，加密操作后数据内容长度的增加不应该超过 1024 字节，因此全长不会超过 $2^{14}+2048$ 个字节。

可用的对称加密算法有多个，其中流加密算法有：RC4-40、RC4-128 等，分组加密算法有：IDEA、RC2-40、DES-40、DES、3DES、Fortezza 等。应用流加密时，压缩的数据或明文和 MAC 一起被加密。应用分组加密时，在 MAC 计算出来之后，要先添加一些填充数据，之后再进行加密操作。填充数据的形式是一些填充字串，其后有一个长度为一个字节的标志位(即填充长度)用于表明填充的大小。填充数据的大小是在保证待加密数据(明文＋MAC＋填充数据)的总大小是分组长度整数倍的前提下填充数据大小的最小值。

SSL 记录协议的最后一个步骤是增加一个记录头，记录头包含如下一些域：

● 内容类型(ContentType，8 位)：用于处理封装后分段的上层协议类型，可以是握手协议、修改密码规格协议、警报协议中的任何一个。

● 协议版本(Protocol Version，16 位)：表明 SSL 的版本号，其中高 8 位是主版本号，低 8 位是次要版本号。对 SSL v3 来说，其主版本号为 3，次要版本号为 0。

● 压缩后的长度(Length，16 位)：以字节计数的原文分段的长度，如果经过压缩，该长度为压缩分段的长度，最大值为 $2^{14}+2048$。

图 5.12 给出了 SSL 记录格式。

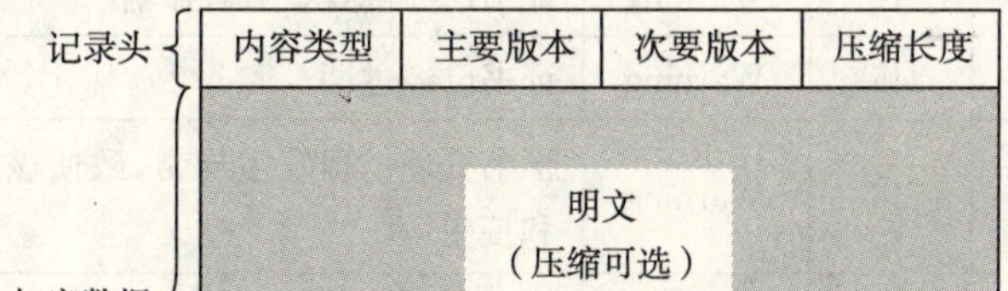

图 5.12　SSL 记录格式

3. 修改密码规格协议

修改密码规格协议(Change Cipher Spec Protocol)是使用 SSL 记录协议的三种 SSL 特

定协议之一，也是最简单的一种。它具有以下特点。

● 位于 SSL 记录协议之上。

● ContentType=20。

● 协议只包含单独的一条消息，该消息包含一个字节，值为 1。这条消息的唯一作用是将延迟状态设置为当前状态，更新当前连接中应用的密码机制。

4. 警报协议

警报协议用于向对等实体传送 SSL 相关的报警信息。与其他使用 SSL 协议的应用程序一样，报警信息按照当前状态所规定的处理机制进行压缩和加密。它具有以下的特点：

● 位于 SSL 记录协议之上。

● ContentType=21。

● 协议的每条消息包含两个字节。

第一个字节可以取值为警告(Warning，代码为 1)或者致命(Fatal，代码为 2)，用以表示该消息的严重程度。如果严重程度是致命的，SSL 将立刻中止该连接，该会话的其他连接可以继续，但是本次会话不会允许建立新的连接。

第二个字节为警告代码，用于指明具体的警告。警告代码及其含义如表 5-2 所示。

表 5-2　警告代码及含义

警　告	代码	严重程度	含　义
close_notify	0	Warning	通知接收方，发送方在本次连接中不再发送任何消息
unexpected_message	10	Fatal	接收到不合适的消息
bad_record_mac	20	Fatal	接收到错误的 MAC
decompression_failure	30	Fatal	解压缩函数的输入不合适(如不能够对超过最大允许长度的数据进行解压缩)
handshake_failure	40	Fatal	发送方与接收方从给定的可选参数中无法协商得到一个安全参数集
bad_certificate	42	Warning	接收到的证书已破坏
unsupported_certificate	43	Warning	系统不支持接收到的证书
certificate_revoked	44	Warning	证书已经被其签署者撤消
certificate_expired	45	Warning	证书已经过期
certificate_unknown	46	Warning	证书处理过程发生异常，致使该证书无法被系统识别和接受
illegal_parameter	47	Fatal	握手协议的某个域超过范围或者和其他域不相容

5. 握手协议

握手协议(Handshake Protocol)是 SSL 中最为复杂的一部分内容，ContentType 值为 22。这一协议允许客户和服务器进行相互的身份认证。同时，客户和服务器还通过该协议进行协商，以决定在一次会话中所使用的加密算法、MAC 算法以及用于保护 SSL 记录数据的加密密钥。

握手协议由一些客户和服务器之间交换的消息组成,每条消息包含三个域:

- 消息类型(1 字节):表示本条消息的类型,如表 5-3 所示。
- 消息长度(3 字节):以字节计数的消息长度。
- 消息内容(≥0 字节):与本条消息相关的参数,如表 5-3 所示。

表 5-3 SSL 握手协议消息类型

消息类型	参 数
hello_request	Null
client_hello	版本、随机数、会话 ID、密码套件、压缩方法
server_hello	版本、随机数、会话 ID、密码套件、压缩方法
certificate	X.509 v3 证书链
server_key_exchange	参数、签名
certificate_request	类型、CA
server_done	Null
certificate_verify	签名
client_key_exchange	参数、签名
finished	Hash 值

握手协议在任何上层应用程序数据传输之前运行。包括 4 个阶段,如图 5.13 所示。

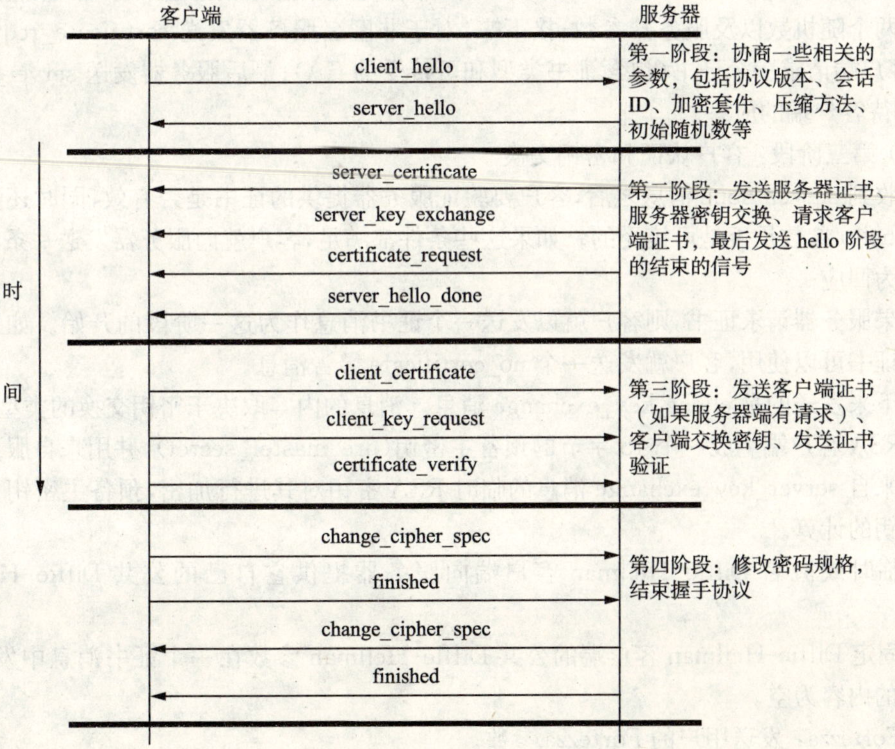

图 5.13 握手过程

(1) 第一阶段：客户端发起连接

这一阶段由客户端发起一个逻辑连接，并确立与该连接相关联的一些参数。客户通过发送一条 client_hello 消息来发起连接。该消息包含如下四个参数。

● Version(版本)：客户端所了解的 SSL 最新版本。

● Random(随机数)：由客户端生成的随机变量，包含一个 32 位的时间戳和一个 28 字节的随机序列。随机数可以用作连接过程中使用的临时值，主要作用是防止重放攻击。

● Session ID(会话 ID)：一个长度可变的标识符。取值非 0 时表示客户端希望更新现有连接的参数或创建本次会话的一个新连接；取值为 0 时表示客户希望创建新会话的一个新连接。

● Cipher Suite(密码套件)：客户端支持的加密算法列表，按优先级由低到高排列，列表中的每个元素包含一个密钥交换算法和密码规格。

● Compression Method(压缩方法)：客户端支持的压缩方法列表。

客户端发送 client_hello 消息后等待服务器回应的 server_hello 消息。服务器发送 server_hello 消息，包括客户端建议的低版本以及服务器支持的高版本、服务器产生的随机数、会话 ID、服务器选中的由客户端建议的密码套件、服务器选中的由客户端建议的一个压缩方法等参数。

(2) 第二阶段：服务器认证和密钥交换

如果需要认证，服务器就发送自己的证书，证书消息包含一个 X. 509 证书，或者一条证书链，Diffie-Hellman 密钥交换除外；然后，服务器发送 server_key_exchange 消息(可选的，只有当服务器的证书中没有包含必需的数据时才发送此消息)，消息包含签名，被签名的内容包括两个随机数以及服务器参数；接下来，对于非匿名服务器发送 certificate_request 消息，向客户端请求一个证书(包含证书类型和可接受的 CA)；最后服务器发送 server_hello_done 等待客户端的应答。

(3) 第三阶段：客户认证和密钥交换

接收到 server_done 消息之后，客户要验证服务器提供的证书是否有效，同时还要检查 server_hello 参数是否是可接受的。如果这些条件都满足，客户就向服务器发送一条或多条消息作为回应。

如果服务器请求证书，则客户就以发送一个证书消息作为这一阶段的开始。如果没有合适的证书可以使用，客户就发送一个 no_certificate 警告消息。

接下来发送的是 client_key_exchange 消息。消息的内容取决于密钥交换的类型：

● RSA 客户端生成一个 48 字节的预备主密钥(pre_master_secret)，并用来自服务器的证书或来自 server_key_exchange 消息的临时 RSA 密钥对其进行加密，预备主密钥主要用于主密钥的计算。

● 临时或匿名 Diffie-Hellman 客户端向服务器提供它自己的公共 Diffie-Hellman 参数。

● 固定 Diffie-Hellman 客户端的公共 Diffie-Hellman 参数在一个证书消息中发送，这条消息的内容为空。

● Fortezza：发送用户的 Fortezza 参数。

最后，在这一阶段，客户可以发送一条 certificate_verify 消息对客户发送的证书进行显式认证。certificate_verify 消息中包含一个签名,对从第一条消息以来的所有握手消息的 HMAC 值用主密钥进行签名。

(4) 第四阶段:结束

这一阶段结束了建立安全连接的过程。首先,客户端发送一个 change_cipher_spec 消息并用延迟的密码规格替换当前的密码规格。这样,经协商得到的加密算法列表被拷贝到当前连接的状态之中;然后,客户在新的算法和密钥下发送 finished 消息,finished 消息验证了密钥交换和认证过程是成功的,其中包含一个校验值,对所有的消息进行校验;作为对客户端发送的这两条消息的回应,服务器也将发送 change_cipher_spec 消息和 finished 消息,这标志着整个握手过程已经完成。上述过程完成以后,客户和服务器开始进行应用层数据的交换。

6. 主密钥计算

在 SSL 技术中,主密钥(master_secret)是从预备主密钥产生出来的。在 RSA 或 Fortezza 加密技术中,预备主密钥是由客户端生成密钥,然后通过 client_key_exchange 消息发送给服务器。在 Diffie-Hellman 加密技术中,预备主密钥是由客户和服务器双方使用对方的 Diffie-Hellman 公钥来生成的。

无论使用哪一种加密技术,当生成了一个预备主密钥并且双方都知道它以后,就可以计算出主密钥了。客户和服务器一般均利用下面的公式计算主密钥:

master_secret＝MD5(pre_master_secret ‖ SHA('A' ‖ pre_master_secret ‖
　　ClientHello. random ‖ ServerHello. random)) ‖
　　MD5(pre_master_secret ‖ SHA('BB' ‖ pre_master_secret ‖
　　ClientHello. random ‖ ServerHello. random)) ‖
　　MD5(pre_master_secret ‖ SHA('CCC' ‖ pre_master_secret ‖
　　ClientHello. random ‖ ServerHello. random))

其中,ClientHello. random 和 ServerHello. random 是在初始的 hello 消息中交换的两个临时值。

5.2.3　传输层安全(TLS)

1. TLS 简介

1997 年,IETF 基于 SSL v3 发布了 TLS v1(Transport Layer Security,version1)传输层安全协议第一个版本的草案,又于 1999 年正式发布了 RFC 2246。TLS 协议设计的具体目标是解决两个通信实体之间数据的保密性和完整性等问题,总体目标是为了在因特网上统一 SSL 的标准。

TLS 的第一个发布版本在一定程度上可视为等同于 SSL v3. 1,两者非常接近,并且 TLS v1 对 SSL v3 是向后兼容的。因此,本节不再赘述 TLS 与 SSL 重叠的部分,以下着重描述 TLS 和 SSL v3 的主要差别。

2. TLS 与 SSL 的差异

(1) 版本号

TLS 记录格式和 SSL 记录格式是一致的,记录头的各个域含义也基本相同。不同之处在于一个版本号的差别，对于当前的 TLS 而言，其主要版本号是 3，次要版本号是 1。

(2) MAC 计算

TLS 和 SSL v3 的 MAC 计算方法有两个不同点。一个是实际应用的算法：TLS 使用 HMAC 算法，该算法定义于 RFC2104；另一个是 MAC 计算的范围：TLS 的 MAC 计算除覆盖 SSL v3 计算过程使用的所有域外，还增加了 TLS Compressed Version 域，该域表明了当前使用的协议版本。

(3) 伪随机函数

TLS 使用伪随机函数(Pseudo Random Function，PRF)将密钥扩展为用于密钥产生和确认的数据块，其目标是使用相对较小的共享密钥值，通过某种方法生成较长的数据块，并且保证该过程是安全的，不会受到各种针对 Hash 函数和 MAC 计算过程的攻击。PRF 同时应用了两种 Hash 算法(MD5 和 SHA-1)，从而形成双层保护，只要有一种 Hash 算法是安全的，就可以保证 PRF 是安全的。

(4) 警告码

TLS 支持 SSL v3 中定义的所有警告码(no_certificate 除外)。此外，TLS 还定义了一些 SSL v3 中所没有定义的警告码，其中严重程度为致命(fatal)的有：

- decryption_failed：密文以不正确的方式进行解密，或者其长度不是分组长度的整数倍，或者其填充值是不正确的。
- record_overflow：TLS 记录有效载荷的长度超过了 $2^{14}+2048$ 字节，从而产生溢出。
- unknown_ca：收到合法的证书链或部分证书链，但是证书无法接受，因为收到的证书不能有效定位或者不能和任何已知可信的认证机构匹配。
- access_denied：收到合法的证书，但应用访问控制机制的时候，发送者决定不继续该次协商过程。
- decode_error：解码错误，不能正确解密。
- export_restriction：协商的密钥长度不符合输出限制。
- protocol_version：客户在协商过程使用的协议版本可以被识别但是不支持。
- insufficient_security：当服务器需要强度更高的密码算法导致协商过程失败时，返回这一消息，而不返回 handshake_failure 消息。
- internal_error：与通信双方无关的内部错误导致协商过程无法继续进行。

除这些致命的报警信息外，TLS 还有一些新的报警信息：

- decrypt_error：握手过程中的某个密码操作失败，包括无法验证某个签名、无法解密某个交换的密钥、无法验证 finished 消息等。
- user_canceled：握手过程由于某种和协议失败无关的原因被用户中止。
- no_renegotiation：发送方不能重新进行协商。

(5) 密码套件

SSL v3 和 TLS 支持的密码套件有一些细微的差别：

- 密钥交换：除 Fortezza 外，TLS 支持 SSL v3 所支持的所有密钥交换技术。
- 对称加密算法：除 Fortezza 外，TLS 支持 SSL v3 所支持的所有对称加密算法。

(6) 客户证书类型

TLS 定义了下列可在证书请求消息中申明请求的证书类型：rsa_sign、dss_sign、

rsa_fixed_dh、dss_fixed_dh。这几种类型都包含在 SSL v3 所定义的证书类型之中。此外，SSL v3 还包括 rsa_ephemeral_dh、dss_ephemeral_dh、fortezza_kea。临时 Diffie-Hellman 可以用 RSA 或 DSS 对 Diffie-Hellman 参数签名；在 TLS 中，rsa_sign 和 dss_sign 用来完成相同的功能；签名 Diffie-Hellman 函数不需要单独的签名类型，此外，TLS 不支持 Fortezza 方案。

(7) certificate_verify 和 finished 消息

在 TLS 的 certificate_verify 消息中，Hash 函数 MD5 和 SHA-1 只用于计算握手消息(handshake_messages)。SSL v3 对握手消息、主密钥和填充数据均需要进行 Hash 计算。TLS 不再将这些额外的数据考虑在内是因为这些数据的计算并没有增加安全性。

TLS 的 finished 消息和 SSL v3 中的 finished 消息类似，但两者的 Hash 计算方式不同。

(8) 密钥计算

TLS 预备主密钥的计算与 SSL v3 中的计算是一致的，但 master_secret、MAC 密钥和会话密钥等的计算方法与 SSL v3 不同，它们在 TLS 中主要依据 PRF 来计算。

(9) 填充

在 SSL v3 中，填充数据在加密之前添加到用户数据，填充数据大小是可以保证填充后数据长度为加密分组长度整数倍的最小值；在 TLS 中，只要使得加密的总数据长度是加密分组长度的整数倍，填充的字节数可以是 0～255 之间的任意值。这种可变长度的填充方式可以有效防止基于变换消息长度分析的攻击。

5.2.4　安全电子交易(SET)

安全电子交易(Security Electronic Transaction，SET)是一个用于保障基于 Internet 的信用卡交易安全的开放式加密和安全规范。当前的版本 SET v1 于 1996 年 2 月由 MasterCard 和 Visa 两大信用卡公司联合发布。之后，获得了许多大公司的支持，包括 IBM、Microsoft、Netscape、RSA 等都参与了这一标准的制定。1998 年，遵循 SET 规范的产品已经被开发出来。

SET 本身并不是一个支付系统，而是一个安全协议集，SET 规范保证了用户可以安全地在诸如 Internet 这样的开放网络上应用现有的信用卡支付设施来完成交易。实质上，SET 提供三种服务：

- 为参加交易的所有实体提供安全的通信信道。
- 使用 X.509 v3 数字证书提供交易实体间的信任机制。
- 提供良好的隐私保障，因为信息只在需要的时间和地点才对交易实体可用。

相对于前一节的 SSL/TLS，SET 是一个更为复杂的规范。

1. 商业需求

SET 规范的潜在需求是为了保障使用信用卡在 Internet 和其他网络上进行安全的支付处理。具体描述如下。

- 保障支付信息与订单信息的机密性：对持卡人来说，应当要保证支付信息与订单信息的安全，并使得这些信息只能让指定的接收者访问。保障这些信息的机密性还降低了持卡人被交易对象或第三方恶意欺骗的风险。SET使用加密机制来提供机密性保障。

● 保障所有传输数据的完整性：也就是说，要保障SET消息在传输过程中不会被改变，这是通过使用数字签名机制实现的。

● 提供认证以保证持卡人是某信用卡账号的合法用户：提供一种持卡人和特定账号的绑定机制不仅可以降低出现欺骗行为的概率，还可以降低支付处理过程的总开销。SET通过数字签名和证书机制来验证持卡人是否是某账号的合法用户。

● 提供一种认证机制来保障信用卡和金融机构的相关性，从而保证商家能够接受信用卡支付：这实际上是对前一个需求的补充。持卡人也需要对商家的身份进行确认，以实现安全的交易。为满足这一需求，再一次应用了数字签名和证书机制。

● 应用最好的安全措施和系统设计技术以保护在一次电子交易中所有参与者的安全：SET以高强度的加密算法和协议为基础，并且经过了很完备的测试。

● 实现一个不依赖于传输层安全机制并可以与其他安全机制同时应用的协议：SET可以安全地运行在基本的TCP/IP协议栈上，同时，SET与其他安全机制的应用互不干扰，如IPSec和SSL/TLS都可以与SET一起使用。

● 推动和促进软件与网络提供商之间的互操作性：SET协议和格式不依赖于硬件平台、操作系统和Web软件。

2. SET的关键特性

为满足上述需求，SET规范整合了如下一些关键特性。

● 信息的机密性：持卡人账户和支付信息在网络中传播的时候，安全必须得到保障。SET的一个重要的特性是可以防止商家得到持卡人的信用卡号，信用卡号只提供给发卡机构。SET中应用了常规加密机制来保障机密性的要求。

● 数据完整性：持卡人发给商家的支付信息包括订单信息、个人数据和支付命令，SET保障了这些数据在传输的过程中不会被更改，RSA数字签名（使用SHA-1散列码）用于保证数据的完整性，某些数据的完整性也可以由使用SHA-1的HMAC来得到保证。

● 持卡人账户认证：SET有能力让商家对持卡人是否为某账号的合法用户进行认证，这是通过使用X.509 v3数字证书（有RSA签名）来实现的。

● 商家认证：SET有能力让持卡人对商家的身份进行认证，验证商家和金融机构具有某种关系使其可以接受信用卡支付，SET通过使用X.509 v3数字证书（有RSA签名）完成这一功能。

需要注意的一点是，和IPSec、SSL/TLS不同，SET规范为各种加密机制提供的候选算法是唯一的，因为SET规范只需要满足针对单一应用（安全电子商务交易）的一组需求，而IPSec和SSL/TLS设计的目标是支持广泛的一组应用。

3. SET参与者

采用SET规范进行网上交易支付时，主要涉及持卡人、商家、发卡机构、收单行、支付网关和CA认证中心等。图5.14显示了SET系统的各类参与者。

● 持卡人：即消费者，消费者通过Internet上的计算机与商家进行交易，持卡人使用一个发卡机构发行的支付卡（如MasterCard、Visa）。

● 商家：商家是指向持卡人提供商品和服务的个人或组织。在典型情况下，商品和服务通过网站或电子邮件提供给持卡人，一个商家必须和相关的收单银行达成协议，保证可以接受支付卡付款。

● 发卡机构：通常为银行，主要作用是向持卡人发行支付卡。典型情况下，银行账户是通过电子邮件或本人申请的，一个发卡机构保证对经过授权的交易进行付款。

● 收单行：又称为支付者，通常为银行，其作用是为商家建立账户，并且处理支付卡的授权和支付事务。

● 支付网关：支付网关是一个由收单行操作的设备，或者是指定的第三方，实现对支付信息从 Internet 到银行内部网络的转换，用来处理商家的支付信息和持卡人的支付指令，并对商家和持卡人进行身份认证。

● CA 认证中心：为参与电子交易的各方颁发证书，提供权威的身份证明。SET 的成功在相当的程度上是因为 CA 基础设施的存在及其发挥的重要作用。

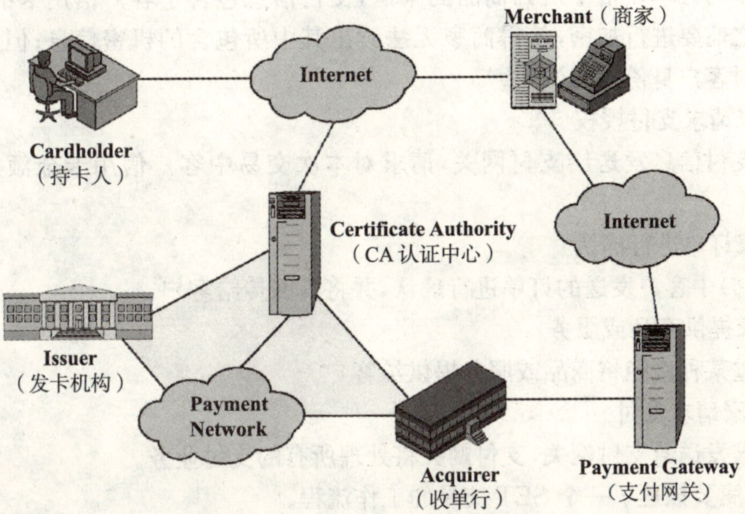

图 5.14 SET 模型

4. SET 交易活动

在进行 SET 交易之前消费者首先需要向支持 SET 的发卡机构申请开户，获得一个用于网上支付的信用卡账户。同时，消费者和商家还必须从 CA 认证中心那里申请相应的 X.509 v3 数字证书。此后，商家就可以在网上开设在线商店，持卡人(消费者)也就可以通过 Web 浏览器或其他客户端软件在线购物。

下面描述 SET 交易中涉及的参与者以及发生的活动。

(1) 客户开户

客户到银行开户(该银行应该支持电子支付和 SET)，客户获得信用卡账号。

(2) 客户收到证书

经过相应的验证过程之后，客户会收到银行签名的 X.509 v3 数字证书。数字证书验证了客户的 RSA 公钥及其有效期限。此外，数字证书还建立了客户密钥与其信用卡之间的关联关系。

(3) 商家得到自己的证书

接受某品牌信用卡的商家必须具备两个公钥证书，一个用于对消息签名，一个用于密钥交换。此外,商家也需要拥有支付网关的公钥证书副本。

(4) 客户开出商品订单

客户登录商家的网站选择商品并确认价格,之后将一份商品采购列表发送给商家,商家收到之后向客户回传一个订单表格,其中包含客户要采购的商品列表、商品价格、总金额以及订单号。

(5) 验证商家身份

除订单表格外,商家还发送自身的证书副本给客户,这样客户就可以验证自己是否在与一个合法的商家进行交易。

(6) 发送订单和支付信息

客户将订单和支付信息发送给商家,同时也将自身的证书发送给商家,订单证实了对商家发送过来的订单表格中所列商品的采购,支付信息包含了客户信用卡的技术细节,支付信息发送之前要进行加密,使得商家无法读出其中所包含的机密信息;但商家可以通过客户的证书对客户身份进行认证。

(7) 商家请求支付授权

商家将支付信息发送给支付网关,请求对本次交易中客户信用卡金额是否充足进行认证。

(8) 商家订单进行确认

商家对(6)中客户发送的订单进行确认,并将其回传给客户。

(9) 商家提供商品或服务

商家通过某种途径将商品或服务提供给客户。

(10) 商家请求支付

这一请求发送给支付网关,支付网关将处理所有的支付业务。

图 5.15 简要描述了一个 SET 交易的工作流程。

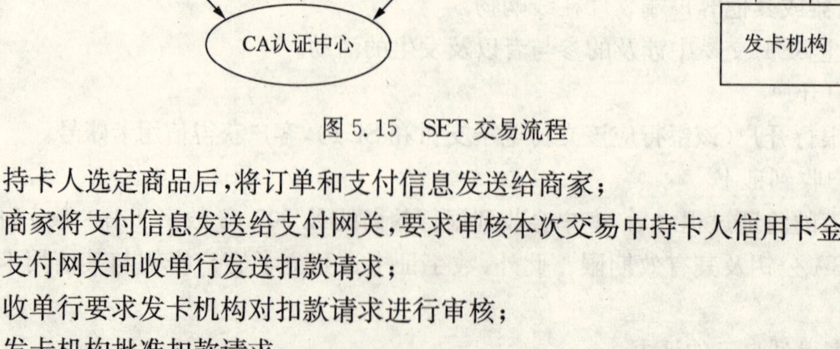

图 5.15 SET 交易流程

① 持卡人选定商品后,将订单和支付信息发送给商家;

② 商家将支付信息发送给支付网关,要求审核本次交易中持卡人信用卡金额;

③ 支付网关向收单行发送扣款请求;

④ 收单行要求发卡机构对扣款请求进行审核;

⑤ 发卡机构批准扣款请求;

⑥ 收单行向支付网关返回扣款应答;

⑦ 支付网关向商家返回支付应答；

⑧ 商家检查支付网关的支付应答，确认无误后，向持卡人发送购物应答。此后，持卡人接受购物应答，确认交易成功，商家发货。

5. 双重签名

SET规范引入了双重签名(Dual Signature)技术，它是数字签名在SET中的一个创新应用。

(1) 消息捆绑

在电子交易中，假设持卡人C(Customer)从商家M(Merchant)购买商品，出于保护自己隐私的目的，他不希望商家看到他的信用卡信息，也不希望银行B(Bank)看到他所定购的商品的信息。一个简单的解决方案是持卡人分别向商家发送订单信息(Order Information，OI)和向银行发送支付信息(Payment Information，PI)，这样就既避免了在交易过程中商家窃取持卡人的信用卡信息，又避免了银行跟踪持卡人的消费行为，从而有效地保护了持卡人的隐私。

然而，这种方案会影响商家和银行对持卡人所发信息进行合理的验证。例如，在一次交易中，持卡人向商家发送两条信息：OI_1 和 PI_1，并由商家将 PI_1 转发给银行；紧接着，持卡人又发起另一次交易，向商家发送消息：OI_2 和 PI_2。这时，商家将不能确认 OI_1 是跟 PI_1 还是 PI_2 在同一次交易中。为避免上述情况出现，有必要将订单信息和支付信息捆绑在一起，即对发送给不同接收者的消息进行消息捆绑。

(2) 双重签名的构造

为了满足消息捆绑的需求，SET采用双重签名技术，双重签名构造流程如图5.16所示。

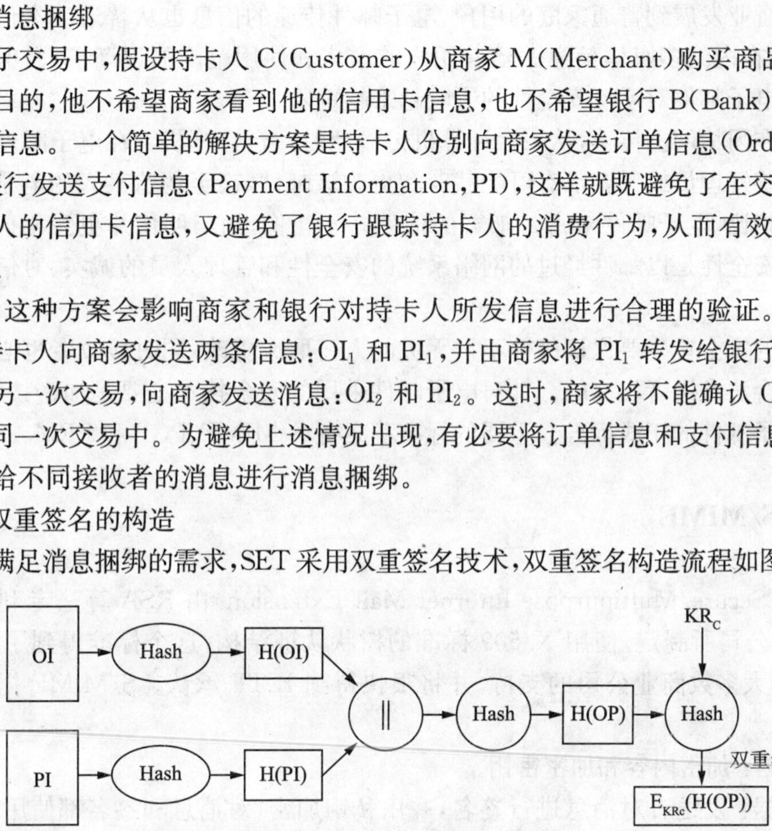

图5.16 双重签名的构造

持卡人C产生发往商家M的订单信息OI和发往银行B的支付信息PI，并分别产生OI、PI的摘要H(OI)，H(PI)，其中摘要由一个单向Hash函数产生。串接H(OI)和H(PI)得到OP，再生成OP的摘要H(OP)，用C的RSA私钥 KR_C 对摘要H(OP)签名，得到 $E_{KRc}(H(OP))$，称为双重签名。然后，C将消息{OI，H(PI)，$E_{KRc}(H(OP))$}发给M，将{PI，H(OI)，$E_{KRc}(H(OP))$}发给B。

(3) 签名的认证

在验证双重签名时，接收方M/B分别创建消息摘要，M生成H(OI)，B生成H(PI)；再分别将H(OI)/H(PI)与另一接收到的摘要H(PI)/H(OI)串接，生成OP及其摘要H(OP)′；M/B用C的RSA公钥 KU_C 对双重签名 $E_{KRc}(H(OP))$ 解密，即执行过程 $D_{KRc}(E_{KRc}(H(OP)))$，得到H(OP)；比较H(OP)′与H(OP)是否相同，如相同，则表明数据完整且未被篡改。这样，商家M和银行B就分别实现了对签名的认证。

5.3 电子邮件安全

随着因特网的发展,电子邮件作为一种通信方式逐渐普及。当前电子邮件的用户已经从科学和教育行业发展到普通家庭的用户,电子邮件传递的信息也从普通文本信息发展到包含声音、图像在内的多媒体信息。随着用户的增多和使用范围的逐渐扩大,保证邮件本身的安全以及电子邮件对系统安全性的影响越来越重要。

电子邮件在因特网上传输,从一台计算机传输到另一台计算机。在电子邮件所经过网络上的任一系统管理员或黑客都有可能截获和更改该邮件,甚至伪造某人的电子邮件。与传统邮政系统相比,电子邮件与密封邮寄的信件并不相像,而与明信片更为相似。因此电子邮件本身的安全性是以邮件经过的网络系统的安全性和管理人员的诚实、对信息的漠不关心为基础的。

邮件本身的安全首先要保证邮件不被无关的人窃取或更改,同时接收者也必须能够确定该邮件是由合法发送者发出的。针对电子邮件采用的安全技术主要是加密技术,但当前还没有安全电子邮件的正式标准。重要的标准草案有 S/MIME、PGP 和 PEM。

5.3.1 S/MIME

S/MIME(Secure/Multipurpose Internet Mail Extension)由 RSA 算法专利的拥有者 RSA 数据安全公司所制定,使用 X.509 标准的树状认证结构,这个标准得到了 Microsoft 和 Netscape 等大多数商业公司的支持,并将很快得到 IETF 承认。S/MIME 提供的功能如下。

● 封装数据:加密内容和加密密钥。

● 签名数据:发送者对消息进行签名,并用私钥加密,对消息和签名都使用 base64 编码,签名后的消息只有使用 S/MIME 的接收者才能阅读。

● 透明签名数据:发送者对消息签名,但只有签名使用 base64 编码,接收者即使没有使用 S/MIME,也可以阅读消息内容,但不能验证签名。

● 签名和封装数据:加密后的数据可以再签名,签名和透明签名过的数据可以再加密。

S/MIME 所使用的密码算法有 SHA、MD5、DSS、RSA、Diffie-Hellman、RC2 和 DES 等。

5.3.2 PGP

美国人 Phil Zimmermann 提出的 PGP(Pretty Good Privacy)是一种混合密码系统,包含 4 个密码单元,即分组密码(IDEA、CAST、三重 DES)、公开密码(Diffie-Hellman、RSA、DSS)、单向散列算法(SHA、MD5)和一个随机数发生算法。可以用 PGP 对邮件保密,以防止非授权者阅读,还能对邮件加上数字签名从而使收信人可以确信邮件是谁发来的。它让用户可以安全地与从未见过的人通信,事先并不需要任何保密的渠道来传递密钥。

PGP 的优点在于把 RSA 公钥密码系统的方便和传统密码系统的高速结合起来，并且在数字签名和密钥的认证管理机制上有巧妙的设计，因此 PGP 几乎成为最流行的公钥加密软件包。PGP 提供 5 种功能：鉴别、保密性、压缩、E-mail 兼容性和分段功能，见表 5-4。

表 5-4　PGP 的安全功能

功　能	使用的算法	说　明
保密性	IDEA、CAST 或三重 DES 和 Diffie-Hellman 或 RSA	发送者产生一次性会话密钥，用会话密钥以 IDEA 或 CAST 或三重 DES 加密消息，并用接收者的公钥以 Diffie-Hellman 或 RSA 加密会话密钥
签名	RSA 或 DSS，MD5 或 SHA	用 MD5 或 SHA 对消息散列，并用发送者的私钥加密消息摘要
压缩	ZIP	使用 ZIP 压缩消息，以便于存储和传输
E-mail 兼容性	Radix64 交换	对 E-mail 应用提供透明性，将加密消息用 Radix64 变换成 ASCII 字符串
分段功能	—	为适应最大消息长度限制，PGP 实行分段并重组

1. 鉴别

鉴别即使用数字签名。所使用的协议如下。

① 发送者编制消息 M；

② 用 SHA 或 MD5 产生一个 128 比特的散列值 H；

③ 用发送者的 RSA 或 DSS 私钥对 H 签名；

④ 将 M‖H 经 Z 压缩变换后发送；

⑤ 接收者将接收的数据进行 Z^{-1} 变换，并用发送者公钥解密出 H；

⑥ 对 M 计算散列值 H′，与 H 进行比较以验证签名。

2. 保密性

采用 128 比特密钥的 IDEA 算法(可用 CAST-128 或三重 DES)，64 比特 CFB 模式，初始向量 IV 为全零。会话密钥一次性使用。所使用协议如下：

① 发送者产生消息 M 和 128 比特会话密钥；

② 用会话密钥，使用 IDEA、CAST-128 或三重 DES 对经 Z 压缩后的 M 加密；

③ 用接收者的公钥，使用 RSA 或 Diffie-Hellman 加密该会话密钥；

④ 接收者用会话密钥，使用 IDEA、CAST-128 或三重 DES 解密并解压缩得到 M。

PGP 可以同时提供保密性和鉴别。它采用先签名后加密的方法，优点在于存储消息明文的签名较为方便，第三方公正时，无需知道通信双方所使用的会话密钥。

3. 压缩

压缩可以节省通信时间和存储空间，而且在加密前压缩，可以增强加密效果。PGP 中采用 PKZIP 算法。

4. E-mail 兼容性

PGP 在保密性或鉴别功能下，输出的结果都是加密数据，即输出中的部分或全部为比特串。而许多 E-mail 系统只允许使用 ASCII 文本。为此，PGP 采用 Radix64 变换，将比特串变为可打印的 ASCII 字符串。

5. 分段与重组

E-mail 对消息长度都有限制，例如不超过 50kB。当消息大于此值时，PGP 将对其自动分段。分段在所有处理之后进行，故会话密钥和签名只在第一段开始部分出现。在接收时，PGP 将各段自动重组成原来的消息。

5.3.3 PEM

PEM(Privacy Enhanced Mail)是为 E-mail 应用提供一个有关安全的 Internet 标准建议草案，一般不与 Internet 标准 SMTP(Simple Mail Transfer Protocol)结合使用。PEM 可以广泛用于电子邮递，包括 X.400。PEM 意图使密钥管理方法有广泛的适用性，允许用对称或公开密码体制实现。但使用以来，多采用公开密码体制。

PEM 由下述四个 RFC 文件规定，并于 1993 年发布了最后文本。

- RFC1421，Internet 中的 PEM：第Ⅰ部分，消息加密和认证方法。
- RFC1422，Internet 中的 PEM：第Ⅱ部分，基于证书的密钥管理。
- RFC1423，Internet 中的 PEM：第Ⅲ部分，算法、模型和识别符。
- RFC1424，Internet 中的 PEM：第Ⅳ部分，密钥证实和有关服务。

PEM 具有广泛的适用性和兼容性，除了在因特网中采用外，还在 Compuserve、America、Online、Genie、Delphi 和许多公告网上采用。PEM 在应用层上实现端对端服务，适合于在各种硬件或软件平台上实现。它与具体邮递软件、操作系统、硬件或网络的特征无关，与无安全的函件兼容；且与邮递系统、协议、用户接口具有兼容性；支持邮递表服务；与各种密钥管理方式，包括人工预分配、中心化分配、基于单密钥或双密钥的分配方式兼容；支持个人计算机用户。

PEM 的安全功能包括机密性、数据源认证、消息完整性和不可抵赖性。

PEM 不支持一些与安全有关的服务，如访问控制、业务流量保密、路由控制、有关多个用户使用同一计算机的安全问题、消息回执和对回执的不可抵赖、与所查消息自动关联、消息副本检测、防止重放或其他面向数据流的服务。

1. 密码算法

PEM 中的密码算法见表 5-5。

表 5-5 PEM 中的密码算法

功 能	使用的算法	说 明
消息加密	DES-CBC	采用一次性会话密钥，会话密钥按 RSA 体制用接收者公钥加密，和消息一起送出
鉴别和签名	RSA 及 MD2 或 MD5	用 MD2 或 MD5 进行散列，用发送者密钥按 RSA 加密，和消息一起送出
鉴别(单密钥)	DES-ECB 或 DES-EDE	用 MD2 或 MD5 进行散列，用 DES-ECB 及 MD2、MD5 或 DES-EDS(三重 DES)加密，和消息一起送出
单密钥密钥管理	DES-ECB 或 DES-EDE	会话密钥以 DES-ECB 或 DES-EDE(三重 DES)加密，和消息一起送出

续表

功 能	使用的算法	说 明
双密钥密钥管理	RSA,MD2	建立公钥证书,用MD2对其散列,并按RSA加密。以收信人公钥按RSA对会话密钥加密,并与消息一起送出
E-mail兼容性	Radix64变换	为对E-mail应用提供透明性,已加密消息可用Radix64变换为ASCII字符串

PEM提供了应用不同密码算法的格式,具有灵活性。和MD2与MD5一样,散列值均为128比特。DES-EDE是ANSIX9.17建议的三重DES应用模式(加密、解密、加密),密钥为112比特。

2. PEM中的密钥

表5-6中的MIC为消息完整性码(Message Integrity Code),IK(Inter change Key)为收发共享密钥或公钥体制的公开/私有密钥对,DEK(Data Encryption Key)为一次性会话密钥。

表5-6 PEM中的密钥用途

用 途	对称密钥管理	公开密钥管理
用于加密的数据加密密钥(DEK)	消息文本、签署的MIC表示	消息文本
用于加密的交换密钥(IK)	DEK	DEK、MIC
发布人用于加密的单密钥	公钥证书、散列值	—

3. PEM消息发送和接收过程

图5.17中给出了消息发送处理框图,过程分4步。

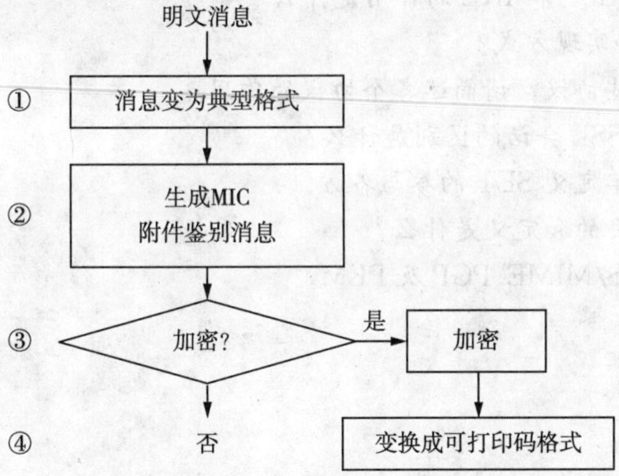

图5.17 消息发送处理框图

① 将消息转换成典型格式,以适应兼容性和完整性要求;

② 产生消息完整性和鉴别消息;

③ 对消息加密(可选);

④ 将其变换成可打印格式(可选)。

与PGP类似,PEM可组合实现下述3种类型消息。

① 加密：执行图 5.17 中的①—④步。

② MIC-ONLY：执行图 5.17 中的①、②和④步。

③ MIC-CLEAR：执行图 5.17 中的①和②步。

PEM 的典型格式(Canonical Form)由消息头字段指明，称其为内容域字段(Content-domain Field)，目前采用 SMTP 的 RFC822 中规定的格式。PEM 的典型格式有下述 3 个特点：

- 消息可由 7 比特 ASCII 码中的任何字符组成。所有输入字符均被变换为 ASCII 码。每个 7 比特码被安排在 8 比特的后 7 位，最左位置为“0”。
- ASCII 的〈CR〉〈LF〉序列用于限定行的终点。
- 报文每行最长含〈CR〉〈LF〉在内为 1 000 个字符。大于此值的行将用〈CR〉〈LF〉隔开。

PEM 的完整性和鉴别，即对典型格式用整个消息计算其 MIC，此计算可用对称或公开密码体制实现。

【习题 5】

1. IPSec 包含哪些核心文档？其安全结构由哪些基本部分组成？
2. IPSec 提供哪些服务？
3. 什么是 SA？
4. 哪些参数标识 SA？哪些参数刻画一个特定 SA 的本质？
5. 简述 SA 在传输模式和隧道模式中的区别。
6. 什么是 SPD？什么是 SAD？简述它们在 IPSec 中的作用。
7. 什么是 AH 协议？AH 可采用哪两种模式？请指出 AH 在这两种模式中的区别。
8. 什么是 ESP 协议？ESP 有哪两种使用模式？请简述 ESP 在这两种模式中的区别。
9. IPSec 中 ISAKMP 和 IKE 的作用是什么？
10. IPSec 有哪些实现方式？
11. SSL 包含哪些协议？请简述各个协议的作用。
12. SSL 连接和 SSL 会话的区别是什么？
13. 请列举并简单定义 SET 的参与各方。
14. 双向签名的目的和定义是什么？
15. 请简单描述 S/MIME、PGP 及 PEM。

第 6 章　计算机病毒监测与防护

计算机病毒的概念大家都不会陌生，使用过计算机的人，如果没有遇见过计算机病毒应该是很少见的。被计算机病毒搞得焦头烂额，对其恨之入骨的人也不在少数。这说明计算机病毒的危害之深，泛滥范围之广。目前，数十万种不同的病毒对计算机和网络的安全构成了严重威胁。因此，了解和控制病毒威胁显得格外重要，任何有关网络应用和安全的讨论都应该考虑到病毒。

本章将就计算机病毒的概念、病毒的发展历史与分类、病毒的结构与工作机制、常见病毒的特点和病毒的防治策略等几个方面进行讨论。

6.1　计算机病毒概述

6.1.1 计算机病毒的概念

"计算机病毒(Computer Virus)"与医学上的"病毒"不同，它不是天然存在的，是某些人根据计算机软、硬件所固有的弱点，编制出的具有特殊功能的程序。由于这种程序具有传染和破坏的特征，与生物医学上的"病毒"在很多方面都很相似，因此习惯上将这些"具有特殊功能的程序"称为"计算机病毒"。

1994 年 2 月 18 日，我国正式颁布实施了《中华人民共和国计算机信息系统安全保护条例》，在《条例》第二十八条中给计算机病毒做出了明确的定义：计算机病毒，是指编制或者在计算机程序中插入的破坏计算机功能或者破坏数据，影响计算机使用并且能够自我复制的一组计算机指令或者程序代码。此定义具有法律性、权威性。

计算机病毒是一个程序，一段可执行代码。就像生物病毒一样，计算机病毒有独特的复制能力。计算机病毒可以很快地蔓延，又常常难以根除。它们能把自身附着在各种类型的文件上。当染毒文件被复制或从一个用户传送到另一个用户时，它们就随同该文件一起蔓延开来。除复制能力外，某些计算机病毒还有其他一些共同特性：一个被感染的程序是能够传播病毒的载体。当用户看到病毒似乎仅表现在文字和图像上时，它们可能已经毁坏了文件、格式化了硬盘或引发了其他类型的灾害。若病毒并不寄生于一个感染程序，它仍然能通过占据存储空间给用户带来麻烦，并降低计算机的性能。

6.1.2 计算机病毒的基本特征

1. 传染性

这是病毒的基本特征，是判断一个程序是否为计算机病毒的最重要的特征。计算机病毒会通过各种渠道从已被感染的计算机扩散到未被感染的计算机，在某些情况下造成被感染的计算机工作失常甚至瘫痪。与生物病毒不同的是，计算机病毒是一段人为编制的计算机程序代码，这段程序代码一旦进入计算机并开始执行后，它会搜寻其他符合其传染条件的程序或存储介质，确定目标后将自身代码插入其中，达到自我繁殖的目的。

正常的计算机程序一般是不会将自身的代码强行连接到其他程序之上的，而病毒却能使自身的代码强行传染到一切符合其传染条件的未受到传染的程序之上。计算机病毒可通过各种可能的渠道，如软盘、计算机网络传染给其他的计算机。

未经授权而执行。一般正常的程序是由用户调用，再由系统分配资源，完成用户交给的任务，其目的对用户是可见的、透明的。而病毒具有正常程序的一切特性，它隐藏在正常程序中，当用户调用正常程序时，病毒窃取到系统的控制权，先于正常程序执行，病毒的动作、目的对用户是未知的，是未经用户允许的。

2. 隐蔽性

计算机病毒具有很强的隐蔽性，它通常附在正常的程序之中或藏在磁盘隐秘的地方，有些病毒采用了极其高明的手段来隐藏自己，如使用透明图标、注册表内的相似字符等，而且有的病毒在感染了系统之后，计算机系统仍能正常工作，用户不会感到有任何异常，在这种情况下，普通用户无法在正常的情况下发现病毒。大部分病毒的代码之所以设计得非常短小，其目的也是为了隐藏。

计算机病毒的源程序可以是一个独立的程序体，源病毒经过扩散生成的再生病毒往往采用附加和插入的方式隐藏在可执行程序和数据文件中，采取分散和多处隐藏的方式；而当有病毒程序潜伏的程序体被合法调用时，病毒程序就会合法进入，并可将分散的程序部分在其非法占用的存储空间中进行重新装配，构成一个完整的病毒体投入运行。

3. 潜伏性

大部分的病毒感染系统之后一般不会马上发作，而是隐藏在系统中，就像定时炸弹一样，只有在满足特定条件时才被触发。例如，黑色星期五病毒，不到预定时间，用户不会觉察到异常。一旦遇到13号并且是星期五时，病毒就会被激活并且对系统进行破坏。

4. 破坏性(表现性)

任何计算机病毒感染了系统后，都会对系统产生不同程度的影响。发作时轻则占用系统资源，影响计算机运行速度，降低计算机工作效率，使用户不能正常使用计算机；重则破坏用户计算机的数据，甚至破坏计算机硬件，给用户带来巨大的损失。由此特性可将病毒分为良性病毒与恶性病毒。良性病毒可能只显示些画面或无聊的语句，或者根本没有任何破坏动作，但会占用系统资源。这类病毒表现较为温和。恶性病毒则有明确的目的，或破坏数据、删除文件或加密磁盘、格式化磁盘，有的甚至能够对数据造成不可挽回的破坏。这也反映出病毒编制者的险恶用心。表现和破坏是病毒的最终目的。

5. 不可预见性

从对病毒的检测方面来看，病毒还具有不可预见性。不同种类的病毒，它们的代码千差万别，但有些操作是共有的（如驻内存、改中断）。有些人利用病毒的这种共性，制作了声称可查出所有病毒的程序。这种程序的确可查出一些新病毒，但由于目前的软件种类极其丰富，且某些正常程序也使用了类似病毒的操作甚至借鉴了某些病毒的技术。使用这种方法对病毒进行检测势必会造成较多的误报情况。而且病毒的制作技术也在不断的提高，病毒的发展对反病毒软件而言永远是超前的。

6. 触发性

满足传染触发条件时，病毒的传染模块会被激活，实施传染操作。满足表现触发条件时，病毒的表现模块会被激活，实施表现或破坏操作。

7. 针对性

要使计算机病毒得以运行，就必须具有适合其发生作用的特定软硬件环境，即某一种病毒一般只能在某种特定的操作系统和硬件平台上运行，而不可能在所有的操作系统和硬件平台上都能实施攻击功能，如CIH病毒只能在Windows 9x中爆发。

8. 依附性

一般情况下，计算机病毒都不是独立存在的，而是寄生于其他的程序中，当执行这个程序时，病毒代码就会被执行。在正常程序未启动之前，用户很难发觉病毒的存在。

6.2　病毒的发展历史与分类

6.2.1　计算机病毒的起源

计算机病毒赖以生存的基础是现代计算机都具有相同的工作原理和操作系统的公开性与脆弱性，以及网络协议中的安全漏洞。特别是在个人计算机中，系统的基本控制功能对用户是公开的，可以通过调用和修改系统的中断，取得对系统的控制权，从而对系统程序和其他程序进行任意处理。正是在这个基础上，一些计算机专业人员出于玩笑、炫耀技术水平和惩罚拷贝等原因，研制了一些病毒程序，从而使病毒程序不断蔓延，所造成的后果是这些人事先无法估计到的。

随着计算机病毒的危害日益被人们所认识以及病毒研制技术的不断提高，计算机病毒已被越来越多地应用于特殊目的。某些组织或个人为达到特殊目的，对政府机构、单位的特殊系统进行病毒攻击。计算机病毒也可用于军事目的，通过预先在敌方的指挥或控制系统中植入病毒，可达到扰乱和破坏的目的。在海湾战争中，美国国防部的一个秘密机构对伊拉克的通信系统进行了有计划的病毒攻击，一度使伊拉克的国防通信陷于瘫痪。有专家认为，随着人们对计算机和网络的依赖程度越来越高，计算机病毒可能成为恐怖分子实施恐怖袭击的有力工具。

计算机病毒出现在20世纪80年代的初期，随着个人计算机的飞速发展和普及，20世纪90年代计算机病毒开始大范围流行，当时的病毒还只限于单机或小范围局域网内传播。

随着 Internet 的迅猛发展,计算机病毒的危害才被人们真正认识。1988 年 11 月,美国康奈尔大学的研究生罗特·莫里斯将自己编制的蠕虫病毒投放到网络中,该病毒程序迅速扩散,在十几个小时内,病毒从美国东海岸传到西海岸,造成了大批计算机瘫痪,甚至欧洲联网的计算机都受到影响,直接经济损失近亿美元,这是计算机出现以来第一次大范围的病毒侵袭事件。

6.2.2 计算机病毒简史

20 世纪 60 年代初,美国贝尔实验室里,三位年轻的程序员编写了一个名为“磁芯大战”的游戏,游戏中通过复制自身来摆脱对方的控制,这就是所谓“病毒”的第一个雏形。

20 世纪 70 年代,美国作家雷恩在其出版的《P1 的青春》一书中构思了一种能够自我复制的计算机程序,并第一次称之为“计算机病毒”。

1983 年 11 月,在国际计算机安全学术研讨会上,美国计算机专家首次将病毒程序在 VAX/750 计算机上进行了实验,世界上第一个计算机病毒就这样诞生在实验室中。

20 世纪 80 年代后期,巴基斯坦有两个以编写软件为生的兄弟,他们为了打击那些盗版软件的使用者,设计出了一个名为“巴基斯坦智囊”的病毒,该病毒只传染软盘引导。这就是最早在世界上流行的一个真正的病毒。

1988 年至 1989 年,我国也相继出现了能感染硬盘和软盘引导区的 Stoned(石头)病毒,该病毒体代码中有明显的标志“Your PC is now Stoned!”、“LEGALISE MARIJUANA!”,也称为“大麻”病毒等。该病毒感染软硬盘 0 面 0 道 1 扇区,并修改部分中断向量表。该病毒不隐藏也不加密自身代码;所以很容易被查出和清除。类似这种特性的还有“小球”、Azusa/Hong-Kong/2708、Michaelangelo 等病毒,这些都是从国外传播过来的。而国产的有 Bloody、Torch、Disk Killer 等病毒,实际上它们大多数是 Stoned 病毒的翻版。

20 世纪 90 年代初,感染文件的病毒有 Jerusalem(黑色 13 号星期五)、YankeeDoole、Liberty、1575、Traveller、1465、2062、4096 等,主要感染.COM 和.EXE 文件。这类病毒修改了部分中断向量表,被感染的文件明显增加了字节数,并且病毒代码主体没有加密,因此容易被查出和清除。这些病毒中,略有对抗反病毒手段的只有 Yankee Doole 病毒,这种病毒当它发现被 Debug 工具跟踪的话,会自动从文件逃走。

接着,出现了一些能对自身进行简单加密的病毒,例如 1366(DaLian)、1824(N64)、1741(Dong)、1100 等病毒。它们加密的目的主要是防止跟踪或掩盖有关特征等。

以后又出现了引导区、文件型“双料”病毒,这类病毒既感染磁盘引导区,又感染可执行文件,常见的有 Flip/Omicron、XqR(New century)、Invader/侵入者、Plastique/塑料炸弹、3584/郑州(狼)、3072(秋天的水)、ALFA/3072-2、Ghost/One_Half/3544(幽灵)、Natas(幽灵王)、TPVO/3783 等,如果只清除了文件中的病毒,而没有清除硬盘主引导区的病毒,系统引导时又将病毒调入内存,会重新感染文件。如果只清除了主引导区的病毒,而可执行文件上的病毒没有清除,一旦执行带毒的文件时,就又将硬盘主引导区感染。

1992 年以来,DIR2-3、DIR2-6、NEW DIR2 病毒以一种全新的面貌出现,具有极强的感染能力,无任何表现,不修改中断向量表,而直接修改系统关键中断的内核,修改可执行文件的首簇数,将文件名字与文件代码主体分离。当用无病毒的文件去覆盖有病毒的文件时，灾难就会发生，全盘所有被感染的可执行文件内容都是刚覆盖进去的文件内容。这是病毒“我死你也活不成”的罪恶伎俩。该病毒的出现，使病毒又多了一种新的类型。

在20世纪内，绝大多数病毒是基于DOS系统的，有80%的病毒能在Windows中传染。TPVO/3783病毒是“双料性”(传染引导区、文件)、“双重性”(DOS、Windows)病毒，这表明病毒在随着操作系统的发展而发展。随着Internet的广泛应用，Java恶意代码病毒也出现了。

脚本病毒“HAPPYTIME(快乐时光)”是一种传染能力非常强的病毒。该病毒利用体内VBScript代码在本地的可执行性(通过Windows Script Host)进行，对当前计算机进行感染和破坏。一旦用户将鼠标箭头移到带有HAPPYTIME病毒体的邮件名上时，不必打开信件，就将受到HAPPYTIME病毒的感染，该病毒传染能力很强。

近几年，出现了近万种Word(MACRO宏)病毒，并以迅猛的势头发展，已形成了病毒的另一大派系。宏病毒编写容易，不分操作系统。由于Internet上用Word格式文件进行的交流非常多，宏病毒就会潜伏在这些Word文件里，被人们在Internet上传来传去。

早在1995年时，出现了一个更危险的信号，病毒专家在对众多病毒的剖析中发现，部分病毒似乎出自于一个家族，其“遗传基因”相同，简单的说就是“同族”病毒。但绝不是其他好奇者简单地修改部分代码而产生的“改形”病毒。

“改形”病毒与“原种”病毒的代码长度相差不大，绝大多数病毒代码与“原种”病毒的代码相同，并且相同的代码其位置也相同，否则就是一种新的病毒。大量具有相同“遗传基因”的“同族”病毒的出现，使人们不得不怀疑“病毒生产机”软件已经出现。1996年下半年在国内终于发现了“G2、IVP、VCL”三种“病毒生产机”软件，不法之徒可以用它来编写出千万种新病毒。目前国际上已有上百种“病毒生产机”软件。

这种“病毒生产机”软件可以使使用者不用绞尽脑汁地去编程序，便能够轻易地自动生产出大量的“同族”新病毒。这些病毒代码长度各不相同，自我加密、解密的密钥也不相同，原文件头重要参数的保存地址不同，病毒的发作条件和现象不同，但是，这些病毒的主体构造和原理基本相同。

Windows 9x、Windows 2000操作系统的发展，也使得病毒种类随之变得越来越丰富。

1998年出现了针对Windows95/98系统的病毒，例如CIH病毒(1999年被公认为计算机反病毒界的CIH病毒年)。CIH病毒是继DOS病毒、Windows病毒、宏病毒之后的第四类新型病毒。这种病毒与DOS下的传统病毒有很大的不同，它使用面向Windows的VXD技术编制。1998年8月份从中国台北传入中国大陆的CIH病毒共有三个版本：1.2版、1.3版、1.4版。它们的发作时间分别是4月26日、6月26日和每月26日。该病毒是第一个直接攻击、破坏硬件的计算机病毒，也是破坏最为严重的病毒之一。它主要感染Windows95/98的可执行程序，破坏计算机Flash BIOS芯片中的系统程序，导致主板损坏，同时破坏硬盘中的数据。当病毒发作时，硬盘驱动器不停转动，硬盘上所有数据(包括分区表)被破坏，只有对硬盘重新分区才有可能挽救硬盘。同时，病毒对于部分厂商的主板(如技嘉主板和微星主板等)，会将Flash BIOS中的系统程序破坏，造成开机后系统无反应。1999年4月26日，CIH病毒在全球范围大规模爆发，造成近6 000万台电脑瘫痪。中国也未能在这次灾难中幸免，直接经济损失达8 000万元，间接经济损失超过了10亿元。该病毒给整个世界带来的经济损失在数十亿美元以上。

1999 年 Happy99 等完全通过 Internet 传播的病毒的出现标志着 Internet 病毒将成为病毒新的增长点。其特点就是利用 Internet 的优势，快速进行大规模的传播，从而使病毒在极短的时间内遍布全球。

2001 年 7 月出现的红色代码病毒开创了病毒史的新纪元。红色代码病毒利用微软 IIS (Microsoft Internet Information Server)的安全漏洞进行病毒的传播，它使得系统在 Windows状态下不能检查系统文件。红色代码病毒利用任意探测到的 IP 地址，对其他主机进行传播。在某个特定的时间内，它只进行传播，然后再从不同主机向政府 Web 站点发送大量的包以发动“拒绝服务”的攻击。红色代码病毒也会周期性地暂停活动和恢复活动。在第二次大规模的攻击中，红色代码病毒仅用了 14 个小时就感染了近 36 万台计算机，加上对目标服务器攻击所造成的危害，它消耗了大量的 Internet 资源并损坏了大量的服务器。

2001 年末，出现了像“尼姆达”病毒那样破坏力极强的蠕虫病毒。“尼姆达”病毒以多种方式从一台计算机传播到另一台计算机。“尼姆达”病毒通常修改如“.htm、.html、.asp”类型的文件和 Web 文档或已受感染系统中的可执行文件，并以不同的文件名对自身进行大量的拷贝。

2003 年，“2003 蠕虫王”病毒在亚洲、美洲、澳大利亚等地迅速传播，造成了全球性的网络灾害。其中受害最严重的无疑是美国和韩国这两个因特网发达的国家。其中韩国 70% 的网络服务器处于瘫痪状态，网络连接的成功率低于 10%，整个网络速度极慢。美国不仅公众网络受到了破坏性的攻击，而且连银行网络系统也遭到了破坏，全国 1.3 万台自动取款机处于瘫痪状态。

2004 年是“蠕虫”泛滥的一年，例如“网络天空(Worm. Netsky)”、“爱情后门(Worm. Lovgate)”、“震荡波(Worm. Sasser)”以及“冲击波(Worm. Blaster)”等病毒都是当年非常流行的蠕虫病毒。随着 Internet 的进一步发展，蠕虫病毒成为当前最具威胁的病毒。像冲击波、震荡波等病毒带来的损失都是不可估量的。

2005 年是木马流行的一年。在经历了操作系统漏洞升级，杀毒软件技术改进后，对蠕虫病毒的防范效果已经大大提高，真正有破坏作用的蠕虫病毒已经销声匿迹。然而，Vxer (病毒编制者)们永远不甘寂寞，他们又开辟了新的高地——计算机木马。2005 年的木马既包括安全领域耳熟能详的经典木马(例如，BO2K，冰河，灰鸽子等)，也包括很多新鲜的木马，例如：

“闪盘窃密者(Trojan. UdiskThief)”病毒，该木马病毒会判定电脑上移动设备的类型，自动把 U 盘里所有的资料都复制到电脑 C 盘的 test 文件夹下，这样可能造成某些公用电脑用户的资料丢失。

“证券大盗(Trojan. PSW. Soufan)”病毒，该木马病毒可盗取多家证券交易系统的交易账号和密码，被盗号的股民账户存在被人恶意操纵的可能。

“外挂陷阱(Trojan. Lineage. hp)”病毒，该病毒可以盗取多个网络游戏的用户信息，如果用户通过登录某个网站，下载安装所需外挂后，便会发现外挂实际上是经过伪装的病毒，这个时候病毒便会自动安装到用户的电脑中。

“我的照片(Trojan. PSW. MyPhoto)”病毒，该病毒能够窃取数十种网络游戏及网络银行的账号和密码。该病毒发作时，会显示一张照片使用户对其放松警惕。

2006 至 2007 年期间，木马仍然是病毒的主流，其变种层出不穷。2007 年，江民反病毒中心共截获新病毒 10 万余种。据江民病毒预警中心检测的数据显示，2007 年全国共有 7 322 453台计算机感染了病毒，其中感染木马病毒的电脑有 5 292 669 台，占病毒感染电脑总数的 72.28%。由此可见，木马将是未来几年的病毒主流。

6.2.3　计算机病毒的分类

计算机病毒技术的发展，病毒特征的不断变化，给计算机病毒的分类带来了一定的困难。人们通过对计算机病毒的研究，按照不同的体系对计算机病毒进行了如下分类。

1. 按病毒传播的媒介分类

根据病毒传播的媒介，病毒可以划分为单机病毒和网络病毒。

- 单机病毒：单机病毒的载体是磁盘、U 盘、光盘等移动存储设备，常见的是通过软盘传入硬盘，感染系统后再传染其他软盘，软盘又感染其他系统。
- 网络病毒：网络为病毒提供了最好的传播途径，网络病毒的破坏能力是前所未有的。网络病毒利用计算机网络的协议或命令以及 E-mail 等进行传播，常见的是通过 QQ、BBS、E-mail、FTP、Web 等进行传播。

2. 按病毒的寄生对象分类

根据病毒的寄生对象，可将计算机病毒分为引导型病毒、文件型病毒，以及集引导型病毒和文件型病毒特征于一体的混合型病毒。

- 引导型病毒：引导型病毒也称作开机型病毒。操作系统的引导模块存放在磁盘的某个固定区域(引导区)，并且控制权的转接方式是以物理地址为依据，而不是以操作系统引导区的内容为依据，因此，病毒占据该物理位置即可获得控制权。引导型病毒按其寄生对象的不同，又可以分为主引导区(Master Boot Record，MBR)病毒和引导区(Boot Record，BR)病毒。MBR 病毒又称分区病毒，将病毒寄生在硬盘分区主引导程序所在的硬盘 0 柱面 0 磁头第 1 扇区。BR 病毒是将病毒寄生在硬盘逻辑 0 扇区或软盘逻辑 0 扇区(也称逻辑引导扇区)。
- 文件型病毒：文件型病毒主要感染可执行文件，如扩展名为.COM、.EXE、.OVL 的文件，是主流病毒，有许多种类。文件型病毒的安装必须借助病毒的载体程序，即要运行病毒的载体程序，才能把文件型病毒引入内存。已感染病毒的文件执行速度会减慢，甚至无法执行。
- 混合型病毒：有时也称多型病毒，是综合了引导型和文件型两种病毒而互为感染的病毒，感染文件和引导扇区两种目标。这种病毒通常都具有复杂的算法，它们使用非常规的办法侵入系统，同时使用了加密和变形算法。

3. 按病毒破坏的能力分类

根据病毒破坏的能力，计算机病毒可划分为无害型病毒、无危险病毒、危险型病毒和非常危险型病毒。

- 无害型病毒：除了传染时减少磁盘的可用空间外，对系统没有其他影响。
- 无危险型病毒：仅仅是减少内存、显示图像、发出声音及同类音响。
- 危险型病毒：在计算机系统操作中造成严重的错误。
- 非常危险型病毒：删除程序、破坏数据、清除系统内存区和操作系统中重要的信息。

有些病毒对系统造成的危害，并不是本身的算法中存在危险的调用，而是当它们传染时会引起无法预料的灾难性的破坏。由病毒引起其他的程序产生的错误也会破坏文件和扇区，这些病毒也按照它们引起的破坏能力进行划分。目前的一些无害型病毒也可能会对新版的DOS、Windows和其他操作系统造成破坏。例如：在早期的病毒中，有一种名为Denzuk的病毒在360kB磁盘上不会造成任何破坏，但是在后来的高密度软盘上却能导致大量的数据丢失。

4. 按病毒算法分类

根据病毒特有的算法，病毒可以分为伴随型病毒、蠕虫型病毒、寄生型病毒、练习型病毒、诡秘型病毒和幽灵病毒。

● 伴随型病毒：这一类病毒并不改变文件本身，它们根据算法产生.EXE文件的伴随体，具有同样的名字和不同的扩展名(.COM)，例如：XCOPY.EXE的伴随体是XCOPY.COM。病毒把自身写入.COM文件并不改变.EXE文件，当DOS加载文件时，伴随体优先被执行，再由伴随体加载执行原来的.EXE文件。

● 蠕虫型病毒：通过计算机网络传播，不改变文件和资料信息，利用网络从一台机器的内存传播到其他机器的内存，计算网络地址，将自身的病毒通过网络发送。

● 寄生型病毒：依附在系统的引导扇区或文件中，通过系统的功能进行传播。

● 练习型病毒：病毒自身包含错误，不能进行很好的传播，例如一些在调试阶段的病毒。

● 诡秘型病毒：它们一般不直接修改DOS中断和扇区数据，而是通过设备技术和文件缓冲区等对DOS内部进行入侵，常利用DOS空闲的数据区进行工作。

● 幽灵病毒：这一类病毒使用一个复杂的算法，使自己每传播一次都具有不同的内容和长度。它们一般由一段混有无关指令的解码算法和经过变化的病毒体组成。

5. 按病毒的攻击目标分类

根据病毒的攻击目标，计算机病毒可以分为DOS病毒、Windows病毒和其他系统病毒。

● DOS病毒：指针对DOS操作系统开发的病毒。目前几乎没有新制作的DOS病毒，由于Windows 9x病毒的出现，DOS病毒几乎绝迹。但DOS病毒在Windows 9x环境中仍可以进行感染活动，因此若执行染毒文件，Windows 9x用户的系统也会被感染。我们使用的杀毒软件能够查杀的病毒中一半以上都是DOS病毒，可见DOS时代DOS病毒的泛滥程度。但这些众多的病毒中除了少数几个让用户胆战心惊的病毒之外，大部分病毒都只是制作者出于好奇或对公开代码进行一定变形而制作的病毒。

● Windows病毒：从1995年以后，Windows逐渐取代DOS而成为微型计算机的主流操作系统，也使其成为病毒的主要攻击对象，首例破坏计算机硬件的CIH病毒就是一个以VxD为技术核心的Windows 9x病毒。

● UNIX病毒：最初人们认为UNIX和Linux系统是免遭病毒侵袭的乐土。然而，随着病毒技术的发展，病毒的攻击目标已经开始染指UNIX和Linux。1997年2月，出现了首例攻击Linux系统的病毒——Bliss(上天的赐福)病毒；2001年4月，出现了首例在Windows和Linux操作系统下都能进行传播的Win32.Winux病毒，它主要感染Windows PE和Linux ELF文件。当前UNIX和Linux应用非常广泛，并且大多数大型服务器均采用UNIX为主要操作系统，UNIX病毒的出现，对信息处理是一个严重的威胁。

● OS/2 病毒：第一个真正 OS/2 操作系统意义下的病毒，是在 1996 年 2 月发现的 AEP 病毒，该病毒首次能够将自身依附在 OS/2 可执行文件的后面实施感染功能，而在 AEP 病毒之前出现在 OS/2 系统上的“病毒”，要么只能使用该“病毒”文件替换原来的文件，要么只能以伴随病毒的形式出现，均不具备计算机病毒的传染性这一基本特征。第一个针对 OS/2 的病毒虽简单，但却是一个不好的开端。

● Macintosh 病毒：如 Mac. simpsons 是使用 AppleScript 编写的病毒程序，它将自己发送到 Outlook Express 或 Entourage 邮件程序的用户地址。

● 其他系统病毒：如手机病毒、PDA 病毒等。第一例手机病毒是 2000 年 6 月在西班牙发现的 VBS. Timofonica 病毒。该病毒通过运营商 Telefonica 的移动系统向该系统内的任意用户发送骂人的短消息。

6. 按病毒的链接方式分类

由于计算机病毒本身必须有一个攻击对象才能实现对计算机系统的攻击，并且计算机病毒所攻击的对象是计算机系统可执行的部分。因此，根据链接方式计算机病毒可分为源码型病毒、嵌入型病毒、外壳型病毒、译码型病毒、操作系统型病毒。

● 源码型病毒：该病毒攻击高级语言编写的程序，在高级语言所编写的程序编译前插入到源程序中，经编译成为合法程序的一部分。

● 嵌入型病毒：这种病毒是将自身嵌入到现有程序中，把计算机病毒的主体程序与其攻击的对象以插入的方式链接。这种计算机病毒是难以编写的，一旦侵入程序体后也较难消除。如果同时采用多态性病毒技术、超级病毒技术和隐蔽性病毒技术，将给当前的反病毒技术带来严峻的挑战。

● 外壳型病毒：外壳型病毒将其自身包围在主程序的四周，对原来的程序不做修改。这种病毒最为常见，易于编写，也易于发现，一般测试文件的大小即可察觉。

● 译码型病毒：这种病毒隐藏在微软 Office、AmiPro 等文档中，如宏病毒、脚本(VBS/JS)病毒等，一般是解释执行此类病毒。

● 操作系统型病毒：这种病毒用自身的程序加入或取代部分操作系统进行工作，具有很强的破坏力，可以导致整个系统的瘫痪。圆点病毒和大麻病毒就是典型的操作系统型病毒。这种病毒在运行时，用自己的逻辑部分取代操作系统的合法程序模块，根据病毒自身的特点和被替代的合法程序模块在操作系统中运行的地位与作用，以及病毒取代操作系统的取代方式等，对操作系统进行破坏。

6.3　计算机病毒的结构和工作机制

6.3.1　计算机病毒的结构

计算机病毒是以计算机系统和计算机网络为基础而存在并发展的。计算机系统的软硬件环境决定了计算机病毒的结构，而这种结构是能够充分利用系统资源进行活动的最合理体现。病毒可以被放在可执行文件首部、尾部或中间，关键是要保证当调用受感染文件时，首先被执行的应是病毒程序，然后才是原主程序。

早期病毒结构的一般性描述如图 6.1 所示。

```
          program V :=
      {goto main;
          1234567;
             subroutine infect-executable :=
                {loop:
                file := get-random-executable-file;
                if(first-line-of-file=1234567)
                     then goto loop
                     else prepend V to file; }
             subroutine do-damage :=
                {whatever damage is to be done}
             subroutine trigger-pulled :=
                {return true if some condition holds}
      main:  main-program :=
                {infect-executable;
                if trigger-pulled then do-damage;
                goto next; }
      next:
      }
```

图 6.1　一个简单的病毒

在图 6.1 所示的程序中，病毒程序 V 位于受染文件的首部，现假设调用该程序时，程序的入口指向该程序的第一行，即 V 取得了系统控制权。

上面所讲述的这类病毒是很容易被检测出来的，因为受染文件的长度与受染前相比变大了。一个逃避这种检测的方法就是将受染文件压缩到受染前的长度。图 6.2 显示了上述过程。

```
          program CV :=
      {goto main;
          01234567;
            subroutine infect-executable :=
                      {loop:
                           file := get-random-executable-file;
                      if(first-line-of-file=01234567)then goto loop;
                (1)   compress file;
                (2)   prepend CV to file;
                      }
      main:  main-program :=
                      {if ask-permission then infect-executable;
                (3)   uncompress rest-of-file;
                (4)   run uncompressed file; }
                }
```

图 6.2　压缩病毒的逻辑

在此病毒程序中，关键行都用数字进行了标记。我们假设程序 P_1 被病毒程序 CV 感染了，当 P_1 被调用时，CV 就获取了系统控制权，具体步骤如下所示：

① 将那些已发现的未受染文件 P_2 压缩成 P_2'，使 P_2' 和 CV 的总长度小于 P_2 的长度。

② 将病毒的复制体放到被压缩文件 P_2' 的首部。

③ 将压缩后的原始受染文件 P_1' 解压。

④ 执行解压后的原始程序。

在这个例子中，病毒程序只是进行了传染。病毒的压缩过程如图 6.3 所示。

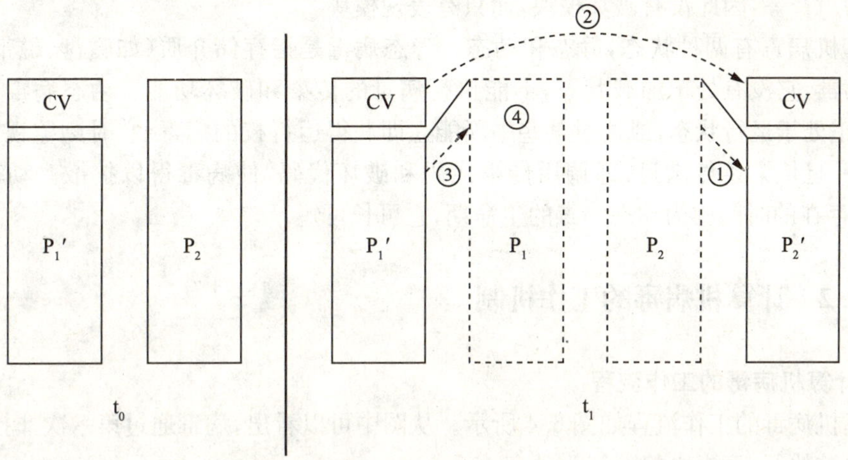

图 6.3　病毒的压缩过程

计算机病毒代码的结构一般来说包括三大功能模块，即引导模块，传染模块和破坏（表现）模块。其中，后两个模块各包含一段触发条件检查代码，分别检查是否满足传染触发条件和表现触发条件。引导模块将病毒由外部存储引入内存，使后两个模块处于活动状态。传染模块用来将病毒传染到其他对象上去。破坏模块实施病毒的破坏作用，如删除文件、格式化磁盘等。

1. 引导模块

病毒程序运行时，首先运行的是病毒的引导模块。引导模块首先对运行环境进行调查，然后向系统申请病毒运行所需的资源，接着将传染模块和破坏（表现）模块导入内存运行。

2. 传染模块

传染模块是病毒程序的核心，是判断某个程序是否为病毒的首要条件。传染模块由两部分组成：传染条件判断和传染部分。

● 传染条件判断：根据预定的传染条件是否满足，控制病毒的感染动作。传染条件有多种，如日期、时间、特定程序、感染次数等，当然也可以是其他逻辑条件。

● 传染部分：它是使病毒代码链接于宿主程序之上的部分，即使得病毒进行传染动作的部分。传染部分首先寻找要传染的文件（如可执行文件），接着检查该文件是否已被感染（一般病毒都会在已感染过的程序中留下一些标志，避免重复感染），若没有被本病毒感染过，则进行感染，将病毒放入宿主程序。

3. 破坏（表现）模块

破坏（表现）模块也由两部分构成：病毒触发条件判断和病毒具体表现部分。表现又分为良性表现和恶性表现。

病毒触发条件判断与传染模块的传染条件判断类似,判断是否破坏、表现或何时破坏。

病毒的破坏或表现部分是病毒程序的主体,在一定程度上反映了病毒设计者的意图。它负责实施病毒的破坏动作,其内部是实施病毒预定动作的代码。这些破坏活动可能是破坏文件、数据,格式化硬盘,破坏或强占计算机存储空间、时间,降低系统效率,或使系统崩溃之类的动作。有的病毒不执行破坏动作,只作特定的表现,如显示特定的信息或画面、发出特殊的声音等,因此没有破坏模块,而只有表现模块。

计算机病毒有两种状态,静态和动态。静态病毒是指存储介质(如磁盘、磁带等)上的计算机病毒,它没有处于加载状态,不能执行病毒的传染和破坏功能。动态病毒是指已进入内存、正处于运行状态,或通过某些中断能立即获得运行权的病毒,它时刻监视系统的运行状态,一旦传染条件满足,即调用传染代码和破坏代码,使病毒得以扩散。动态病毒在RAM中存在的时间称为动态病毒的生命期,它可长可短。

6.3.2 计算机病毒的工作机制

1. 计算机病毒的工作流程

计算机病毒的工作流程如图6.4所示。从图中可以看出,病毒通过第一次非授权加载,引导模块被执行,病毒由静态变为动态。

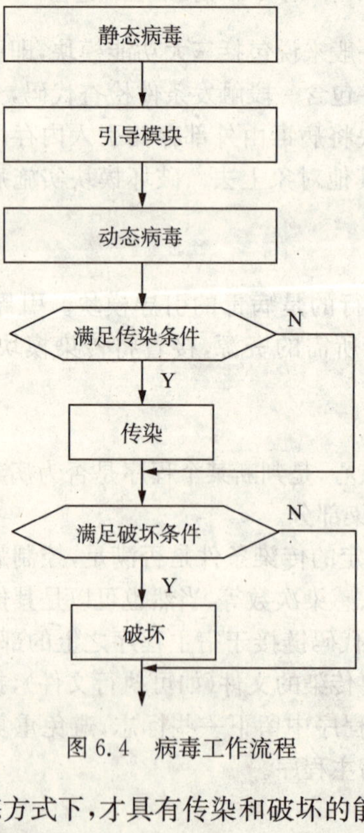

图6.4 病毒工作流程

计算机病毒只有处在动态方式下,才具有传染和破坏的能力。病毒若想在系统中有立锥之地,必须在内存中找到栖身之所。因此,病毒一旦被激活,首先想方设法窃取部分内存,使自身代码藏匿于此。病毒程序将自身的一段程序代码保留在内存中的手段主要有两种:一种是通过程序驻留;另一种方法是在 DOS 中,将病毒代码移到内存最高端,然后把内存大小指示单元减少几千字节,以欺骗 DOS 系统,使之不能再使用最高端的病毒代码所占用的空间。这两种情况下内存病毒均通过修改了的中断调用而取得执行权,这样获得执行权的一般是传染模块和破坏(表现)模块。

由此可见,病毒的引导模块除了把病毒程序代码引入内存外,还有另外两个功能:对内存的病毒代码采取保护措施,使之不会被覆盖;要对内存中的病毒代码设定某种激活方式,使之在适当的时候能取得执行权。病毒的引导模块既可能与其他两个模块一起运行,也可能与两个模块中的一个一起运行,甚至于独立先运行。

2. 计算机病毒的传染过程

计算机病毒的传染途径主要有两种,一种是利用存储介质等传染载体进行传染;另一种是以网络作为传染载体。随着网络与人们生活和工作的关系日益密切,网络已渐渐成为病毒传染的主要途径。

病毒通过网络或存储媒体进入计算机后,随着被感染的文件一起被存储在磁盘上,等待着进一步传播的机会。一旦被感染文件被执行或打开,病毒的引导模块便被激活并驻留在内存中。

病毒驻留在内存中后,监视系统的运行,选择机会进行传染。一旦传染条件成熟,传染模块被激活并会马上对攻击目标进行判断,以确定是否传染。当确定对某个文件进行传染后,要通过适当的方式把病毒写入磁盘,同时保证被感染对象仍可正常运行,即进行的是传染而非破坏,因此病毒要以特洛伊木马的形式寄生。

3. 计算机病毒的破坏机制

所有计算机病毒都是人为制造的,病毒设计者为了反映自己的某种用意和达到某种恶作剧的目的,往往会在病毒程序中设计一个破坏模块。破坏模块有时也称为表现模块,由具体病毒而定。这些病毒的破坏模块发作时,进行删除文件和格式化磁盘之类的操作。有些病毒的破坏模块发作时只是在屏幕上显示一些内容或放一段音乐,随后又收敛起来,这种情况称其为表现模块也是很自然的。当然,还有些病毒,其破坏模块中既有表现功能又有破坏功能。总的来说,病毒对计算机系统的正常运行总会产生一定的影响。例如,一个纯表现模块,由于它进行了用户所不需要的操作,总会占用用户的计算机资源,所以我们也可以把这一模块称为破坏模块。

破坏模块可以在两种时序下运行。它可在第一次加载时只把引导模块引入内存,以后受到某些中断机制的触发,如小球病毒的破坏模块一般不会在启动系统时就发作,它必须等正点或半点时,再由 INT 13H 激活发作。

在结构上,破坏模块类似于传染模块,分为两个部分,一部分判断破坏的条件是否满足,另一部分执行破坏功能。执行破坏所要求的条件一般会与时钟和时间有关,因而病毒程序最常修改的中断除了诸如病毒传染利用的 INT 13H、INT 21H 外,还有诸如破坏模块利用的 INT 71H(硬时钟中断)、INT 1CH(软时钟中断)及 INT 1AH(读取/设立系统时间、日期中断),如黑色星期五(某月的 13 号正好是星期五),当前时间是整点或半点,病毒进入内存已满半小时等等。理论上讲,触发方式一般更能反映制造者的意图,更易安排其潜伏性和隐藏性。

4. 计算机病毒的再生机制

具有产生再生病毒变体的计算机病毒，可以通过直接方式或间接方式进行再生病毒变体的传播。应该指出的是，对于由源病毒自身精确拷贝生成的再生计算机病毒，一般情况下，再生病毒不入侵源病毒，即源病毒对于自身的再生病毒具有免疫性。

对于源病毒被修改而产生的再生病毒，再生病毒变体可以入侵源病毒，进而生成源病毒变体。计算机病毒变体的再生机制、传染机制和破坏/表现机制方面都可以与入侵的计算机病毒存在差异，具有可变性和随机性特征。计算机病毒的再生病毒变体在一定程度上还要受到被病毒入侵的属主体、时间、环境等多方面因素的影响。

计算机病毒变体的再生机制具有随机性，其再生病毒具有可变模式，这些都对计算机病毒的防治提出了新的问题，增加了解决问题的难度和复杂性。

6.4　传统计算机病毒

病毒有广义和狭义上的概念，广义上的病毒包括蠕虫、木马、后门等恶意代码，而狭义上的病毒需要依附于宿主程序，本节就将介绍一些狭义概念下的病毒。

6.4.1　引导扇区病毒

引导扇区病毒感染硬盘的主引导记录（MBR）。MBR 在硬盘的第一个扇区，是计算机开启后读取的第一个扇区。MBR 上的信息告诉计算机在哪里可以找到操作系统文件。通常，当一个计算机被打开后，它会读取 MBR，发现操作系统，然后将该操作系统加载到存储器中。

引导扇区病毒会用自己的代码来代替 MBR 中的信息，因此，当计算机读取第一个扇区时，病毒会在操作系统之前被加载到内存中。当病毒进入内存后，它会将自己复制到计算机的每个磁盘上。除非被清除，否则该引导扇区病毒在每次计算机被启动时都会加载到存储器中。

大多数软盘只携带数据文件，但如果将一个数据磁盘插入到一个被感染的计算机中，该病毒会将自己复制到这个磁盘中。当病毒改写了这个数据磁盘的第一个扇区中的信息或使其成为类似于启动盘的磁盘时，这个软盘便成了携带病毒的载体。如果将这个被感染的数据盘插入到未被感染的计算机的软驱中时，该计算机会试图从软驱中引导，并将病毒加载到它的存储器中，由此该计算机就被感染了。

除了感染其他磁盘，引导扇区病毒还会对系统造成其他破坏。它们可能会删除硬盘中的部分或全部内容，修改键盘输入，清除 CMOS 存储或清除 MBR。一些引导扇区病毒在造成破坏后会显示信息或播放声音。

一些引导扇区病毒在感染了计算机硬盘后不会被立刻激活，也不一定会感染计算机中安装的所有磁盘。其他的某些引导扇区病毒还可以被加密。具有这些特性的病毒很难被检测和清除。例如 15_Year 便是一种引导扇区病毒，它可以感染硬盘和软盘的引导扇区，改写硬盘上的部分数据。

引导扇区病毒通常会将原始的引导扇区以及部分病毒代码复制到磁盘的另一个地方。对代码的重新部署通常是破坏数据的原因。重新部署的扇区看起来像是一个坏扇区，操作系统认为它们是不可用的。如果一个软盘在同一个位置有几个坏扇区，就有可能是引导扇区病毒造成的。

一些引导扇区病毒有设计缺陷，导致在读取软盘时会产生偶尔的写保护错误。这些设计缺陷还可能会将病毒的部分放置在磁盘很少被使用的区域。当这些区域被使用时或当该引导病毒不能够正确安装自己时，就会出现引导错误。

虽然引导扇区病毒曾经是最常见的病毒类型，但它们已不再像以前那样造成严重的威胁。软盘已不再是共享文件和信息的主要方法，而更多的是通过网络、电子邮件和基于 Web 的方法。病毒程序编写者现在利用这些较新的技术更快、更有效地传播病毒。然而，还不能断言引导扇区病毒已经就此灭绝。只要软盘还在使用，引导扇区病毒仍将构成威胁。

6.4.2　DOS 病毒

第一代恶意代码就是以 DOS 病毒的形式出现的。DOS 病毒通过将自己的复制文件附着在宿主程序的末尾来感染程序，称为 appending infection。这通常意味着，该病毒将自己添加到了文件的末尾。然后，该病毒会将宿主程序原来的文件头进行复制，并将其转移到病毒体中。在复制和存储了文件头后，病毒会将一个指向病毒体的错误文件头替换原来的文件头。这保证了该病毒代码能够在执行该程序时首先被运行。

通常，当一个程序被执行时，计算机会从程序头开始读取代码。当一个程序被感染后，计算机会读取错误的文件头而跳过真正的程序进入病毒代码。当计算机读取病毒代码时，病毒会被加载到内存中。在病毒代码的末尾是程序的真正的文件头，计算机会跳回到原来程序的开始并执行。在多数情况下，该程序会正常运行，用户并不知道已经存在病毒。这是最常见的感染形式，因为它只需要将病毒添加到一个文件的末尾，并对原来主文件的代码进行修改即可。

虽然大多数 DOS 病毒将它们的代码附着在宿主程序的末尾，但有些病毒会将它们的代码插入在程序的开头，称作 prepending infection。这样的病毒会对它们的宿主程序造成严重的破坏，而且很难清除。

DOS 病毒感染 DOS 可执行程序。大多数 DOS 病毒会试图通过感染其他宿主程序来进行复制和传播。在多数情况下，可以将它们从被感染的文件中成功地删除。除了感染可执行程序(. COM 和. EXE)外，一些 DOS 病毒还会感染带有以下扩展名的文件：.SYS，.BIN，.BAT，.OVL 和.DRV。

当一个 DOS 病毒感染了一台计算机后，它通常会造成一些可以识别的变化。大多数被感染文件的大小会变大，因为有附加的病毒代码的加入。如果病毒存在于内存，它会减慢系统的运行速度。当计算机内存无故下降时，或系统开始运行缓慢，便有可能是感染了病毒。

通常，DOS 病毒不会感染 Microsoft Windows 的可执行程序。如果 Windows 或其他操作系统从一个 DOS 磁盘中启动并加载一个标准的 DOS 可执行程序，则 DOS 病毒也可以感染运行该 Windows 或其他操作系统的 PC。运行基于 386(或更高)系统的 NetWare 或自动装载的操作系统的PC很容易受到MBR的感染。任何提供“DOS窗口”或“DOS模拟器”来运行DOS程序的操作系统都有可能会感染上DOS病毒。

6.4.3 Windows病毒

Windows病毒与DOS病毒在攻击和传播方式上相似。不同之处在于，Windows病毒攻击的是Windows操作系统而不是DOS。与DOS病毒相比，它们攻击的可执行文件、所附着的代码均略有不同。Windows病毒通常向宿主程序附着一个以上的拷贝，将其代码隐藏在程序代码的开始、中间或末尾。同DOS病毒一样，Windows病毒可以修改应用代码中的头部信息，在程序被执行时将自己加载到内存中。如果病毒编写得足够好，宿主程序在运行时，将不会发现被感染。

大多数Windows病毒在感染文件后，会增加文件的大小，许多病毒还会改变时间戳。然而，有些Windows病毒可以将主文件原来的时间戳保存起来，当感染结束后再将其恢复。对时间戳的恢复隐藏了文件已经被修改的事实。

当一个Windows病毒常驻时，它通常会出现在任务管理器中，因此当用户在任务管理器中发现一些奇怪的任务或进程时，就应该怀疑是否被病毒所感染。

Windows病毒通常会修改注册表和其他的配置文件，使其能够在Windows启动时自动运行。你可以检查注册表和其他配置文件，发现不寻常或可疑的改动。

Windows病毒通常会感染Windows应用，尤其是Windows PE（便携可执行程序）文件，还有些可能会感染Windows环境中的其他可执行文件。一些经常被感染的程序包括：

- Microsoft Internet Explorer；
- 游戏；
- 画图（和类似的图形应用）；
- 记事本；
- Microsoft Word、Excel；
- Microsoft Outlook。

6.4.4 宏病毒

这些年来，病毒总数急剧上升。事实上，引起这种变化的一个极其重要的原因就是一种新型病毒——“宏病毒”的出现。据国际计算机安全中心（www. ncsa. com）报导，在现有的计算机病毒中，宏病毒就占据了三分之二。

由于以下原因，宏病毒显示出了极其严重的危害：

- 宏病毒不依赖于单一的平台。事实上，所有的宏病毒都会感染Microsoft Word文档，任何一种支持Word的硬件平台或操作系统都可能被感染。
- 宏病毒只感染文档文件，不感染程序文件。而绝大多数信息都是以文档形式（而非程序形式）输入到计算机系统中的。
- 宏病毒很容易被传播。一个非常常见的方法就是通过电子邮件的形式进行传播。

宏病毒有利于人们发现Word和其他办公软件（如Microsoft Excel，也就是宏）的特点。

就其本质来讲，宏是 Word 文档或其他类型文件中的可执行程序代码。特别是用户可以使用宏来自动完成某种重复的任务，而不必重复敲击键盘。宏语言通常是用 Basic 语言编写的。用户可以在宏中定义一连串的按键操作，这样，当输入某一功能键或特殊的功能键的组合时，该宏就被调用了。

自动执行宏为宏病毒的产生提供了可能性。宏被自动调用时，是不需要明确的用户输入的。常见的自动执行事件有打开文件、关闭文件或开始某个应用。一旦宏被执行，它就会将自身复制到其他文档中，删除文件并对用户系统造成其他危害。在 Microsoft Word 中，有三种形式的自动执行宏。

- 自动执行：如果某个被称为"自动执行批处理文件"的宏处在"normal. dot"模版或存放在 Word 启动目录的通用模版中，那么只要 Word 一启动，它就会被执行。
- 自动宏：当所定义的事件（如打开文件、关闭文件、新建一个文档或停止 Word 的运行）发生时，自动宏就会执行。
- 命令宏：如果通用宏文件中或附着在文档上的宏包含有 Word 的命令名称，则只要用户一调用该命令（如保存文件），该宏就被调用。

宏病毒常用的传播技术如下所示：附着在 Word 文档中的自动宏或命令宏通过电子邮件或移动磁盘的方式进入系统。用户一打开文档，宏就被执行，并将自身复制到通用宏文件中。当再次打开 Word 时，受染的通用宏就被激活了。当这种宏执行时，它就能复制自身并破坏系统。

后续发布的 Word 提高了预防宏病毒的可能性。例如，Microsoft 提供了一种可选的宏病毒检测工具，该工具可以用来检测可疑的 Word 文件并能去除用户打开宏文件时所潜在的危险。各种反病毒工具制造商也提供了检测并防治宏病毒的工具。和其他类型的病毒一样，宏病毒仍在发展。

6.4.5　脚本病毒

脚本是指从一个数据文档中进行一个任务的一组指令，这一点与宏相似（有时宏和脚本可以交替使用）。与宏相同，脚本也是嵌入到一个静止的文件中，它们的指令是由一个应用程序而不是计算机的处理器运行的。Windows Script Host 内嵌于 Windows 内，可激活像 VBScript、JScript 和 PerlScript 等的脚本语言。大多数目前使用的 Web 浏览器，如 Netscape Navigator 和 Microsoft Internet Explorer 都具有脚本功能，能够运行嵌入在网页中的脚本。常用的脚本有网站点击计数器、格式处理器、实时时钟、搜索引擎、鼠标效果和下拉菜单等。

创建脚本病毒只需非常低的编程知识水平，它们的代码可以尽可能地精简。脚本病毒还可以使用 Windows 中预先定义的对象来更加容易地访问被感染系统的其他部分。此外，由于代码是作为文本编写的，因此其他人可以很容易地读取和模仿，所以，许多脚本病毒都有变体。例如，在"I LOVE YOU"病毒出现后不久，反病毒厂商就发现原来代码的变体形式，它们采用不同的主题行或信体来传播。

脚本病毒是使用应用程序和操作系统中的自动脚本功能来复制和传播的恶意脚本，主要通过电子邮件和网页进行传播。例如，当在一个具有脚本功能的浏览器中打开一个

HTML文件时,一个嵌入到 HTML 文件中的脚本病毒就会自动执行。脚本病毒通常存在于 CorelDraw(CSC)、Web(HTML, HTM, HTH, PHP)、information(INF)和 registry(REG)文件中。

6.4.6 Java 病毒

Java 是由 Sun Microsystems 公司创建的一种用于互联网环境中的编程语言。Java 应用程序不会直接运行在操作系统中,而是运行在 Java 虚拟机(JVM)上。这使得 Java 应用具有较高的可移植性。只要有 JVM,一个在 Windows 环境中编写的 Java 应用就可以运行在 Linux 平台上。这种可移植性使得 Java 应用非常适合用于平台复杂的互联网环境。

Java 病毒很难创建。Java 编程语言是非常高级的语言,它不允许编程人员执行低级的操作。此外,Java 程序运行在一个独立的窗口(或 sandbox),可以防止该程序访问计算机内存或操作系统的系统服务。在 Java 程序中的任何病毒都不能够混进运行过该程序的计算机。

一些 Java 病毒会消耗网络带宽,造成系统运行变慢,严重的情况下可能会造成系统的超载,进而使系统瘫痪。Java 病毒能够窃取、删除或修改信息。它们还会针对大量的安全漏洞创建后门,它们可以破坏用 VBScript 编写的计算机程序。Java 病毒主要是在用户访问被感染的网页时传播的。如果邮件中含有嵌入的已被 Java 病毒感染的网页,那么 Java 病毒就可以通过该电子邮件传播。

6.4.7 Shockwave 病毒

Shockwave(SWF)文件是由 Macromedia Flash 应用创建的。该文件通常包含一些多媒体元素,如音频、动画和视频。嵌入 SWF 文件经常用在网页中,如动画贺卡、多媒体"splash"网页和动画图标。网络浏览器通过 Shockwave 插件来运行嵌入的 SWF 文件。单独的 Shockwave 播放器还可以在苹果和所有 Windows 操作系统中运行。

由于 Flash 具有脚本功能,因此它很容易受到病毒感染。如果一个用户从互联网上下载了一个被感染的 SWF 文件或作为电子邮件附件接收了这个被感染的文件,当该文件运行在一个独立的 Shockwave 播放器上时,病毒就会被激活。然而,如果利用浏览器从网站上发送被感染的 SWF 文件,则该 SWF 病毒不会感染计算机。Shockwave 插件可以避免 SWF 文件访问计算机的存储和操作系统业务。

6.5 网络病毒

病毒本身已是令人头痛的问题。但随着 Internet 开拓性的发展,网络病毒出现了,它是在网络上传播的病毒,为网络带来灾难性后果。网络病毒的来源主要有两种:一种威胁是来自文件下载;另一种主要威胁来自于电子邮件。本节将介绍一些具有代表性的网络病毒。

6.5.1　特洛伊木马

特洛伊木马(简称木马),其名称取自希腊神话的特洛伊木马记,是一种基于远程控制的黑客工具,具有隐蔽性和非授权性的特点。所谓隐蔽性是指木马的设计者为了防止木马被发现,会采用多种手段隐藏木马,这样服务端即使发现感染了木马,也不能确定其准确的位置。所谓非授权性是指一旦控制端与服务端连接后,控制端将享有服务端的大部分操作权限,包括修改文件、修改注册表、控制鼠标、键盘等等,这些权力并不是服务端赋予的,而是通过木马程序窃取的。

从木马的发展来看,基本上可以分为两个阶段。最初网络还处于以 UNIX 平台为主的时期,木马就产生了,当时的木马程序的功能相对简单,往往是将一段程序嵌入到系统文件中,用跳转指令来执行一些木马的功能,在这个时期木马的设计者和使用者大都是些技术人员,必须具备相当的网络和编程知识。而后随着 Windows 平台的日益普及,一些基于图形操作的木马程序出现了,用户界面的改善,使使用者不用懂太多的专业知识就可以熟练地操作木马,相应的木马入侵事件也频繁出现,而且由于这个时期木马的功能已日趋完善,因此对服务端的破坏也更大了。

木马病毒由控制端程序和木马程序构成,控制端程序用来远程控制服务端的木马程序,木马程序是用来潜入服务端内部,获取其操作权限的程序,两者通过网络进行交互。木马病毒对网络主机的入侵过程大致分为六个步骤。

(1) 配置木马

一般来说一个设计成熟的木马都有木马配置程序,从具体的配置内容看,主要是为了实现木马伪装和信息反馈两个功能。木马配置程序为了在服务端尽可能隐藏好木马,会采用多种伪装手段如修改图标、捆绑文件、定制端口、自我销毁等。木马配置程序将就信息反馈的方式或地址进行设置,如设置信息反馈的邮件地址、IRC 号、ICQ 或 OICQ 号等等。

(2) 传播木马

木马的传播方式主要有两种:一种是通过 E-mail,控制端将木马程序以附件的形式夹在邮件中发送出去,收信人只要打开附件就会感染木马;另一种是软件下载,一些非正规的网站以提供软件下载为名义,将木马捆绑在软件安装程序上,下载后,只要一运行这些程序,木马就会自动安装。

(3) 运行木马

服务端用户运行木马或捆绑木马的程序后,木马就会自动进行安装。首先将自身拷贝到 Windows 的系统文件夹中,然后在注册表、启动组、非启动组中设置好木马的触发条件,这样木马的安装就完成了。当木马运行的触发条件满足时,木马便被激活,然后进入内存,并开启事先定义的木马端口,准备与控制端建立连接。

(4) 信息泄漏

一般来说,设计成熟的木马都有一个信息反馈机制。所谓信息反馈机制是指木马成功安装后会收集一些服务端的软硬件信息,并通过 E-mail、IRC、OICQ 等方式告知控制端用户。

(5) 连接建立

一个木马连接的建立首先必须满足两个条件:一是服务端已安装了木马程序;二是控

制端、服务端都要在线。在此基础上控制端可以通过木马端口与服务端建立连接。

(6) 远程控制

木马连接建立后，控制端端口和木马端口之间将会出现一条通道，控制端上的控制端程序可借这条通道与服务端上的木马程序取得联系，并通过木马程序对服务端进行远程控制。控制操作包括：窃取密码、文件操作、修改注册表和系统操作。

木马的种类繁多，但是限于种种原因，真正广泛使用的也只有少数几种，如 BO2K、Subseven、冰河、灰鸽子、NETBUS 等。目前常用杀毒软件都可以发现和清除这些木马病毒。

对付木马病毒最重要的是注意预防，只要平时注意预防，木马病毒是不会轻易进入到电脑中去的。下面是一些常用的预防手段：

● 常用杀毒软件检查电脑里的文件(在查杀病毒时，一定要注意常更新杀毒软件的病毒库，这样确保不会漏杀)。

● 不要轻易使用来历不明的软件。

● 在安装新的软件之前，请先备份注册表，在安装完软件以后，立即用杀毒软件查杀 Windows 文件夹和所安装的软件所在的文件夹。如果杀毒软件报告有病毒，则进行杀毒，然后重新启动计算机，并将先前备份的注册表恢复到 Windows 系统中。

6.5.2　网络蠕虫

蠕虫和病毒是两种最常见的恶意代码形式。两种形式都是通过复制自己来达到破坏的目的，并且都可以通过电子邮件传播。然而，病毒要求一个宿主来传播，而蠕虫是独立的。

蠕虫是能够复制自己的一个程序或一组程序，蠕虫有时会携带病毒，当蠕虫被激活时，病毒就会被释放到计算机系统中，或该蠕虫本身能够破坏信息和资源。

一个被蠕虫感染的计算机系统表现出的行为与受到特洛伊木马感染的系统所表现出来的行为相同。系统可能会表现出不寻常的行为，或运行较平常变慢。可能会有一个或多个不寻常的任务在运行(该症状通常可以通过使用任务管理器或相似的工具查出)，或者对计算机的注册表和其他配置文件进行修改。最后，还有可能使电子邮件信件在用户没有授权或不知情的情况下被发送。

蠕虫的传播方式与特洛伊木马的传播方式类似，例如都可以通过电子邮件或计算机用户之间共享的文件进行传播。病毒通过感染宿主文件来传播，被感染的宿主文件在用户的行为下从一个用户传播到另一个用户(发送电子邮件或共享文件)。特洛伊木马在这一点上与病毒相似，它要求用户执行它携带的恶意代码或将附件转发给其他用户。

然而，蠕虫能够不在用户的参与下自行传播。作为独立的程序，它们不需要借助宿主即能传播。许多蠕虫利用操作系统和其他程序中的自动化功能进行传播。例如，许多电子邮件阅读程序有一个预览窗口，向用户显示附件中包含的内容。这个预览功能能够使蠕虫在用户不执行该恶意代码时也能启动。当蠕虫被激活时，它便能够命令一个电子邮件程序创建并向用户地址本中所列的地址发送包含有该蠕虫的邮件，所有这些都是在用户不知情的情况下进行的。

蠕虫还可以将自身的复制文件放入共享文件夹，或使用文件系统共享，如 Kazaa。假设此时用户下载了共享文件夹里的文件，从而为蠕虫的传播创造了条件。有些时候，蠕虫能够利用聊天程序进行传播，如 ICQ、OICQ 或其他即时消息程序。

Nimda 就是一种著名的蠕虫病毒，与其他互联网蠕虫病毒的不同之处在于它无需人工干预即可进行传播。Nimda 病毒利用已知的软件漏洞和多样的感染体进行传播，其繁殖和传染的速度非常惊人。Nimda 病毒也叫 W32. Nimda. A@mm、W32/Nimda@mm、PE_NIMDA. A、I-Worm. Nimda、W32/Nimda-A 和 W32. Nimda. A，发现于 2001 年 9 月 18 日，曾在世界范围内造成了巨大的损失和恐慌。

Nimda 病毒有四种可能的传播途径：

(1) 通过文件传播

Nimda 病毒定位本机系统中的.EXE 文件，并将病毒代码置入原文件体内，从而达到对文件的感染，当用户执行这些文件的时候，病毒进行传播。

(2) 通过电子邮件传播

Nimda 病毒利用 MAPI 从邮件的客户端及.HTML 文件中搜索邮件地址，然后将病毒发送给这些地址。这些邮件中包含一个名为 README.EXE 的附件，在某些系统(如未安装相应补丁的 Windows 9x 及 NT)中该 README.EXE 能够自动执行，从而感染整个系统。

(3) 通过 IIS 漏洞传播

Nimda 病毒攻击 IIS4.0 和 5.0Web 服务器，主要通过两种手段来进行。首先检查计算机是否已经被 Code Red II 病毒感染，因为 Code Red II 病毒会在感染的机器中创建一个“后门”，任何恶意用户都可以利用这个“后门”获得对系统的控制权。如果 Nimda 病毒发现了这样的机器，它会简单地使用 Code Red II 病毒留下的后门来感染机器。其次病毒会试图利用“Web Server Folder Traversal”漏洞来感染机器。如果它成功地找到了这个漏洞，病毒会利用该漏洞来感染系统，如果感染成功，蠕虫将会随机修改该站点的 Web 页，当用户浏览该站点时，不知不觉中就被感染。

(4) 通过局域网传播

Nimda 病毒会搜索本地网络的文件共享，无论是文件服务器还是终端客户机，一旦找到，便安装一个名为“RICHED20.DLL”的隐藏文件到每一个包含.DOC 和.EML 文件的目录中，当用户通过 Word、写字板、Outlook 打开.DOC 或.EML 文档时，这些应用程序将执行 RICHED20.DLL 文件，从而使机器被感染。同时该病毒还可以感染远程的在服务器端被启动的文件。

Nimda 病毒带来的最大影响是可在网络上通过被感染的机器来限制带宽，这是因为被感染系统的网络扫描和蠕虫产生的附加邮件堵塞共同作用的结果。

6.5.3　钓鱼程序

网络钓鱼(Phishing)一词，是“Fishing”和“Phone”的综合体，是常见的网络欺诈行为。该词嫁接了 fishing 和 phone，大约起源于 1996 年，黑客起初利用电子邮件作为诱饵，盗用美国在线的账号和密码，后来鉴于最早的黑客是用电话线作案，所以黑客们常常用 Ph 代替 f，就形成了 Phishing 一词。

“网络钓鱼”攻击利用欺骗性的电子邮件和伪造的 Web 站点进行诈骗活动，受骗者往往会泄漏自己的重要数据，如信用卡号、账户用户名、口令和社保编号等内容。诈骗者通常会将自己伪装成知名银行、在线零售商和信用卡公司等可信的品牌，在所有接触诈骗信息的用户中，有高达5%的人都会对这些骗局作出响应。

"网络钓鱼"的主要伎俩在于模仿某些公司的网站或电子邮件，然后对其中的程序代码动手脚，如果使用者信以为真地按其链接和要求填入个人重要资料，资料将被传送到诈骗者手中。实际上，不法分子在实施网络诈骗的犯罪活动过程中，经常采取以上几种手法交织、配合进行，还有的通过手机短信、OICQ、MSN进行各种各样的"网络钓鱼"不法活动。

6.5.4 间谍软件

间谍软件(Spyware)是一种通用术语，用于描述通常没有正当地获得用户的同意便执行某些操作(如弹出广告、收集个人信息或更改用户的计算机配置)的软件。间谍软件通常和显示广告的软件(称为广告软件)或跟踪个人或敏感信息的软件联系在一起。

间谍软件一般通过以下一些手段窃取用户的信息：

- 监控使用者的计算机使用习惯及个人信息的应用程序；
- 在用户未知情或授权的情况下发送信息到第三方；
- 使用欺骗手段安装的程序，隐藏在个人计算机中的软件，使用隐秘手段监视用户活动的软件，击键记录程序，以及收集网页浏览历史记录的软件。

通常在发生下述的情况时，系统中有很大的可能性被安装了间谍软件：

- 在没有进行网页浏览的状况下弹出广告页面；
- 网页浏览器的默认主页以及默认搜索设置选项在用户不知情的情况下被篡改；
- 发现浏览器的工具栏出现了新的用户并不清楚的按钮，而且该按钮很难被去除；
- 计算机系统有时会发生在执行特定任务时需要比平时花费更多的时间；
- 系统可能无缘无故的挂起并死机。

还有其他一些令人厌烦的程序，会修改系统的设定导致令人烦恼的结果。这些程序通常具有修改浏览器首页以及默认搜索页的能力，或者在浏览器中添加用户不想要的组件。往往这些程序会使得将设定恢复到初始状态的操作变得极为困难。这些程序也被定义为间谍软件。

有许多可以被Spyware利用，进而将Spyware安装到系统中的方法。最常见的手法是用户在安装所感兴趣的应用程序时，偷偷地进行安装，如安装音乐和食品共享软件。当用户在安装任何应用程序时，一定要确保阅读所有免责条款，包括用户许可以及隐私保护条款。有时候关于Spyware的安装声明会被列在相关条款的最后。

6.5.5 手机病毒

手机病毒也是一种计算机程序，与其他计算机病毒一样具有传染性、破坏性。手机病毒可以利用发送短信、彩信、电子邮件、浏览网站、下载铃声等方式进行传播。手机病毒可能会导致用户手机死机、关机、资料被删除、向外发送垃圾邮件、拨打电话等，甚至还会损毁SIM卡、芯片等硬件。

历史上最早的手机病毒出现在 2000 年，当时，手机公司 Movistar 收到大量由计算机发出的名为"Timofonica"的骚扰短信，该病毒通过西班牙电信公司"Telefonica"的移动系统向系统内的用户发送脏话等垃圾短信。事实上，该病毒最多只能被算作短信炸弹。真正意义上的手机病毒直到 2004 年 6 月才出现，那就是"Cabir"蠕虫病毒，这种病毒通过诺基亚 60 系列手机复制，然后不断寻找安装了蓝牙的手机。之后，手机病毒开始泛滥。

手机中的软件，嵌入式操作系统(固化在芯片中的操作系统，一般由 Java、C＋＋等语言编写)，相当于一个小型的智能处理器，所以会遭受病毒的攻击。而且，短信也不只是简单的文字，其中包括手机铃声、图片等信息，都需要手机中的操作系统进行解释，然后显示给手机用户，手机病毒就是靠软件系统的漏洞侵入手机的。

手机病毒要传播和运行，必要条件是移动服务商要提供数据传输功能，而且手机需要支持 Java 等高级程序写入功能。现在许多具备上网及下载功能的手机都可能会被手机病毒入侵。

手机病毒的危害主要体现在以下几个方面：

● 窃取用户的信息。如今，越来越多的手机用户将个人信息存储在手机上，如个人通信录、个人信息、日程安排、各种网络账号、银行账号等。这些重要的资料，必然引来一些别有用心者的"垂涎"，他们会编写各种病毒入侵手机，窃取用户的重要信息。

● 传播非法信息。当前彩信大行其道，为各种色情、非法的图片、语音、电影的传播提供了便利。

● 破坏手机软硬件。手机病毒最常见的危害就是破坏手机软硬件，导致手机无法正常工作。

● 造成通信网络瘫痪。当病毒感染手机后，可能会强制手机不断地向所在通信网络发送垃圾信息，这样势必导致通信网络信息堵塞。这些垃圾信息最终会让局部的手机通信网络瘫痪。

6.6　计算机病毒防治技术

6.6.1　反病毒的一般方法

解决病毒攻击的理想方法是对病毒进行预防，即在第一时间阻止病毒进入系统。但在 Internet 迅速发展的今天，就目前的技术水平而言，要实现上述目标是很困难的。虽然困难，但是坚持采取有效的防病毒措施可以减少病毒入侵系统的机会，能够将损失降至最低。一旦发现自己的计算机感染了病毒，可采取如下的措施。

● 检测：使用反病毒软件扫描计算机，查找病毒。反病毒软件要经常升级，否则将无法查出最新的病毒。

● 鉴别：对病毒进行检测后，辨别该病毒的类型。

● 清除：在确定病毒的类型后，将其从被感染的程序中清除并将感染程序复原。进一步清除网络系统中的所有病毒使其不能进一步传播。如果无法清除查找到的病毒，就丢弃被感染的程序，重新装载一个干净的备份版本。

● 查找原因：每一次受病毒感染后都要找出原因，采取措施，避免犯相同的错误。

6.6.2 反病毒软件的发展

从计算机病毒出现至今，病毒和反病毒技术就一直相互促进，共同发展，但反病毒技术始终处于比较被动的地位。早期的病毒是相对简单的代码片段，可以使用简单的反病毒软件进行检测和清除。但随着病毒和反病毒技术的不断升级，病毒和反病毒软件都变得越来越复杂和精密。总体来讲，反病毒软件经历了以下四个发展阶段。

● 第一代：简单的扫描程序。
● 第二代：启发式的扫描程序。
● 第三代：内存驻留程序。
● 第四代：主动设置陷阱，全方位的保护。

第一代的扫描程序需要病毒标识来识别病毒。病毒可能含有“病毒标识”，但本质上所有病毒的副本都具有相同的结构和排列方式。那些基于病毒的具体特征的扫描软件只能检测已知的病毒。另一种类型的第一代扫描软件包含文件长度的记录，通过比较文件长度的变化来确定病毒的种类。

第二代的扫描程序不依赖专门的病毒标识，而是使用启发式规则来搜索可能存在的病毒感染。一种方法是查找经常和病毒联系在一起的代码段，如查找多态性病毒中使用的加密循环的开始，并发现加密密钥。一旦该密钥被找到，扫描软件就能对病毒进行解密，从而识别出该病毒的种类，然后就可以清除这种病毒并将该程序送回服务器。另一种方式是检查程序的完整性，例如为每个程序附加校验和，如果病毒感染了程序，但没有修改校验和，那么一次完整性检查将会找出变化。为了对付一种在感染文件时能改变校验和的病毒，我们必须使用散列函数来进行杂凑。我们还必须将加密密钥和程序代码分开存储以防止病毒产生新的散列值并进行加密。通过使用散列函数（而不是一个简单的校验和），可以防止病毒调整程序产生同前面一样的散列值。

第三代程序是内存驻留程序，通过病毒的动作来识别病毒。这种程序的优点在于不必为数量巨大的病毒开发标识和启发式规则，而只需识别有限的指示了感染正在进行的动作集合，然后进行干涉。

第四代产品是由不同的联合使用的反病毒技术组成的软件包，其中包括扫描和主动设置陷阱构件。此外，这些软件包还包括了访问控制能力，通过限制病毒对系统进行渗透，进而限制病毒修改文件。

6.6.3 常用反病毒技术

随着计算机病毒的不断演变，反病毒技术和产品也不断更新。在本小节中，我们将介绍几种目前流行的反病毒技术。

1. 通用解密技术

由通用解密（Generic Decryption，GD）技术构成的反病毒程序可以容易地检测出各种病毒，尤其是对复杂的多态性病毒更为有效，且扫描速度较快。当含有多态性病毒的文件执行时，病毒首先要解密自身来激活病毒模块。为了检测到这类结构的病毒，可在 GD 扫描器下运行这些文件。这里提到的扫描器包括以下几个要素。

- CPU 模拟器：是基于软件的虚拟计算机，可执行文件中的指令在由软件构成的虚拟计算机环境中解释执行，因此底层的处理器不会受到在模拟器中运行程序的影响。
- 病毒特征扫描器：扫描目标代码以查找已知病毒的特征。
- 模拟控制模块：控制目标代码的执行。

每次运行时，模拟器逐条解释目标代码中的指令，如果代码中包含了暴露病毒的解密程序，这些代码会被解释，从而为反病毒程序提供线索。控制模块定期中断解释执行，扫描目标代码中的病毒特征。在解释执行过程中，由于目标代码是在完全受控的环境中运行的，因此这些代码对实际的计算机环境不会造成任何危害。

设计 GD 扫描器最大的困难就是确定每次解释执行的时间。一般地，程序开始执行后很快就会激活病毒程序，有些则需要较长的时间。扫描器扫描一个程序的时间越长，就越可能抓住所有隐藏的病毒。然而，实用的反病毒程序只能花费有限的时间和资源来查找病毒，否则会失去实用价值。

2. 数字免疫系统

数字免疫系统(Digital Immune System)是 IBM 公司和 Symantec 公司提出的一个反病毒综合方案。该系统主要为企业级的信息系统服务，所能防治的病毒范围很广泛，并提供修复更新系统的工具。数字免疫系统还特别包括了一系列用于远程控制的技术，以实现对整个企业信息系统的有效、全面的管理。

开发该系统的目的是为了对付 Internet 上病毒日益增长的威胁。Internet 技术的发展在许多方面对病毒的繁殖速度有着重要的影响，诸如 Lotus Notes 和微软的 Outlook 等综合邮件系统使人们可以简单地发送任何内容的邮件，而像 Java 和 ActiveX 等移动程序可以十分容易地将自身从一个系统转移到另一个系统。

数字免疫系统对前面提到的程序模拟器进行了扩展，提供了一个通用的模拟和病毒检测系统。该系统的具体目标是对病毒做出快速的反应，使得病毒一入侵系统，立即就被标记。当有新的病毒进入系统时，免疫系统会自动将其捕获并对其进行分析。然后增加一些相应的检测和防御措施并清除病毒。最后将这种新病毒的有关信息送到 IBM AntiVirus 在线系统，使该病毒再次出现时立即就能被检测出来。

图 6.5 给出了数字免疫系统运行的一般步骤：

① 每台 PC 机上的监视程序利用大量的启发式规则对现有的病毒进行推断。这些启发式规则源于系统行为、程序可疑的变化和同类病毒的特征。监视程序将受感染程序的拷贝发送到该组织的管理机上。

② 管理机对该样本进行加密，并将加密后的样本送到病毒中心分析机。

③ 该分析机为被感染的程序创建可以在其中安全运行的环境，在这个环境中可疑程序被监视执行。病毒分析机然后生成标识和删除病毒的方法与程序。

④ 将指令执行的结果送回到管理机。

⑤ 管理机将该指令送往已感染病毒的客户机。

⑥ 管理机还将该指令送往系统的其他客户机。

⑦ 全球的用户接收反病毒软件的定期更新，以避免遭到新病毒的攻击。

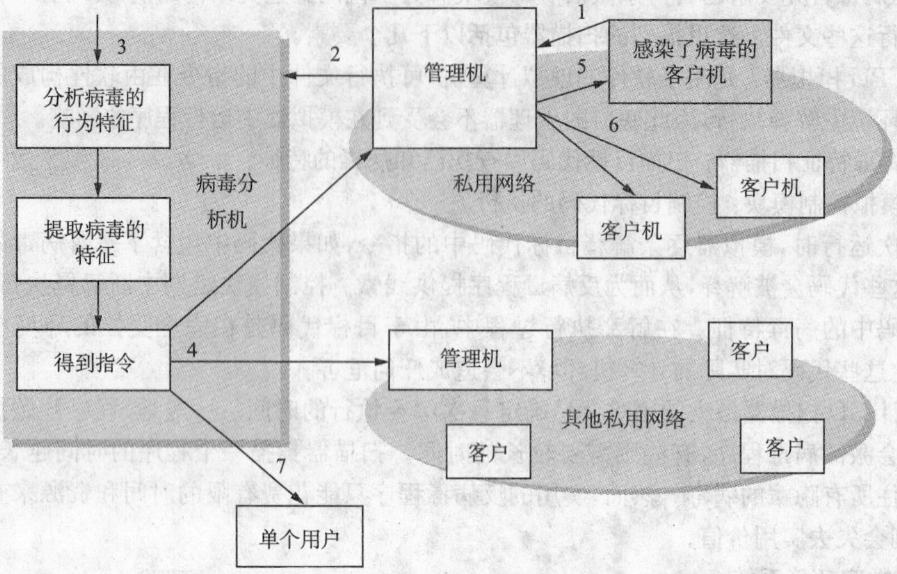

图 6.5 数字免疫系统

数字免疫系统能否成功取决于病毒分析机侦测新种病毒的能力。通过对新出现的病毒不断地分析和监视,可以经常更新数字免疫软件,从而减少相关的威胁。

3. 虚拟机技术

虚拟机技术是国际反病毒领域的前沿技术。这种技术更接近于人工分析,智能化程度极高,查毒的准确性也极高。

虚拟机技术的原理就是用程序代码虚拟出一个 CPU,同样也虚拟 CPU 的各个寄存器,甚至将硬件端口也虚拟出来,用调试程序调入"病毒样本"并将每一个语句放到虚拟环境中执行,这样就可以通过内存和寄存器以及端口的变化来了解程序的执行,从而判断系统是否中毒。在这样的虚拟环境里,可以通过虚拟执行方法来查杀病毒。通过这种技术,可以对付加密、变形、异型、压缩型及大部分未知病毒和破坏性病毒。目前一些基于病毒特征码查杀病毒的方法不能识别未知或变种病毒,而独到的"虚拟执行"技术可以部分解决这些问题。虚拟机技术的主要执行过程如下。

① 在查杀病毒时,在计算机虚拟内存中模拟出一个"指令执行虚拟计算机"。

② 在虚拟机环境中虚拟执行(不会被实际执行)可疑带毒文件。

③ 在执行过程中,从虚拟机环境内截获文件数据,如果含有可疑病毒代码,则说明发现了病毒。

④ 杀毒过程是在虚拟环境下摘除可疑代码,然后将其还原到原文件中,从而实现对各类可执行文件内病毒的杀除。

从理论上来说,按照上述过程进行操作的话对于未知病毒的查出概率可以达到 100%,但在实际操作中虚拟执行程序的全部代码是不现实的,原因就是虚拟机太慢,大约比正常的 CPU 慢上几十倍甚至更多。目前个别反病毒软件选择了样本代码段的前几 K 字节虚拟执行,其查出概率已高达 95%左右。虚拟机用来侦测已知病毒速度更为惊人,误报率可降到千分之一以下。这项技术在 1997 年被认为是国际反病毒领域的前沿技术,至今仍有许多人在研究和完善它。

4. 宏指纹识别技术

微软Office文档(Word、Excel、PowerPoint)及其他支持宏语言的程序都含有内嵌宏指令,这些宏指令一般都是类Basic语言。在这类文档中,可以嵌入"AutoOpen"、"AutoClose"以及"AutoSave"等宏,这些宏会在"打开"、"关闭"和"保存"文档时自动执行其中的类Basic代码指令。病毒通过这些指令完成对文档的感染、破坏等工作。宏病毒就是利用这种原理制作的一类病毒。

宏指纹识别技术(Macro Finger)是基于Office复合文档BIFF格式精确查杀各类宏病毒的技术。其特点如下。

- 能够查杀Word、Excel、PowerPoint等各类Office文档中的宏病毒。
- 能够查杀Word、Excel、PowerPoint加密文件中的宏病毒。
- 能够清除文档中未知名的宏,因此,从理论上来说可以查杀所有的未知宏病毒。
- 可以修复部分宏病毒或其他不合格杀毒产品破坏过的Office文档。

5. 计算机监控技术

计算机监控技术(实时监控技术)已经形成了包括注册表监控、脚本监控、内存监控、邮件监控和文件监控在内的多种监控技术。它们协同工作形成的病毒防护体系,使计算机预防病毒的能力大大增强,据统计,电脑只要运行实时监控系统并进行及时升级,基本上能预防80%的计算机病毒,这一完整的病毒防护体系已经被所有的反病毒公司认可。当前,几乎每一种反病毒产品都提供了这些监控手段。

实时监控概念最根本的优点是解决了用户对病毒的"未知性",或者说是"不确定性"问题。用户的"未知性"其实是计算机反病毒技术发展至今一直没有得到很好解决的问题之一。

实时监控是先前性的,而不是滞后性的。任何程序在调用之前都必须先过滤一遍。一有病毒侵入,它就报警,并自动杀毒,将病毒拒之门外,做到防患于未然,这与病毒侵入甚至破坏以后再去杀毒是不一样的,其安全性更高。实时监控技术能够始终作用于计算机系统之中,监控访问系统资源的一切操作,并能够对其中可能含有的病毒代码进行清除。

6. 主动内核技术

纵观反病毒技术的发展,从防病毒卡到自动升级的软件反病毒产品,再到动态、实时的反病毒技术,所有技术几乎都是被动式的防御理念。这种理念的最大缺点在于将防治病毒的基础建立在病毒侵入操作系统或网络系统以后,作为上层应用软件的反病毒产品,才能借助操作系统或网络系统所提供的功能来被动地防治病毒。这种做法就给计算机系统的安全性和可靠性造成了很大的影响。

在操作系统和网络的内核中加入反病毒功能,使反病毒成为系统本身的底层模块,而不是一个系统外部的应用软件,一直是反病毒厂家追求的目标。嵌入操作系统和网络系统底层,实现各种反病毒模块及操作系统和网络无缝连接的反病毒技术,实现起来难度极大。

主动内核技术(ActiveK)是将已经开发的各种防病毒技术从源程序级嵌入到操作系统或网络系统的内核中,实现防病毒产品与操作系统的无缝连接。例如,将实时防毒墙、文件动态解压缩、病毒陷阱和宏病毒分析器等功能组合起来嵌入到操作系统或网络系统中,并作为操作系统本身的一个补丁与其浑然一体。这种技术可以保证防病毒模块从系统的底层内核与各种操作系统及应用环境密切协调，确保防毒操作不会伤及操作系统内核，同时确保杀除病毒的功效。这样，即使用户是一个全球性的大型异构网络，只要服务器安装了内置主动内核技术的操作系统，采用该技术的安全产品就能自动探测到网络中的每一台计算机是否已经安装了主动内核以及是否都已升级到了最新版本，如果有一台计算机没有做到，防毒系统就会补上这个漏洞。另外，用户所使用的计算机系统若处于主动内核保护之下，那么已知的病毒入侵就会被拒之门外，做到了防患于未然。

【习题 6】

1. 什么是计算机病毒？它有哪些基本特征？
2. 计算机病毒有哪些分类？
3. 计算机病毒包括哪些功能模块？它们的作用是什么？
4. 请简述计算机病毒的工作流程。
5. 传统计算机病毒有哪些？它们各自具有哪些特性？
6. 请简述木马病毒入侵网络主机的六个步骤。
7. 在整个运行周期中，蠕虫病毒是怎么进行传播的？
8. 什么是钓鱼程序？
9. 间谍软件窃取用户信息的一般手段有哪些？
10. 简述手机病毒的危害。
11. 简述反病毒的一般方法。
12. 反病毒软件的发展经历了哪四个阶段？
13. 目前流行的反病毒技术有哪些？请描述它们的工作原理。

第7章　防火墙和虚拟专网

Internet的发展给政府、组织、企事业单位带来了革命性的变化。通过利用Internet可提高办事效率和市场反应速度,以便更具竞争力。通过Internet,企业可以从异地取回重要数据,同时又要面对Internet开放带来的数据安全的新挑战和新危险:即客户、销售商、移动用户、异地员工和内部员工的安全访问,以及保护企业的机密信息不受黑客和工业间谍的入侵。因此企业必须加筑安全的“战壕”,而这个“战壕”就是防火墙。

防火墙是指一种将内部网和公众访问网(Internet)分开的技术。防火墙能在两个网络通信时执行一种访问控制尺度,它能让“允许”的人和数据进入一个内部网络,同时将“禁止”的人和数据拒之门外,最大限度地阻止网络中的黑客来访问网络,防止更改、拷贝、毁坏网络中的重要信息。

虚拟专网是虚拟私有网络(Virtual Private Network,VPN)的简称,它是一种利用公共网络来构建的私有专用网络。目前,能够用于构建VPN的公共网络包括Internet服务提供商(ISP)所提供的DDN(Data Digit Network)专线、帧中继(Frame Relay)、ATM等,构建在这些公共网络上的VPN将给企业提供集安全性、可靠性和可管理性于一身的私有专用网络。“虚拟”的概念是相对传统私有专用网络的构建方式而言的,对于广域网连接,传统的组网方式是通过远程拨号和专线连接来实现的,而VPN是利用服务提供商所提供的公共网络来实现远程的广域连接。通过VPN,企业可以以明显更低的成本连接它们的远地办事机构、出差工作人员以及业务合作伙伴。

本章将详细介绍防火墙和虚拟专网的基本概念、类型、体系结构和基本技术。

7.1　防火墙

7.1.1　防火墙的概念

防火墙是一个系统或一组系统,是在两个网络之间执行的一种访问控制尺度。防火墙可被认为是一对机制,一个是对业务的禁止,另一个则是对业务的许可。换句话说就是禁止什么样的业务进入你的网络和允许什么样的业务进入你的网络。在Internet上,有人非法闯入别人的网络,在别人的节点上乱写乱画,偷看别人的信件,偷窃别人的重要数据,另外还有黄色信息在Internet上游荡。防火墙的作用就是保证人们在Internet上做真正的工作,保护自己重要的机密数据,同时又将入侵者挡于自己的网络之外。图7.1显示了一个简单的防火墙部署示意图。

典型的防火墙具有以下 3 个方面的基本特征。

(1) 所有进出网络的数据流都必须经过防火墙

防火墙的功能要求所有进出网络的数据流都应该通过防火墙，因为只有防火墙是内、外部网络之间通信的唯一通道时，才可以全面、有效地保护企业内部网络不受侵害。

(2) 只有符合安全策略的数据流才能通过防火墙

防火墙最基本的功能是确保网络流量的合法性，所有经过防火墙的数据流都必须受安全策略的制约。防火墙按照规定好的配置和规则，监测并过滤所有通过防火墙的信息，只允许授权的数据通过。防火墙还应该能够记录有关的联接来源、服务器提供的通信量以及试图闯入者的任何企图，以方便管理员的监测和跟踪。

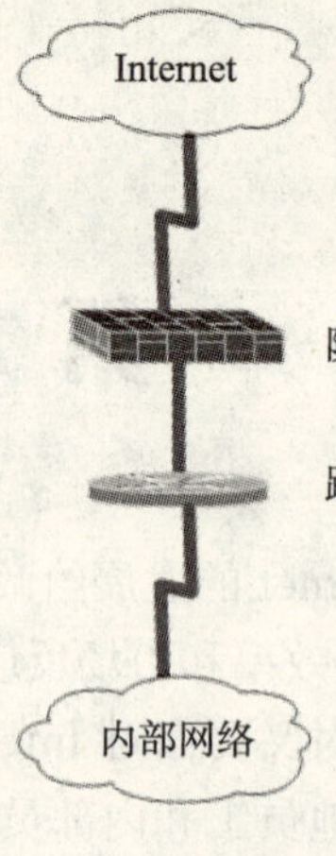

图 7.1　防火墙部署示意图

(3) 防火墙自身应具有非常强的抗攻击的能力

这是防火墙担当网络安全防护重任的先决条件。防火墙处于网络边缘，每时每刻都要面对黑客的入侵，这样就要求防火墙自身要具有非常强的抗击入侵本领。

7.1.2　防火墙的体系结构

目前防火墙的体系结构一般有以下几种：双宿主主机体系结构、屏蔽主机体系结构、屏蔽子网体系结构等。

1. 双宿主主机体系结构

双宿主主机体系结构是围绕具有双重宿主的主机而构建的，该主机至少有两个网络接口，位于内部网络和外部网络之间，如图 7.2 所示。

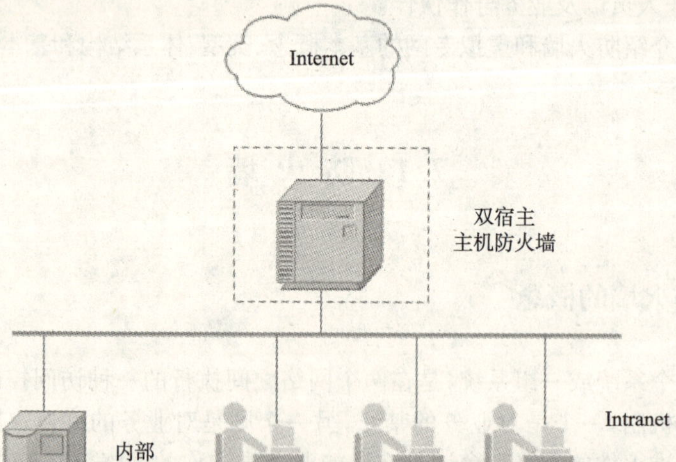

图 7.2　双宿主主机防火墙体系结构

双宿主主机其实是一台有两个网卡（并配置两个 IP 地址）的计算机或服务器，为内外部网络所共有，起到隔离内外部网络的功能。该主机充当与这些接口相连的网络之间的路由器，防火墙内部可与双宿主主机的两个网卡通信，防火墙外部的系统可与双宿主主机的对应的网卡通信，但内部与外部之间不能直接互相通信。

2. 屏蔽主机体系结构

屏蔽主机体系结构防火墙由过滤路由器和运行网关软件的堡垒主机构成，如图 7.3 所示。

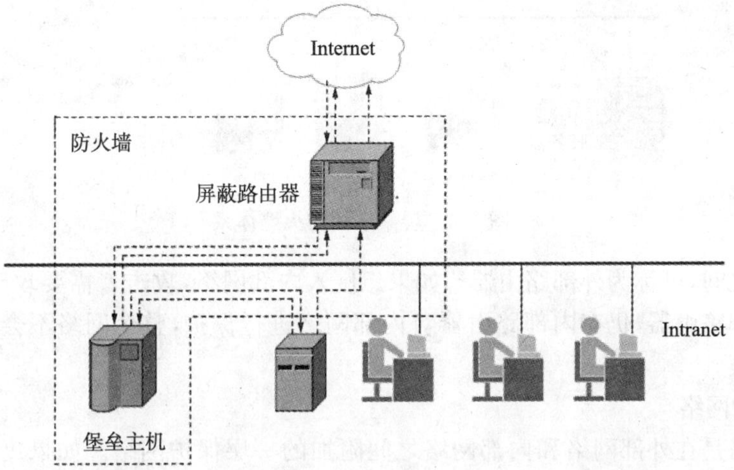

图 7.3　屏蔽主机体系结构

该体系结构中提供安全保护的堡垒主机安装在内部网络上，过滤路由器位于内部网络和外部网络之间，通常在路由器上设置过滤规则，并使该主机成为外部网络唯一可直接到达的主机，以确保内部网络不被未授权的外部用户攻击。堡垒主机与其他主机位于同一子网，一旦被攻破或越过，整个内部网络和堡垒主机之间就没有任何屏障了，所以堡垒主机必须高度安全。

在屏蔽路由器上，设置堡垒主机与外部网络之间可允许的连接（“可允许的连接”由特殊的安全策略决定）。在屏蔽的路由器上，数据包过滤设置可按下列方案执行：

- 允许其他的内部主机为某些服务开放到 Internet 上的主机连接。
- 不允许来自内部网络主机的所有连接（强制那些主机经由堡垒主机使用代理服务）。

3. 屏蔽子网体系结构

屏蔽子网体系结构通过添加额外的安全机制到屏蔽主机体系结构中，即通过添加参数网络更进一步地把内部网络与 Internet 隔离开。在这种结构下，即使堡垒主机被攻破，也不能直接侵入到内部网络，因为还有内部路由器这个屏障，如图 7.4 所示。

堡垒主机是最容易受到侵扰的设备，也是能够被攻破的设备。在屏蔽主机体系结构中，堡垒主机是非常诱人的攻击目标。如果被攻破，就可以毫无阻挡地进入内部网络。通过在参数网络上隔离堡垒主机，可以减少堡垒主机被侵入的概率，因为入侵者只有有限的访问机会。屏蔽子网体系结构最简单的形式是由两个屏蔽路由器构成，每一个都连接到参数网络上。一个位于参数网络和内部网络之间，可成为内部路由器，另一个位于参数网络

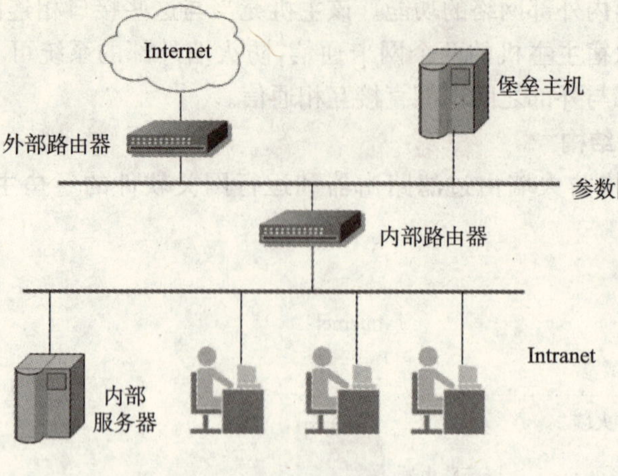

图 7.4　屏蔽子网防火墙体系

和外部网络之间，可称为外部路由器。如果想侵入内部网络，攻击者需要攻破两个路由器。即便攻破外部路由器，仍有内部路由器对内部网络进行保护，整个网络不会因为一点被攻破而全部瘫痪。

(1) 参数网络

参数网络是在外部网络和内部网络之间附加的一层保护网络。如果攻击者攻破外部路由器，参数网络就可以在攻击者与内部网络之间提供一个额外的缓冲地带。对于参数网络，攻击者攻破参数网络上的堡垒主机，也仅能探听参数网络上的通信，内部网络仍然安全。

(2) 堡垒主机

在屏蔽子网体系结构中，堡垒主机被连接到参数网络，作为与外界通信的接口。堡垒主机对内的功能主要有：接收外来的电子邮件，再分发到相应的站点；接收外来的 FTP，并将它连接到内部网络的匿名 FTP 服务器；接收外来的有关内部站点的域名服务(DNS)查询等。

堡垒主机对外的主要功能有：在内部和外部的路由器上设置数据包过滤来允许内部的客户端直接访问到外部的服务器；设置代理服务器在堡垒主机上运行来允许内部的客户端间接访问外部的服务器。用户也可以设置数据包过滤来允许内部的客户端在堡垒主机上同代理服务器交谈，反之亦然。禁止内部的客户端与外部网络之间直接通信。

(3) 内部路由器

内部路由器主要保护内部网络免受外部和参数网络的侵扰。内部路由器执行防火墙的大部分的数据包过滤工作，它允许从内部网络到外部网络的有选择的出站服务。内部路由器所允许的在堡垒主机和内部网之间的服务，可以不同于内部路由器所允许的在外部和内部网之间的服务。限制堡垒主机和内部网之间的服务，可以减少堡垒主机被攻破对内部网的危害。

(4) 外部路由器

外部路由器用于保护参数网络和内部网络免受来自外部的侵扰。外部路由器几乎允许所有数据从参数网络出站，并执行非常少的数据包过滤。保护内部网络的数据包过滤规则在内部路由器和外部路由器上基本上是一致的。

总之，现在防火墙一般都将多种安全技术相结合，以满足各种不同级别、不同环境的安全需要。实际建防火墙的时候，一般不采用单一的技术，通常是多种可解决不同问题的技术的组合。一般有以下几种形式：

- 使用多堡垒主机。
- 合并内部路由器和外部路由器。
- 合并堡垒主机和外部路由器。
- 合并堡垒主机和内部路由器。
- 使用多个参数网络。
- 同时使用双重宿主主机和屏蔽子网。

7.1.3　防火墙的实现技术

实现防火墙的技术有很多种，如包过滤、应用级网关、电路级网关和状态包检测等。

1. 包过滤技术

包过滤又称“报文过滤”，是防火墙最传统、最基本的过滤技术。该技术就是对通信过程中的数据进行过滤，首先是根据数据包中包头部分所包含的源 IP 地址、目的 IP 地址、协议类型(TCP 包、UDP 包、ICMP 包)、源端口、目的端口及数据包传递方向等信息，判断是否符合安全规则，使符合事先规定的安全规则(或称“安全策略”)的数据包通过，而使那些不符合安全规则的数据包丢弃。安全规则通过对各种网络应用、通信类型和端口的使用来规定。例如，用于特定的因特网服务的服务器驻留在特定的端口号的事实，使包过滤器可以通过简单地规定适当的端口号来达到阻止或允许一定类型服务的目的，并可进一步组成一套数据包过滤规则。

(1) 技术分类

在包过滤技术的发展过程中，出现过两种不同的技术，即静态包过滤和动态包过滤。

- 静态包过滤(Static packet filter)

静态包过滤技术是传统的包过滤技术，它根据流经该设备的数据包地址信息决定是否允许该数据包通过，它判断的依据有(只考虑 IP 包)：

① 数据包协议类型：TCP，UDP，ICMP，IGMP 等。

② 源 IP 地址、目的 IP 地址。

③ 源端口、目的端口：FTP，HTTP，DNS 等。

④ IP 选项：SYN，ACK，FIN，RST 等。

⑤ 其他协议选项：ICMP ECHO，ICMP ECHO REPLY 等。

⑥ 数据包流向：in(进)或 out(出)。

⑦ 数据包流经网络接口。

在一般的网络结构中，防火墙位于内、外部网络的边界，内部网络可能包括各种交换机、路由器等网络设备。而外部网络通常是直接通过防火墙与内部网络连接，中间不会有其他的网络设备。防火墙作为内、外部网络的唯一通道，使得进、出的数据都必须通过防火墙来传输。这就有效地保证了外部网络的所有通信请求都能在防火墙中进行过滤。

静态包过滤技术相对比较简单，只需对每个数据包与相应安全规则进行比较即可得出是否通过的结论，防火墙处理包过滤的时间非常短，执行效率也非常高。这种过滤机制对用户来说是完全透明的，用户无须向防火墙取得任何合法身份，符合规则的通信即可通过，用户根本感觉不到防火墙的存在，使用起来非常方便。

但是这种包过滤防火墙技术方案配置比较复杂，对网络管理员的要求非常高；同时这种传统的包过滤技术只能针对数据报的 IP 地址信息进行过滤，而不能在用户级别上进行过滤，无法识别不同用户身份的合法性和防止 IP 地址的盗用。单纯使用包过滤技术的防火墙方案，如果攻击者把自己主机的 IP 地址设成一个合法的主机的 IP 地址，就可以轻易地通过，由此可见，这种技术的防火墙方案还很不安全。正因为如此，这种传统的包过滤技术很快被更先进的动态包过滤技术所取代。

● 动态包过滤(Dynamic packet filter)

动态包过滤技术首先是由 USC 信息科学院的 BobBraden 于 1992 年开发提出的。

该技术是由采用动态设置包过滤规则的方法而构成的。它已发展成包状态监测技术。采用这种技术的防火墙对通过其建立的每一个连接都进行跟踪，并根据需要动态地在过滤规则中增加或更新条目。

这种技术比静态包过滤技术要先进，它可动态根据实际应用请求自动生成或删除相应过滤规则，无须管理人员干预。这就解决了静态包过滤技术使用和管理难度大的问题。同时动态包过滤技术可分析高层协议，可以更有效、全面地对进出内部的 IP 地址的信息进行监测，确保内网安全。但这种技术仍只能对数据的 IP 地址信息进行过滤，不能对用户身份合法性进行鉴定；同时，通常也没有日志记录可查，为日常的网络管理带来了一定困难。

(2) 实现过程

包过滤技术进行包过滤的过程如下：

① 包过滤规则存储到包过滤设备的相应端口。

② 当包到达端口时，对包头进行语法分析。大多数包过滤设备只检查 IP，TCP 或 UDP 包头中的字段。

③ 包过滤规则以特殊的方式存储。应用于包的规则的顺序与包过滤规则存储顺序必须相同。

④ 若一条规则阻止包传输或接收，则此包不被允许。

⑤ 若一条规则允许包传输或接收，则此包进行下一条规则匹配。

⑥ 若包不满足任何一条规则，则此包被阻塞。

一个包过滤防火墙必须具有两个端口和一组规则，其中一个端口连接非信任网络(如 Internet)，另一个端口连接可信网络(如内部网络)。防火墙配置的规则必须能对一个非信任端口流向信任端口或从信任端口流向非信任端口进行控制处理，以此来决定是否让信息流通过，如图 7.5 所示。

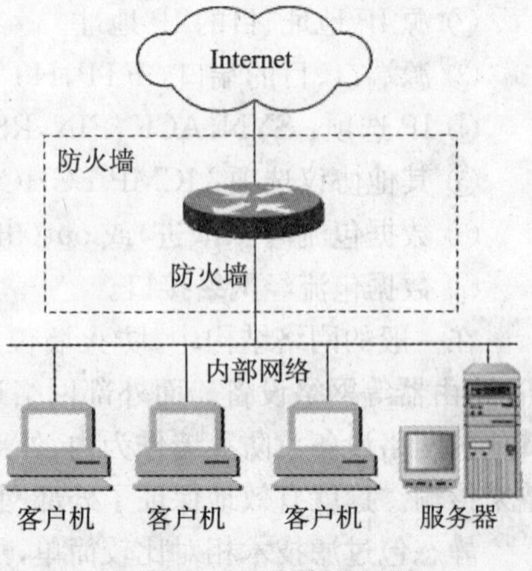

图 7.5 包过滤防火墙

(3) 技术特点

对于小型、简单的网络，包过滤技术比较容易实现，其工作在传输层(TCP 或 UDP)或者在网络层(ICMP 或 IP),处理速度比较快。包过滤技术为用户提供了一种透明的服务,用户不需要改变客户端的任何应用程序,也不需要用户学习任何新的知识,需要管理的开销少,对屏蔽设备的性能不会产生很大影响。

但是这种技术没有用户身份认证机制;复杂环境中规则表会很大且复杂,规则很难管理和测试。包过滤技术依赖一个单一的设备来保护系统,如果设备出现问题,使用户暴露在黑客攻击范围之中。如果允许外部用户访问内部主机,就允许它访问内部任何主机。另外,包过滤技术仅能工作在传输层或网络层检测网络流量。

虽然,包过滤防火墙有这些缺点,但是在管理良好的小规模网络上,它可正常发挥作用。

2. 应用级网关

应用级网关即“代理服务器”,它可以检查进出的数据包,通过网关复制传递数据,防止在受信任服务器和客户机与不受信任的主机之间直接建立联系。该技术可以理解应用层上的协议,能够做复杂一些的访问控制,并做精细的注册和审查。目前已经存在的代理服务器有 HTTP、NNTP、FTP、Telnet 等。

应用级网关防火墙安装在网络应用层,对应用层上的信息进行处理,比包过滤技术更加安全。该种技术需要支持应用程序,需要提供唯一的程序接收客户端应用程序的数据,并且作为中转站将数据发往目标服务器。

应用级网关使用软件来转发和过滤特定的应用服务,只允许有代理的服务通过,也就是那些被认为“可信任的”才允许通过防火墙。

(1) 工作过程

应用级网关的工作过程如下:当用户需要使用服务器上的数据时,首先将数据请求发给代理服务器,由代理服务器根据这一请求向服务器请求数据,然后再由代理服务器将返回的数据转给用户。

下面通过一个 HTTP 代理服务器例子来说明其工作过程,如图 7.6 所示。

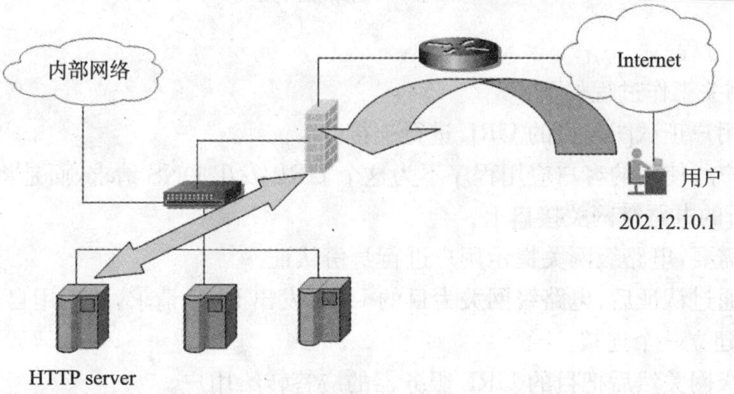

图 7.6　应用级网关的工作过程

具体连接过程描述如下:

① 一个用户通过 80 端口连接到应用级网关上。应用级网关检测这个连接的 IP 是否在可访问 IP 列表中,如果在,就允许下一步操作;否则,拒绝该连接。

② 提示用户进行身份认证。

③ 在通过身份认证后，系统会提示给用户一个系统菜单，显示允许进行与目的主机的连接。

④ 用户选择要连接的系统。

⑤ 进行正常的网页浏览。

(2) 技术特点

应用级网关技术安全性高，有较好的访问控制，是最安全的防火墙技术。但访问速度比较慢，且需要为每种服务提供专门的代理服务程序，用户无法使用未被服务器支持的服务。

3. 电路级网关

电路级网关工作在会话层，其在两个主机首次建立 TCP 连接时建立一个屏障，作为服务器接收外来请求，转发请求。在与被保护的主机连接时担当客户机角色，起代理服务的作用。它监视两主机建立连接时的握手信息，如 SYN，ACK 和序列数据等是否合乎逻辑，判定该会话是否合法。如果会话被判定有效后，网关仅复制、传递数据，而不进行过滤。其监控受信任的客户或服务器与不受信任的主机间的 TCP 握手信息，这样来判断会话是否合法，其在会话层上来过滤数据包。

电路级网关不允许直接建立端对端的连接，而是将跨越防火墙的通信链路分为两段，通过电路级网关建立 TCP 连接，如图 7.7 所示。

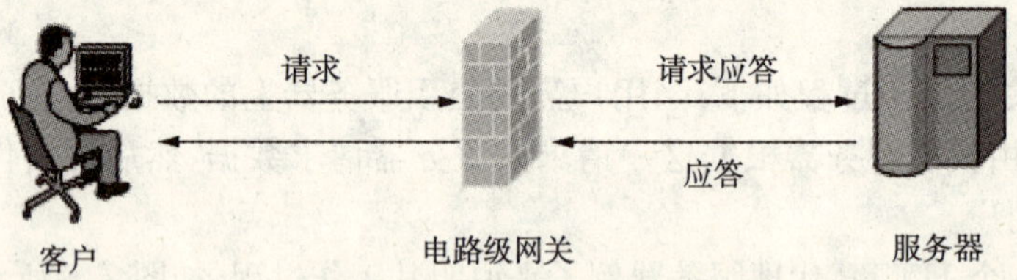

图 7.7　电路级网关

(1) 工作过程

电路级网关工作过程如下：

① 一个用户正试图与目的 URL 进行连接。

② 该用户所使用的客户应用程序不为这个 URL 发出 DNS 请求，而是将请求发送到地址已经被解析的电路级网关接口上。

③ 如有需要，电路级网关提示用户进行身份认证。

④ 用户通过认证后，电路级网关为目的 URL 发出 DNS 请求，然后用自己的 IP 地址和目的 IP 地址建立一个连接。

⑤ 电路级网关然后把目的 URL 服务器的应答转给用户。

这样完成了用户通过电路级网关防火墙上网的一个过程。

(2) 技术特点

电路级网关技术都是基于 TCP 端口配置，并不对数据包进行检测，可能会出现漏洞。另外，由于配置了电路级网关技术后，向内的连接都是禁止的，访问资源的空间和范围都会受限。

4. 状态包检测

状态包检测防火墙(Statefull Packet Inspection,SPI)是最新一代的防火墙,被称为第三代防火墙。这种技术检查 IP 包的所有部分来判定是允许还是拒绝请求,它检查所有的 OSI 层,因此它提供的安全程度远高于其他类型的防火墙。

状态包检测防火墙对每一个通过它的数据包都进行检查,确定这些数据包是否属于已经通过防火墙并且正在进行连接的会话,或基于一组与包过滤规则相似的规则集对数据包进行处理。这种防火墙结合了包过滤防火墙、电路级网关和应用级网关的特点;它同包过滤防火墙一样,检查防火墙能够在 OSI 网络层上通过的 IP 地址和端口号,过滤进出的数据包;它也像电路级网关一样,能够检查 SYN 和 ACK 标记和序列数字是否逻辑有序;也像应用级网关一样,可以在应用层上检查数据包的内容,察看内容是否符合安全规则。

(1) 工作过程

状态包检测的逻辑流程图如图 7.8 所示。

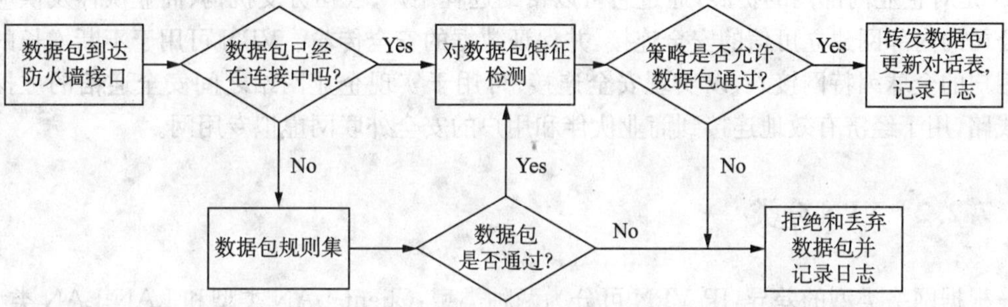

图 7.8　状态包检测的逻辑流程

从图 7.8 中可以看出,当数据包到达防火墙的接口时,防火墙判断数据是否已经在连接中,如果是,在连接时就对数据包进行特征检测,并判断策略是否允许数据通过,如果可以,就转发到目的端口并记录日志,否则就丢掉数据包。

具体描述如下:

① 状态包检测防火墙检查已经到达的数据包是否是一个已经建立并且正使用的通信流的一部分。该种防火墙会维护一张连接表,其中包括源 IP 地址、目的 IP 地址、源端口号和目的端口号等信息,通过查询正在使用的连接,判断该数据包是否与表中某个连接相匹配。

② 如果防火墙包含有数据包使用的协议,就查看数据包的数据部分,根据其内容决定是否转发该数据包,防火墙对数据包的检查的内容取决于数据包所使用的协议。

③ 如果数据包和连接表的各项都不匹配,防火墙就会检查数据包是否与其所配置的规则集匹配。

④ 当数据包通过源 IP 地址、源端口号、目的 IP 地址、目的端口号、使用的协议和数据内容检查后,防火墙就转发该数据包,并在其连接表中为此次会话建立或更新一个连接项。防火墙使用该连接项对返回的数据包进行检查。

⑤ 防火墙通过检测 TCP 包中 FIN 位,或者使用计时器来决定何时从连接表中删除某连接项。

(2) 技术特点

状态包检测防火墙需要做记录、测试和分析工作,这些工作可能会造成网络连接的某种迟滞，特别是在同时有许多连接激活的时候，或者是有大量的过滤网络通信的规则存在时。

7.2　VPN 技术

7.2.1　VPN 的概念

VPN 即虚拟专用网（Virtual Private Network），是一条穿过混乱的公用网络的安全、稳定的隧道。通过对网络数据的封包和加密传输，在一个公用网络（通常是因特网）建立一个临时的、安全的连接，从而实现在公网上传输私有数据、达到私有网络的安全级别。通常，VPN 是对企业内部网的扩展，通过它可以帮助远程用户、公司分支机构、商业伙伴及供应商同公司的内部网建立可信的安全连接，并保证数据的安全传输。VPN 可用于不断增长的移动用户的全球因特网接入，以实现安全连接；可用于实现企业网站之间安全通信的虚拟专用线路，用于经济有效地连接到商业伙伴和用户的安全外联网虚拟专用网。

7.2.2　VPN 分类

根据网络类型的差异，IP VPN 可分为两种类型：Client-LAN 类型和 LAN-LAN 类型。

1. Client-LAN 类型 VPN

Client-LAN 类型的 VPN 也称为 Access VPN，即远程访问方式的 VPN。它提供了一种安全的远程访问手段，例如，出差在外的员工，可以利用这种类型的 VPN，将企业内部网络资源进行安全的远程访问。

使用基于 Internet 远程访问的 VPN，远程访问的客户端首先通过拨号网络连接到当地的 ISP（Internet 服务提供商），利用 ISP 提供的服务通过 Internet 连接到企业的远程访问服务器，在采用 VPN 隧道协议的情况下，企业的远程访问服务器会和远程访问客户端建立一个安全的 VPN 连接，远程访问客户端就可以安全地使用企业内部各种授权的网络资源，其结构如图 7.9 所示。基于 Internet 远程访问的 VPN 通常采用 PPTP、L2F、L2TP 等隧道协议。

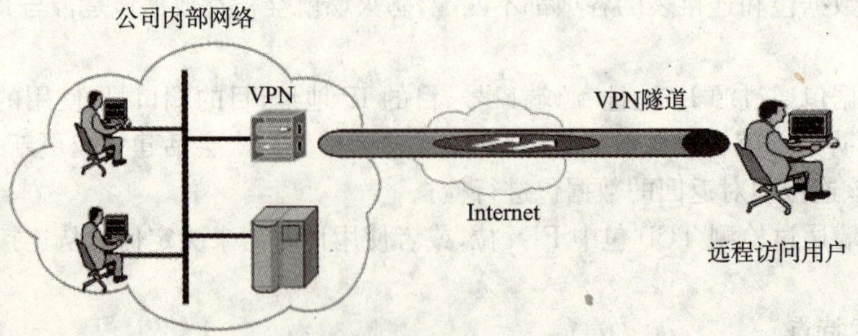

图 7.9　Client-LAN 类型示意图

2. LAN-LAN 类型 VPN

为了在不同局域网之间建立安全的数据传输通道，例如在公司内部各分支机构之间的网络互联，可以采用 LAN-LAN 类型的 VPN。采用 LAN-LAN 类型 VPN，可以利用全球范围的 Internet，再利用 VPN 的隧道协议实现安全保密需要，可以满足公司内部与分支机构以及合作企业间的安全网络连接。这种类型的 VPN 通常采用 IPSec 协议建立加密传输数据协议。LAN-LAN 类型 VPN 如图 7.10 所示。

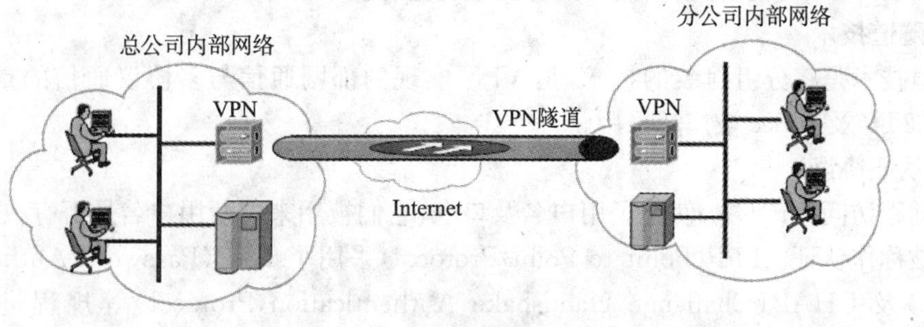

图 7.10　LAN-LAN 类型示意图

7.2.3　VPN 的工作过程

假设公司有两个相距很远的网络，使用 VPN 连接，由两个 VPN 设备建立专用通道，数据传输过程如图 7.11 所示。

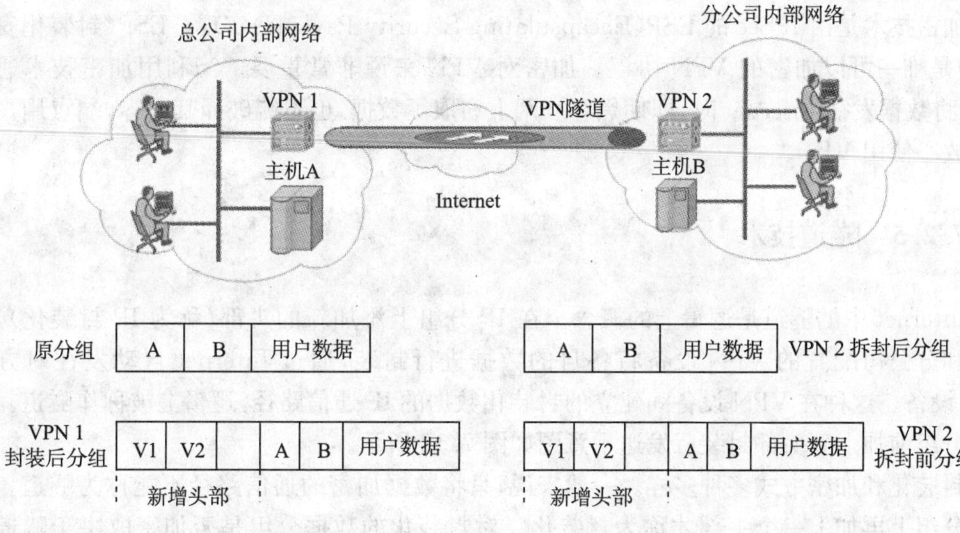

图 7.11　VPN 工作过程示意图

VPN 数据传输的工作过程如下。

① 主机 A 建立分组，将其 IP 地址作为源地址，将主机 B 的 IP 地址作为目标地址，将分组发送到 VPN 1 设备。

② 分组到达 VPN 1 设备，VPN 1 在分组中增加一新头部。在此头部中，将分组源 IP

地址写为自己的 IP 地址 V1,目标地址写为对等 VPN 2 的地址 V2,然后发送。

③ 分组通过 Internet 到达 VPN 2,VPN 2 能够识别新增头部,对其进行拆封,然后得到主机 A 生成的原分组,然后根据分组的 IP 地址信息进行正常的转发。

7.2.4 VPN 实现技术

为实现 VPN 功能,需要用到的关键技术有隧道技术、认证协议、加密技术等。

1. 隧道技术

隧道技术是将分组封装的技术,是 VPN 实现内部网通信与多协议通信的重要功能,PPTP、L2TP 及 IPSec 被广泛采用。

2. 认证协议

在远程访问 VPN 中,使用了用户名及口令,它们被用来判断用户名是否有权访问。这种操作被称作认证。PPP(Point to Point Protocol)采用了 PAP(Password Authentication Protocol)及 CHAP(Challenge Handshake Authentication Protocol)等规程进行认证。PPTP 及 L2TP 等隧道协议采用 PPP 的认证协议。

由于被认证的用户名和口令对各个用户不同,需要建立一个认证用的用户名和口令的数据库。作为这种认证数据库工作的有 RADIUS(Remote Authentication Dial In User Service)、LDAP(Lightweight Directory Access Protocol)及 TACACS(Terminal Access Controller Access System)等方式。RADIUS 等数据库不仅提供认证用的用户名和口令,还能指令控制连接的强制切断时间,IP 地址或回叫(Call Back)等详细的属性。

3. 加密技术

加密技术是由 IPSec 的 ESP(Encapsulating Security Payload)实现。ESP(封装化安全载荷)是唯一可以加密的 VPN 协议。加密对 VPN 来说非常重要。当利用加密技术通过 VPN 将数据发往 Internet 时,即使黑客从网上窃取了数据,也不能破译其内容,端点用户就可以放心使用 VPN。

7.2.5 隧道技术

Internet 中的隧道是逻辑上的概念。在 IP 分组上添加新的头部(称为 IP 封装化),总公司和分公司配置的 VPN 设备将各自的数据进行封装,通过 Internet 自动发往对方的 VPN 设备。这种在 VPN 设备间建立的封装化数据的 IP 通信路径,逻辑上被称作隧道。隧道在分组前加上新头部封装后发送示意图如图 7.12 所示。

封装化和加密方式多种多样。一般来说,只将数据加密的通信路径不能称为隧道。在一个分组上再加上一个头部才称为封装化。对封装化的数据分组是否加密取决于隧道协议。例如 IPSec 的 ESP 是加密封装化的协议,L2TP 则不对分组加密,保持原样进行封装。

现有的封装协议主要包括两类:一类是第 2 层隧道协议,由于隧道协议封装的是数据链路层的数据包,即 OSI 开放系统模型中的第 2 层的数据包,所以称为第 2 层隧道协议,如 PPTP、L2F、L2TP 主要应用于构建远程访问型的 VPN。另一类是第 3 层隧道协议,如

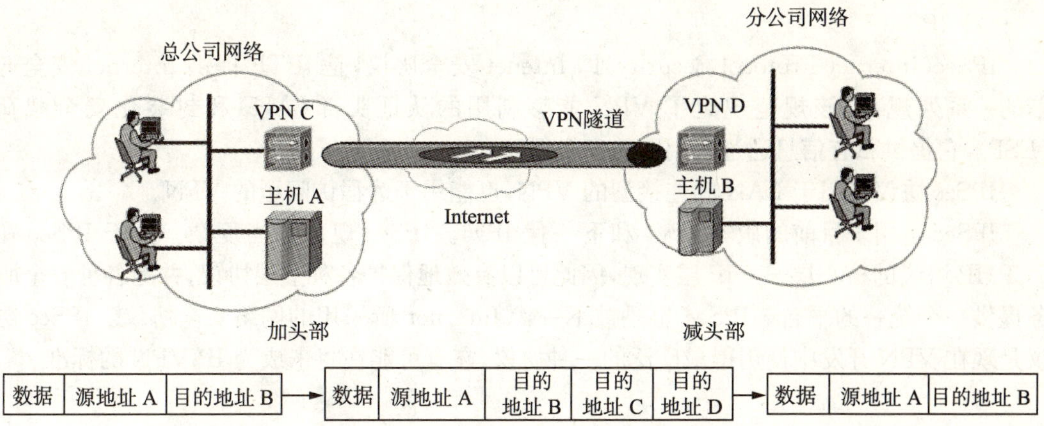

图 7.12　隧道在分组前加新头部封装

IPSec、GRE 等，它把第 3 层即网络层的各种协议直接封装到隧道协议中进行传输，由于被封装的是第 3 层网络协议，所以称为第 3 层隧道协议，它主要应用于构建 LAN-LAN 型的 VPN。

1. 第 2 层隧道协议

第 2 层隧道协议主要有 3 种。一种是微软、3COM 公司支持的点对点隧道协议(Point to Point Tunneling Protocol，PPTP)，另一种是 Cisco、北方电信等公司支持的二层转发协议(Layer 2 Forwarding，L2F)，第三种是 L2TP(Layer 2 Tunneling Protocol，L2TP)，它结合了上面两个协议的优点，是由 IETF 起草，微软、Cisco、3COM 等公司共同完成指定。

(1) PPTP

PPTP 是为实现基于 ISP 的远程访问 VPN 而制订的协议。在分组和封装化头部中采用扩展 GRE。在 Windows 中将 GRE 作为标准功能提供，是当前最易于使用的 VPN 协议。此外，利用微软的扩展功能还可以进行加密和数据压缩。

(2) L2F

1998 年标准化的远程访问 VPN 的协议。它是基于 ISP 的若干个远程接入服务器提供 VPN 功能的协议。

(3) L2TP

L2TP 是远程访问型 VPN 的主要协议。它将 PPTP 和 L2F 综合，以扩展功能。其格式基于 L2F，信令基于 PPTP。

L2F、PPTP 及 L2TP 共同的特点是从远程客户直至内部网入口的 VPN 设备建立 PPP 连接(Session)。端点用户可以在客户侧管理 PPP。它们除了能够利用内部 IP 地址的扩展功能外，还能在 VPN 上利用 PPP 支持的多协议通信功能、多链路功能及 PPP 的其他附加功能。

2. 第 3 层隧道协议

第 3 层隧道协议主要包括 GRE 和 IPSec 等隧道协议。

(1) GRE

通用路由封装(Generic Routing Encapsulation，GRE)协议，是一种将任意类型的网络层数据包封装入另外任意一种网络层的协议。

(2) IPSec

IPSec(Internet Protocol Security)即 Intenet 安全协议,是 IETF 提供 Internet 安全通信的一系列规范,该规范规定了 VPN 能够利用的认证头部(AH)和封装化安全载荷(ESP),它提供私有信息通过公用网的安全保障。

IPSec 协议能用于 LAN 间连接型的 VPN,也能用于远程访问型的 VPN。

IPSec 适用于目前的版本 IPv4 和下一代 IPv6。IPSec 规范相当复杂。由于 IPSec 在 TCP/IP 协议的核心层——IP 层实现,因此可以有效地保护各种上层协议,并为各种安全服务提供一个统一的平台。IPSec 也是被下一代 Internet 所采用的网络安全协议。IPSec 协议是现在 VPN 开发中使用得最广泛的一种协议,它有可能在将来成为 IP VPN 的标准。

7.2.6 用户认证

在使用远程访问 VPN 时,只有通过认证的远程用户才能穿越 Internet 不受限制地利用内部资源。这种认证机制主要由 PPP 功能实现,方法有多种。RADIUS 是为接入服务器开发的认证系统,具有统一管理多个访问用户的用户数据库功能。

1. PPP 认证方式

PPP 认证有多种方式,主要有 PAP、CHAP 和 EAP 等。

(1) PAP

PAP(Password Authentication Protocol,口令认证协议)是 PPP 认证中最简单的方法。使用加有用户名和口令的分组进行认证。由于设备配置简单,几乎支持 PPP 认证的设备和软件都支持此协议。它是安全要求不太严格的 ISP 拨号连接服务中最常用的协议。PAP 认证流程如图 7.13 所示。

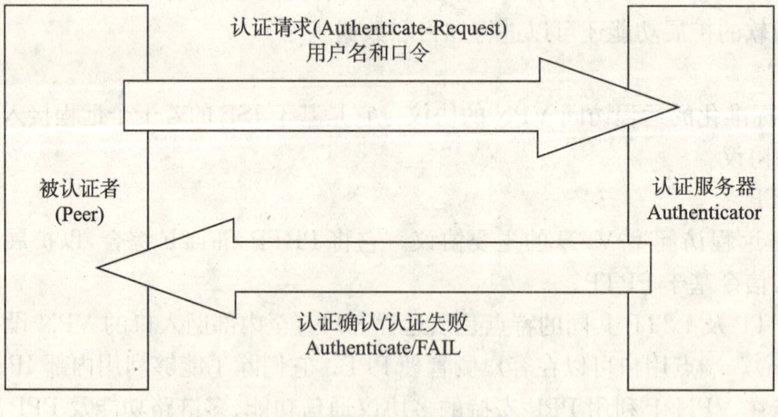

图 7.13 PAP 认证流程后发送

在 PPP 认证模型中,将接入服务器及 VPN 设备中接收口令和用户名的一方称为"认证服务器"(Authenticator),将被认证的一方称为"被认证者"(Peer)。

(2) CHAP

CHAP(Challenge-Handshake Authentication Protocol,挑战一握手验证协议)是安全性比 PAP 更高的认证协议,在网上传递的不是口令而是一次性的随机数。CHAP 认证流程如图 7.14 所示。

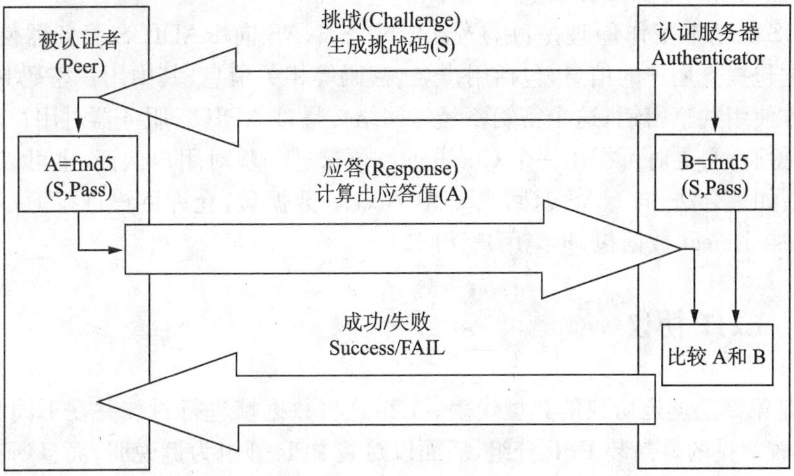

图 7.14　CHAP 认证流程

首先是认证服务器产生随机数作为挑战码发给被认证者(Peer),被认证者利用 MD5 算法由挑战码和口令算出应答码,回送认证服务器,认证服务器根据预先存有的口令和随机数由 MD5 算出一结果,与收到的认证码比较,给出认证成功或失败的信息。

(3) EAP

EAP(Extensible Authentication Protocol,扩展认证协议)是一种用于 PPP 认证的通用协议,可以支持多种认证方式。EAP 并不在链路控制阶段指定认证方法,而是把这个过程推迟到认证阶段。这种机制还允许 PPP 认证方简单地把收到的认证报文传递给后方的认证服务器,由后方的认证服务器来实现各种认证方式。

2. 基于服务器的认证方式—RADIUS

RADIUS(Remote Authentication Dial In User Service)是为接入服务器开发的认证系统,它具有集中管理远程访问"拨号用户"的数据库功能,即 RADIUS 是存放使用者的"用户名"及"口令"的数据库。接收远程用户访问请求的接入服务器向 RADIUS 服务器查询该用户是否为合法用户。RADIUS 服务器检索用户数据库,如果该用户是合法用户,就发送"访问准许"信号,如果是数据库中无该用户或口令不匹配,就发送"访问拒绝"的信号。

RADIUS 实现身份认证的体系结构如图 7.15 所示。

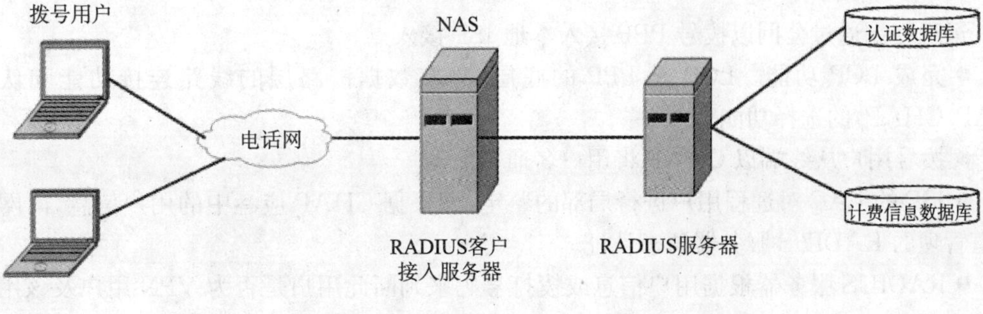

图 7.15　RADIUS 用户认证体系

RADIUS 是一种 C/S 结构的协议，它的客户端就是 NAS 服务器，运行 RADIUS 客户端的计算机都可以成为 RADIUS 的客户端。

RADIUS 的基本工作原理是：用户接入 NAS，NAS 向 RADIUS 服务器使用 Access-Require 数据包提交用户的信息，包括用户名、密码等相关信息，其中用户密码是经过 MD5 加密的，双方使用共享密钥，这个密钥不经过网络传播；RADIUS 服务器对用户名和密码的合法性进行检验，必要时可提出一个 Challenge，要求进一步对用户认证，也可以对 NAS 进行类似认证；如果合法，向 NAS 返回 Access-Access 数据包，允许用户进行下一步工作，否则返回 Access-Reject 数据包，拒绝用户访问。

7.2.7 L2TP 协议

L2TP 是第 2 层隧道协议的典型代表。L2TP 将数据帧进行封装并在不同的传输媒体上传输。比较常见的是封装 PPP 分组，后面以封装 PPP 分组为例说明；而且所有底层媒体为 IP 网，因特网服务是由 ISP 提供，其提供 L2TP 的客户端功能，为 LAC；公司总部网络访问服务器提供 L2TP 服务器端功能，为 LNS；远程用户通过 ISP 对总部进行访问。

1. 基本概念

LAC(L2TP Access Concentrator)是 L2TP 接入集中器，是接收公网上的用户拨号的设备，通常配置在网络运营商的接入服务器具有 LAC 功能。它能进行 PPP 处理以及 L2TP 处理，是 PPP 协议中 LCP 协议的逻辑终端。它将已成帧的 PPP 分组进行适当的处理并封装入 L2TP 处理，发送给 LNS，是 L2TP 协议的客户/服务器模式的客户端。

LNS(L2TP Network Server)是 L2TP 的服务器端。它可进行 L2TP 封装或解封，并进行 PPP 处理，又称为 L2TP 网络服务器。

2. 基于 L2TP 协议的终端与内部网的通信原理

以 L2TP 安装于不同位置将其分为两类：一种是将 L2TP 集成到远程用户主机，此时用户主机充当 LAC，用户自主对 L2TP 进行配置和管理，称之为自愿模式。另一种是将 L2TP 安装于网络访问服务器，由网络访问服务器来对 L2TP 进行配置和管理，用户可透明使用 L2TP 服务，称之为强制模式。

实际应用中，L2TP 多配置为强制模式，下面将以强制模式说明其工作原理。如图 7.16 所示。

基于 L2TP 的远程终端与内部网通信原理可以描述为以下几个方面。

(1) 拨号 PPP

远程终端通过公网以拨号 PPP 接入本地 ISP 接入点。

- 完成 LCP 功能。LCP 是 PPP 的底层，具有数据链路层的线路连接功能和认证(PAP/CHAP)的选择功能。
- 拨号用户从终端以 CHAP 将用户名通知 LAC。
- ISP 的 LAC 对远程用户进行局部的鉴定，即根据 CHAP 应答中的用户信息，向网上隧道管理的 RADIUS 服务器请求认证。
- RADIUS 服务器根据用户信息或拨打号码来判断此用户是否为 VPN 用户及该用户的总部所在地。

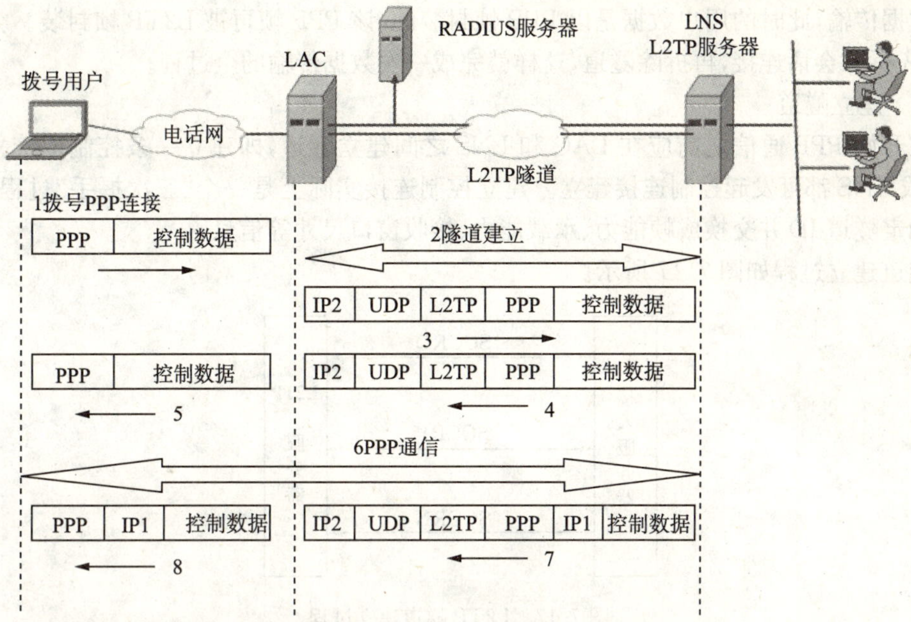

图 7.16　基于 L2TP 的远程终端与内部网通信原理结构

● 判断应建立隧道的用户。

(2) 隧道的建立

在 LNS 和 LAC 间建立隧道(在 RADIUS 服务器和 LAC 间交换隧道建立信息)。

● 当不存在隧道时,由 LAC 向 LNS 发起建立隧道,并分配一个隧道号 TunnelID。

● 隧道建立完成后,建立用户会话,并分配一会话号 CallID。

PPP 帧转发。在隧道上传送 PPP 帧。

● 传送 LCP 信息以及 CHAP(用户名)等控制数据,使端到端的 PPP 会话不致中断。

● 在通过 L2TP 隧道的 PPP 帧(PPP+控制数据)上加上隧道化的协议规定的 L2TP 头部,再将其作为 UDP 上的数据加上 UDP 头部。因为要在 LAC 和 LNS 间寻路,所以还须加上具有 LAC 和 LNS 的 IP 地址的 IP 头部。因此,LAC 和 LNS 间的分组格式称为“IP2+UDP+L2TP+PPP+控制数据”。

(3) 撤除封装

在 LAC 拆除从 L2TP 服务器回送来的 PPP 帧的封装,并将 PPP 帧递交给远程用户。

(4) PPP 通信开始

完成远程用户的 PPP 协商后,即可通过 LNS 和公司内部网进行通信。

(5) 用户数据收发

PPP 通信开始后,远程终端即可经由 LNS 和公司内部进行数据交换,此时 LAC-LNS 间的格式为:“IP2+UDP+L2TP+PPP+IP1+用户数据”(此时的 IP1 地址为公司内部地址)。

3. L2TP 协议工作流程

L2TP 将 PPP 分组进行隧道封装并在不同的传输媒体上传输,首先要在传输两端建立隧道,即建立控制连接,建好隧道后,在隧道内再建立会话连接,会话连接建立完毕,就可以进行数据传输，此时的用户数据是以 PPP 帧封装的，该 PPP 帧再被 L2TP 帧封装。会话结束后，先拆除会话连接，再拆除隧道，这样就完成一次数据传输的全过程。

(1) 建立隧道

在开始 PPP 通信之前应在 LAC 和 LNS 之间建立隧道，即建立一条控制连接。无论 LAC 或 LNS 都可发起控制连接建立。建立控制连接实际上是一个"三次握手"过程，在此阶段确定隧道 ID 并交换成帧能力、承载能力、接收窗口尺寸等信息。

隧道建立过程如图 7.17 所示。

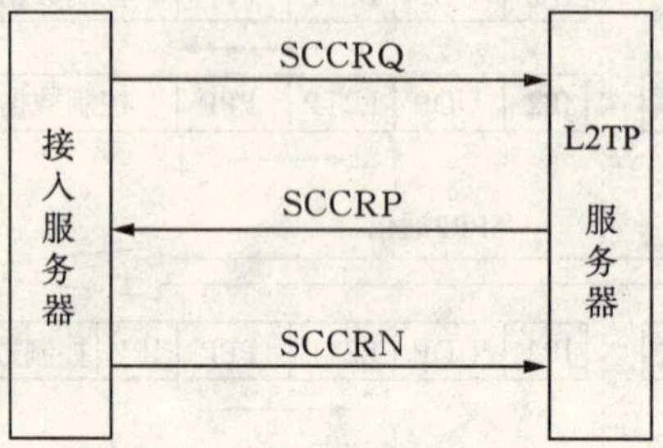

图 7.17　L2TP 隧道建立过程

(2) 建立会话

建立控制连接后，就可开始建立会话连接。会话分为两种：由 LAC 向 LNS 发起请求并建立会话，称入站会话；由 LNS 向 LAC 发起请求并建立会话，称出站会话。大多情况下是远程用户向总部发起访问，即入站会话。入站会话的建立通过三次握手来实现，建立过程如图 7.18 所示。

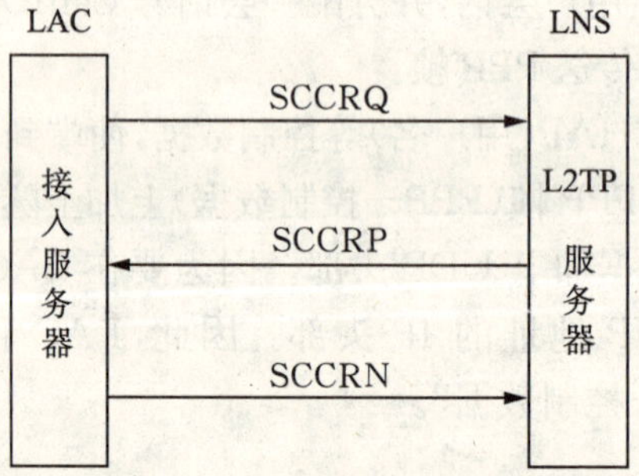

图 7.18　L2TP 会话建立过程

(3) 传输用户数据(PPP 帧)

当用户会话建立后，就可在隧道上传输 PPP 帧。

(4) 拆除会话

当需要拆除会话时，LAC 或 LNS 发送 CDN(Call-Disconnect-Notify)，接收方就会终止会话。

(5) 拆除隧道

当需要拆除隧道时，LAC 或 LNS 发送 StopCCN(Stop-Control-Connection-Notification)，接收方须返回应答消息。所有隧道上的会话会随着隧道拆除一同关闭。

【习题 7】

1. 简述防火墙的定义及其特点。
2. 防火墙的体系结构分为哪几种？试分别画出其结构示意图。
3. 什么是包过滤技术？并简述动态包过滤技术的实现过程。
4. 什么是应用级网关？并以 http 为例解释应用级网关的工作过程。
5. 什么是电路级网关？并简述电路级网关的工作过程。
6. 什么是状态包检测？并简述其工作过程。
7. 什么是 VPN？它有哪些分类？
8. 简述 VPN 数据传输的工作过程。
9. VPN 的实现技术有哪几种？
10. 第 2 层隧道协议和第 3 层隧道协议各有哪几种类型？
11. 简述 VPN 用户认证中的 PPP 认证和 RADIUS 认证方式。
12. 什么是 L2TP 协议？并简述基于 L2TP 协议的终端与内部网的通信原理。

第 8 章　入侵检测与防御技术

防火墙是一种重要的网络安全设备,但只是一种被动防御的工具,所以仅有防火墙是不够的。因为入侵者可以找到防火墙的漏洞,绕过防火墙进行攻击;防火墙对来自内部的攻击也无能为力;防火墙所能提供的服务要么都拒绝,要么都通过,而这显然是远远不能满足用户复杂的应用要求的。入侵检测和防御技术则是防火墙的补充,是防火墙之后的第二道安全防线。

入侵检测是对入侵行为的监测,它通过收集和分析计算机网络或计算机系统中若干关键点的信息,检查网络或系统中是否存在违反安全策略的行为和被攻击的迹象。

进行入侵检测的软件与硬件的组合称为入侵检测系统(Intrusion Detection System,IDS)。可进行入侵检测并可以主动进行防御的软件与硬件的组合称为入侵防御系统(Intrusion Protection System,IPS)。入侵检测系统处于防火墙之后对网络活动进行实时监测,是防火墙的延续,扫描当前网络的活动,监视和记录网络的流量,根据定义好的规则来过滤网络上的流量,提供实时报警。

本章首先介绍目前存在的常见的入侵和攻击,然后从入侵检测原理、检测方法、入侵检测系统等几个方面对入侵检测技术进行详细介绍;最后对较新的防御技术做简单介绍。

8.1　常见的入侵和攻击

网络攻击的手段多种多样,有的是寻找并利用操作系统的漏洞,有的是利用应用程序的实现上的漏洞,有的是针对网络协议漏洞进行的攻击,有的是寻找加密算法的弱点进行密码破解,有的是利用网络协议在特定的操作系统上的实现的漏洞进行入侵等。本节将介绍一些有代表性的网络攻击方法。

8.1.1　DoS 网络攻击

DoS(Deny of Service)是拒绝服务攻击的简称,主要通过消耗系统有限的不可恢复的资源使合法用户的服务性能降低或受到拒绝。拒绝服务攻击是由人为或非人为发起的行动,使主机硬件、软件或者两者同时失去工作能力,使系统不可访问并因此拒绝合法的用户服务请求,使得合法的系统用户不能及时地得到应有的服务或系统资源,如 CPU 处理时间、存储器等。DoS 最本质的特征是延长正常应用服务的等待时间。DoS 攻击往往是针对 TCP/IP 协议中的某个弱点,或者系统存在的某些漏洞,对目标系统发起大规模进攻致使攻击目标无法向合法的用户提供正常的服务。拒绝服务攻击简单有效,能够迅速产生效果。

拒绝服务攻击使网站服务器充斥大量要求回复的信息,消耗网络带宽或系统资源,导致网络或系统不胜负荷以至于瘫痪而停止提供正常的网络服务。黑客不正当地采用标准协议或连接方法,向攻击的服务器发送大量的信息,占用甚至超越受攻击服务器的处理能力,使攻击目标不能正常为用户服务。许多拒绝服务攻击都是使用广播方式把数据包发送给一个网络中的所有成员,以实现攻击。从历史情况看,这种模式的攻击目标一般是网络上的公共设施。拒绝服务攻击有一个很明显的特征就是攻击者企图阻止合法用户访问可用资源。主要表现为以下几个方面:

- 企图淹没一个网络,中断正常的网络流量。
- 企图破坏两个机器之间的连接,禁止访问可用服务。
- 企图阻止某一个特定用户对网络上服务的访问。
- 企图破坏一个特定系统使其不能正常提供服务。

可见拒绝服务攻击的目的不在于闯入一个站点或更改其数据,而在于使站点无法服务于合法的请求。攻击者并不单纯为了进行拒绝服务攻击而攻击,往往是为了完成其他的攻击而必须做的准备工作。例如,在目标主机上放了木马等恶意程序,让目标主机重启;为了完成 IP 欺骗,而使冒充的主机瘫痪;在正式攻击前,使目标主机的日志系统不能正常工作。

在网络上,用户和服务器之间的交互过程是:用户传送信息要求服务器予以确认,服务器接着回复用户,用户收到确认信息后,就可登录服务器。拒绝服务攻击的一般方式为:用户向服务器传送很多要求确认的信息,并且设定虚假地址,要求服务器回复给虚假地址,当服务器试图恢复时,却无法找到用户。通常服务器要等待一段时间,然后再切断连接。服务器切断连接时,黑客再传递新一批需要确认的信息,这个过程周而复始,最终导致服务器崩溃。

按照攻击方式,拒绝服务攻击可以分为资源消耗型、修改配置型、物理破坏型和服务利用型。

(1) 资源消耗型拒绝服务攻击

该类型攻击是指攻击者试图消耗目标的合法资源,例如网络带宽、内存和磁盘空间、CPU 使用率等,从而达到拒绝服务攻击的目的。具体表现为:

- 消耗网络带宽:攻击者有意制造大量广播包或传输大量文件占用有限网络带宽资源,致使合法的用户无法正常使用网络资源,从而实现攻击者的意图。常见方法有:Ping、Finger、Smurf 等。
- 消耗磁盘空间:主要手段是产生大量电子邮件、故意制造出错误的日志信息、故意制造大量垃圾文件、在匿名 FTP 站点的公开目录下或者网络邻居的共享区域下放置大量垃圾文件。
- 消耗 CPU 资源和内存资源:一些系统提供的 CPU 资源和内存资源是由许多进程共用的,攻击者利用系统的特点,任意使用大量 CPU 和内存资源,从而导致系统服务性能下降甚至崩溃。

(2) 修改配置型拒绝服务攻击

计算机配置不当可能造成系统运行不正常甚至根本无法运行。攻击者通过改变或者破坏系统的配置信息来阻止其他合法用户来使用计算机和网络提供的服务，主要手段有：修改路由信息、修改注册表、修改配置文件。

(3) 服务利用型拒绝服务攻击

利用攻击目标的自身资源实现攻击意图，由于被攻击系统具有漏洞和通信协议的弱点，这样就给攻击者提供了攻击的机会。攻击者常用的是 TCP/IP 协议以及目标系统自身的应用软件中的一些漏洞和弱点达到拒绝服务的目的。例如，如果投入使用的 Web Service 有这样一个错误：当出现某个特定类型的错误时，会显示一个消息框，黑客可以利用这一缺陷向计算机发送较少的请求，使该消息框显示出来。这会锁定所有的线程处理请求，因此有效地阻止了其他人访问服务。在 TCP/IP 堆栈中存在很多漏洞，如允许碎片包、大数据包、IP 路由选择、半公开 TCP 连接、数据包洪流等都能降低系统性能，使系统崩溃。

8.1.2 信息收集型攻击

信息收集型攻击并不对目标本身产生危害，这类攻击被用来为进一步入侵提供有用的信息。主要手段包括：扫描、体系结构刺探、利用信息服务等。

1. 扫描

(1) 地址扫描

运用 ping 这样的程序刺探目标地址，对此做出响应的就表示该地址确实存在。

(2) 端口扫描

通过使用一些软件，向大范围的主机连接一系列的 TCP/UDP 端口，扫描软件报告它成功建立了连接的主机所开放的端口。

(3) 反向扫描

目前比较普遍的扫描活动容易被防火墙检测到，攻击者转而使用不会触发防火墙规则的常见消息类型，这些类型包括 RESET 消息、SYN-ACK 消息、DNS 响应包以及一些 ICMP 请求等，然后根据特定的响应消息的特征判断出哪些主机是存在的。

(4) 慢扫描

由于一般扫描检测器的实现是通过监视某个时间段内被连接的数目来决定是否在被扫描，攻击者就降低扫描速度致使扫描检测软件无法识别出扫描。

2. 体系结构探测

攻击者使用具有已知响应类型的数据库的自动工具，对来自目标主机的、对特殊数据包传送所做出的响应进行检查。由于每种操作系统都有其独特的响应方式，通过将此独特的响应与数据库中的已知响应进行对比，攻击者经常能够确定出目标主机所运行的操作系统，从而针对不同的操作系统来实施相应的攻击。

3. 利用信息服务

此类攻击主要利用许多网络服务来实现。

(1) 利用 DNS 域名服务的攻击

上网用户可以利用 IE 来浏览各种 Web 服务，如新闻、电子商务等。攻击者可将用户要浏览的网页的 URL 指向要攻击的服务器，当用户浏览网页时，实际是向攻击的服务器发出请求，那么攻击者就可以达到攻击的目的。

(2) 利用 Finger 服务的攻击

攻击者使用 Finger 命令来刺探一台 Finger 服务器,以获取关于该系统的用户信息。

(3) 利用 LDAP 服务的攻击

在企事业单位范围内实现 LDAP 可以让运行在几乎所有计算机平台上的所有应用程序从 LDAP 目录中获取信息。LDAP 目录中可以存储各种类型的数据,如电子邮件、人力资源数据、联系人列表等,这就使得攻击者可以使用 LDAP 协议窥探网络内部的系统及用户的信息。

8.1.3 其他攻击

1. 利用 Sniffer 技术的攻击

之所以把 Sniffer 称为一种技术,是因为它既可以被攻击者使用,也可以被防御者使用。入侵者通过把计算机的网卡设为混杂模式,可以捕获在网络中传输的数据信息,如此在网络中通过明文传送账户和口令的 HTTP 和 Telnet 协议就可以被侦测并破解。

2. 针对 HTTP 服务的攻击

(1) 利用 Unicode 漏洞进行攻击

IIS4.0 和 IIS5.0 在 Unicode 字符解码的实现中存在一个安全漏洞,导致用户可以远程通过 IIS 执行任意命令。当 IIS 打开文件时,如果该文件名包含 Unicode 字符,会对其进行解码;如果用户提供一些特殊的编码,将导致 IIS 错误地打开或者执行某些 Web 根目录以外的文件。

(2) 利用 Microsoft IIS CGI 文件名错误解码漏洞进行攻击

微软 IIS4.0/5.0 在处理 CGI 程序文件名时存在一个安全漏洞,由于错误地对文件名进行两次解码,攻击者可利用这个漏洞执行任意系统命令。

3. 利用应用层服务的缓冲区溢出的漏洞

高层协议包括 HTTP、FTP、SMTP、POP3 等会存在一些远程缓冲区溢出漏洞。如果提交一个很长的请求,使服务的缓冲区溢出,导致服务器停止响应或取得管理员权限。

4. 木马

木马是“特洛伊木马”黑客软件的简称,它能把程序的服务器端植入目标主机中,通过目标主机上的客户端程序彻底控制目标主机。木马一般由两部分组成,一个是运行于目标主机的程序,称为服务器端程序;另一个是运行于控制端的程序,称为客户端程序。木马可通过手工植入,在网页上提供恶意链接;通过电子邮件、聊天工具等方式植入;或利用操作系统漏洞植入。目前流行的木马有:Bo2000、SubSeven、冰河、黑洞等。

8.2 入侵检测

入侵检测是最近十余年发展起来的一种动态地监控、预防或抵御系统入侵的安全机制。主要通过监控网络、系统运行行为以及系统的使用情况,来检测系统用户的越权使用以及系统外部的入侵者利用系统的安全缺陷对系统进行入侵的企图。和传统的预防性安全机制比较，入侵检测是一种事后处理的方案，具有智能监控、实时探测、动态响应、易于配置等特点。由于入侵检测所需要的分析数据源仅是记录系统活动轨迹的审计数据，所以入侵检测几乎适用于所有的计算机系统。入侵检测技术的引入使得网络、系统的安全性得到进一步的提高。

8.2.1 历史及基本概念

入侵检测系统(IDS)的研究最早可追溯到James Aderson在1980年的工作。他首先提出了入侵检测的概念。他将入侵定义为："潜在的、有预谋的、未经授权的访问操作，致使系统不可靠或无法使用的企图。"1987年，D. E. Denning首次给出了入侵检测的抽象模型，并将入侵检测作为一种新的安全防范措施提出。

早期的IDS系统都是基于主机的系统。为了检测用户对数据库的异常访问，1986年在IBM主机上用COBOL开发的Discocery系统可以说是最早的IDS雏形之一。1988年，Teresa Lunt等人进一步改进了Denning提出的入侵检测模型，并提出了入侵检测专家系统(IDES)模型，该系统用于检测单一主机的入侵企图。

入侵检测系统(IDS)就是能够通过分析系统安全相关数据来检测入侵活动的系统。一般来说，入侵检测系统在功能结构上基本一致，均由数据采集、数据分析以及用户界面等几个功能模块组成，只是具体的入侵检测系统在分析数据、采集数据的方法以及采集数据的类型等方面有所不同。面对入侵攻击的技术、手段持续变化的状况，IDS必须能够维护一些与检测系统的分析技术相关的信息，使检测系统能够确保检测出对系统具有威胁的恶意事件。这类信息一般包括：

- 系统、用户以及进程行为的正常或异常的特征轮廓。
- 标识可疑事件的字符串，包括关于已知攻击和入侵的特征签名。
- 针对各种系统异常情况以及攻击行为采取相应措施所需的信息。

这些信息以安全的方式提供给用户的IDS系统，有些信息还要定期升级。

基于主机系统的主体特征轮廓、系统对象、审计日志、异常记录以及活动规则等的检测系统模型是最典型的系统设计模型。具体实现时，多采用基于规则的模式匹配算法，通过审计与主体特征轮廓的匹配程度来检测在系统登录、程序执行以及文件存取时的入侵攻击或资源滥用。

1990年，出现了新的概念：基于网络的入侵检测(NSM)。NSM与此前的基于主机的IDS系统相比，最大的不同在于它并不检测主机系统的审计记录，而是通过在局域网上主动监视网络信息流量来追踪可疑行为。

美国国际计算机安全协会(ICSA)对入侵检测的定义是：通过从计算机网络或计算机系统中的若干关键点收集信息并对其进行分析，从中发现网络或系统中是否有违反安全策略的行为和遭到入侵的迹象的一种安全技术。违反安全策略的行为有入侵(非法用户的违规行为)和滥用(合法用户的违规行为)。

入侵检测系统的应用能使在入侵攻击对系统产生危害前，检测到入侵攻击，并利用报警与防护系统驱逐入侵攻击。在入侵攻击过程中，能减少入侵攻击所造成的损失。在入侵攻击后，收集入侵攻击的相关信息，作为防范系统的知识，添加到知识库中，以增强系统的防范能力。

入侵检测系统的主要功能包括：

(1) 检测并分析用户和系统的活动。

(2) 核查系统配置和漏洞。

(3) 评估系统关键资源和数据文件的完整性。

(4) 识别已知的攻击行为。

(5) 统计分析异常行为。

(6) 对操作系统日志进行管理，并识别违反安全策略的用户活动。

根据系统所监测的对象，可将入侵检测系统分为：基于主机的入侵检测系统(HIDS)和基于网络的入侵检测系统(NIDS)。

根据采用的检测技术可将入侵检测系统分为两类：异常检测系统和特征检测系统。其中，异常检测的假设是入侵者活动异常于正常主体的活动，建立正常活动的“活动简档”，当前主体的活动违反其统计规律时，认为可能是“入侵”行为。特征检测假设入侵者活动可以用一种模式来表示，系统的目标是检测主体活动是否符合这些模式。

根据系统的时效性可将入侵检测系统分为两类：离线检测系统和在线检测系统。离线检测系统属于非实时系统，它在事后分析审核事件，从中检查入侵活动。在线检测系统是实时监测系统，包括对网络数据包的实时分析和主机上活动进程的实时分析，对系统资源的要求比较高。

评估入侵检测系统性能的主要指标包括以下几点。

- 可靠性：系统具有容错能力且可连续运行。
- 可用性：系统开销要最小，不会严重降低网络性能。
- 可测性：通过攻击可以检测系统运行。
- 适应性：对系统来说必须是易于开发的，可添加新功能，能随时适应系统环境的改变。
- 实时性：系统能尽快地察觉入侵企图以便制止和限制破坏。
- 准确性：检测系统具有低的虚警率和漏警率。
- 安全性：检测系统必须难于被欺骗且能够保证自身安全。

8.2.2 入侵检测系统的体系结构

入侵检测是检测计算机网络和系统以发现违反安全策略事件的过程。作为入侵检测的系统至少应该包括 3 个功能模块：提供事件记录流的信息源、发现入侵迹象的分析引擎和基于分析引擎的响应部件。下面参照 DARPA(美国国防部高级研究计划署)提出的 CIDF(公共入侵检测框架)进行讨论。

CIDF 阐述了一个入侵检测系统通用模型，即入侵检测系统可分为 4 个组件：事件产生器、事件分析器、响应单元和事件数据库。CIDF 将需要分析的数据统称为事件，它可以是网络中的数据包，也可以是从系统日志等其他途径得到的信息。

- 事件产生器的目的是从整个计算环境中获得事件，并向系统的其他部分提供此事件。
- 事件分析器分析得到的数据，并产生分析结果。

● 响应单元则是对分析结果做出反应的功能单元,它可以做出切断连接、改变文件属性等强烈反应,也可以简单地报警。

● 事件数据库是存放各种中间和最终数据的地方的统称,它可以是复杂的数据库,也可以是简单的文本文件。

在这个模型中,前 3 个组件以程序的形式出现,而最后一个组件则往往是文件或数据库的形式。它们在入侵检测系统中的位置和相互关系如图 8.1 所示。

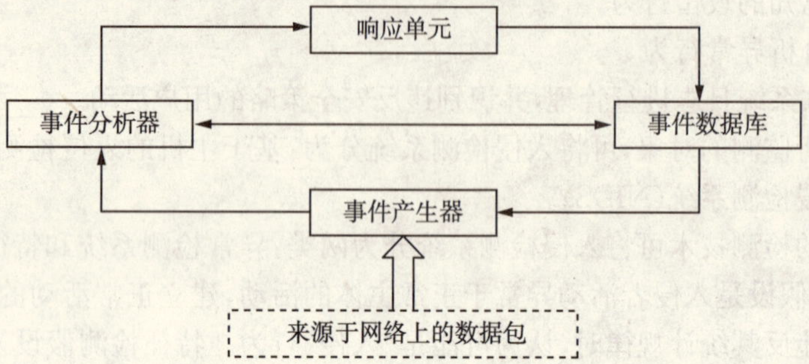

图 8.1　入侵检测系统的通用模型

1. 事件产生器

入侵检测的第一步是信息收集。收集的内容包括整个计算机网络中系统、网络、数据及用户活动的状态和行为,这是由事件产生器来完成的。入侵检测在很大程度上依赖于信息收集的可靠性、正确性和完备性。因此,要确保采集、报告这些信息的软件工具的可靠性,即这些软件本身应具有相当高的坚固性,能够防止被篡改而收集到错误的信息。否则,黑客对系统的修改可能使系统功能失常,但看起来却跟正常的系统一样,也就丧失了入侵检测的作用。

根据入侵检测的信息来源不同,可以将入侵检测系统分为以下两类。

(1) 基于主机的入侵检测系统(HIDS)

主要用于保护运行关键应用的服务器。它通过监视与分析主机的审计记录和日志文件来检测入侵行为。日志中包含发生在系统上的不寻常和不期望活动的证据,这些证据可以指出有人正在入侵或已成功入侵了本系统。一旦发现这些文件发生任何变化,IDS 将比较新的日志记录与攻击签名以发现它们是否匹配。如果匹配的话,监测系统就向管理员发出入侵报警并且采取相应的行动。通过查看日志文件,能够发现成功的入侵或入侵企图,并很快地启动相应的应急响应程序。

(2) 基于网络的入侵检测系统(NIDS)

主要用于实时监控网络关键路径的信息。通过侦听网络上的所有数据包来采集数据,使用原始的网络数据包作为进行攻击分析的数据源。一般利用一个网络适配器来实时监视和分析所有通过网络进行传输的通信。一旦检测到攻击,应答模块通过通知、报警以及中断连接等方式来对攻击做出反应。

一般来说,基于网络的入侵检测系统一般处于网络边缘的关键节点处,负责拦截在内部网络和外部网络之间传输的数据包,使用的主机是为其专门配置的;而基于主机的入侵检测系统则只对系统所在主机负责,而且其主机并非专门为其配置。上述两种入侵检测系围绕它的实用性和有效性做一些优化。因此,使用模式匹配技术检测入侵行为比使用专家系统更有效。

2. 基于行为的入侵检测

基于行为的检测认为,入侵攻击活动与系统(或用户)的正常活动之间存在偏差。这类检测系统的基本思想是:通过对系统审计日志数据的分析建立起系统主体(单个用户、一组用户、主机甚至是系统中的某个关键的程序和文件等)的正常行为特征轮廓;检测时,如果系统中的审计日志数据与已建立的主体正常行为特征有较大出入,就认为系统遭到入侵。特征轮廓是借助主体登录的时刻、位置、CPU 的使用时间以及文件的存取属性等,来描述主体的正常行为特征。当主体的行为特征改变时,对应的特征轮廓也相应改变。

目前这类入侵检测系统在实现上多采用统计、专家系统、神经网络以及计算机免疫等技术。

(1) 统计

构建基于行为的入侵检测系统的最常用的技术就是利用统计理论提取用户或系统正常行为的特征轮廓。统计特征轮廓通常由主体特征变量的频度、均值、方差、被监控行为的属性变量的统计概率分布以及偏差等统计量来描述。典型的系统主体特征有:系统的登录与注销时间、资源被占用的时间以及处理器、内存和外设的使用情况等。至于统计的抽样周期可以从短到几分钟到长达几个月甚至更长。基于统计特征轮廓的异常性检测器,通过对系统审计日志中的数据进行统计处理,并与描述主体正常行为的统计特征轮廓进行比较,然后根据两者的偏差是否超过指定的阈值来进一步判断、处理。许多入侵检测系统都采用了这种统计模型。

(2) 专家系统

基于行为的入侵检测系统也常用专家系统来实现。这些系统中多用规则来描述用户(或系统)行为的特征轮廓,所谓规则是一组用于描述主体每个特征的合法取值范围与其他特征的取值之间关系的表达式。典型的系统是时间推理机(TIM),一种使用规则的异常性检测系统,它使用归纳法来生成规则,这些规则在系统的学习阶段可动态修改。如果通过大量的观测,一些规则具有较高的预测性或者能够被确认,则把它们放入规则库中。系统采用信息熵的模型计算规则的预测概率。TIM 为了使规则集能够真实反映系统的典型行为以及方便管理,允许在系统的生命周期内修改规则集。

专家系统对具有使用规范的系统来说非常有效,但处理大量的审计数据时,不如统计方法有效。

(3) 神经网络

神经网络具有自学习、自适应的能力,只要提供系统的审计日志数据,神经网络就可以通过自学习从中提取正常的用户或系统活动的特征模式,而不需要获取描述用户行为特征的特征集以及用户行为特征测度的统计分布。因此,避开了选择统计特征的困难问题,使如何选择一个好的主体属性子集的问题成了一个不相关的事,从而使其在入侵检测中也得到了很好的应用。

(4) 基于系统关键程序的安全规格描述方法

基于安全规格说明的监控技术是一种新的入侵检测方法,其思想是为系统中的安全关键程序(如特权程序)编写安全规格说明,用来描述这些关键程序正常的、合乎安全要求的行为;并对这些程序的执行进行监控以检测它们是否违背了安全规格说明的要求。系统关键程序的安全规格说明取决于程序的功能以及系统的安全策略。一个程序行为与系统安全性有关的特征主要有:

- 系统资源的存取控制,程序对系统对象的存取权限是有限的;
- 操作持续,程序在执行过程中,一些事件的发生有先后的持续关系;
- 系统中并发、并行程序执行过程中,多个进程间的同步关系等。

而入侵者对这个程序的执行将会违背程序正常执行的上述特征。审计日志的分析系统从审计日志中提取程序的执行轨迹,检测程序的执行操作是否违背了程序执行轨迹的安全性规则。

具体地说,安全规格说明是关于一个或多个程序执行时合法操作序列的描述。一个程序的合法操作序列借助于操作系统作为符号集的语法规则进行描述。在一个程序执行过程中,对应的一系列操作如果不在程序安全规格说明的操作序列之内,就认为这个程序的执行活动违背了系统安全规则。由于程序的安全规格说明取决于程序的功能及系统的安全策略,而与程序中的缺陷无关,因而基于规格说明的监控技术可以检测出那些利用该程序中未知缺陷对系统进行攻击的行为。

(5) 计算机免疫技术

当系统的一个关键程序投入使用后,它的运行情况一般变化不大,与系统用户行为的易变性相比,具有相对的稳定性。因而可以利用系统进程正常执行轨迹中的系统调用短序列集,来构建系统进程正常执行活动的特征轮廓。由于利用这些关键程序的缺陷进行攻击时,对应的进程必然执行一些不同于正常执行时的代码分支,因而就会出现关键程序特征轮廓中没有的系统调用短序列。当检测到特征轮廓中不存在的系统调用序列的量达到某个条件后,就认为被监控的进程正企图攻击系统。

如果能够获得程序运行的所有情况的执行轨迹,那么所得到的程序特征轮廓会很好地刻画程序的特征,而基于它的检测系统就会具有很低的虚警率。但采用这种方法,检测不出那些能够利用程序合法活动获取非授权存取的攻击。

总之,通过上面几种类型的基于行为的入侵检测系统的介绍,可以了解该种技术是一种在不需要操作系统及其安全性缺陷专门知识的情况下检测入侵的方法,同时它也是检测冒充合法用户入侵的有效方法。但在许多环境中,为用户建立正常行为模式的特征轮廓和对用户活动的异常性报警的阈值的确定都比较困难。因为并不是所有入侵者的行为都能够产生明显的异常性,所以在入侵检测系统中,仅使用基于行为异常性的检测技术不可能检测出所有的入侵行为。而且,有经验的入侵者还可以通过缓慢的改变他的行为,来改变入侵检测系统中的用户正常行为模式,使其入侵行为逐步变为合法。

3. 基于入侵知识检测与基于行为检测的比较

基于入侵知识检测和基于行为入侵检测,这两种入侵检测方法各有特色:前者从获取已知入侵知识的角度,对系统的行为进行分析,以发现已知的入侵;后者则从获取被保护对象的正常行为特征等相关知识的角度来考虑,根据这些系统正常行为知识,来识别由于入侵攻击所造成的对象行为异常。可以从下面几个角度来对比两种检测技术。

(1) 知识的获取

为检测系统中的入侵行为,需要获取针对系统的可能入侵攻击的知识或关于系统已知或期望的行为知识。如果一个基于入侵知识的入侵检测系统能够检测所有针对被保护系统的入侵攻击,那么该入侵检测系统就必须获得关于所有可能攻击的先验知识,不仅需要知道一个攻击的细节,而且还必须有该类攻击特征的更抽象的模式。基于行为检测的入侵检测系统则必须具有被保护系统预期行为的所有知识,才能够检测出针对系统的所有攻击。

(2) 配置的方便性

一般来说,基于知识的入侵检测系统,比基于行为的入侵检测易于配置。因为后者一般需要更多的数据收集、分析和更新,需要用户发掘、理解、表述以及管理他们系统的预期行为,某些系统为用户提供的定制系统行为的功能在增强系统配置灵活性的同时,也增加了系统配置的复杂性。

(3) 数据报告

基于知识的入侵检测系统,一般根据模式匹配技术来判断某个特定的签名或某些与签名有关的数据的出现与否,给出相应的报警信息。而基于行为的入侵检测系统,则一般根据系统的实际行为与预期行为的统计相关性,给出系统行为是否是异常的报告,在检测系统已知的系统预期行为集合之外的行为都将认为是异常行为。

(4) 报告的精确性

事实上,不可能获得系统行为以及可能入侵知识的所有知识,要想检测所有的入侵攻击只是一个理想。因而,现有的系统不论采用哪种检测方法都会有一定程度的漏警或虚警。基于知识的检测技术由于知识的获取的不完善,只能检测出那些已知的入侵活动,也就是说基于知识的检测系统必须考虑漏警现象。而在基于行为的检测系统中,若系统预期行为集合不能够描述系统的所有正常行为,那么系统在检测时,也会出现漏警现象。

8.3 入侵防御

为应对网络安全事件频发,如大规模蠕虫和 DoS 攻击等,人们研究提出了防火墙和入侵检测技术(IDS),这两种技术已经大规模应用并取得了不错的应用效果。但传统的防火墙和 IDS 有着自身的明显缺点。根据 Vandyke Software 2003 年的调查显示,在当前网络安全事件的受害者中,86%的用户使用了防火墙,42%的用户使用了入侵检测系统。可见,仅使用防火墙和 IDS 已无法满足目前网络安全的需求。在此背景下,人们提出了入侵防御系统(IPS,Intrusion Prevention System)的概念。IPS 是一种主动防御的解决方案,它可以阻止由防火墙漏掉的或 IDS 只能检测而不能处理的安全事件,从而减少因安全事件而受到的损失,增强系统和网络的性能和可用性。

8.3.1 入侵防御系统的概念及其特点

入侵防御系统(IPS)为任何能够检测已知和未知攻击并且在没有人为的干预下能够自动阻止攻击的硬件或软件设备。其结合使用多种算法阻塞恶意行为,可以基于特征阻塞已知攻击，同时还可以利用防病毒和 IDS 使用的那些方法（策略、行为和基于异常的检测算法）阻塞攻击。

IPS 与防火墙、IDS 不同，它是一个能够对入侵进行检测和响应的主动防御系统，其有如下 4 个特点：

● 完善的分析机制。入侵防御系统必须具有智能性，它能够使用一些异常检测组件区别恶意和正常的行为。这些组件可根据一系列成熟且动态变化的标准和特征全面分析系统和通信行为。这种机制可自适应动态变化。

● 状态信息的收集。入侵防御系统可识别所处的网络环境，并把得到的网络环境状态反馈给分析引擎。

● 自动响应。除了检测和识别可疑行为，入侵防御系统能够对检测到的情况自动做出响应动作，阻止恶意代码进入安全区域或阻止恶意代码的执行。

● 响应快速。当攻击发生时，入侵防御系统必须能快速地进行响应，以免入侵已经成功。

8.3.2　入侵防御系统的分类

入侵防御系统通常分为：基于主机的入侵防御系统（HIPS，Host-based Intrusion Prevention System）、基于网络的入侵防御系统（NIPS，Network-based Intrusion Prevention System）。

1. 主机入侵防御系统

主机入侵防御系统（HIPS）是直接安装在受保护的机器上的程序，检测并阻挡针对本机的威胁和攻击。它与操作系统内核紧密地捆绑在一起，监视和窃听 APIs 或到内核的系统调用，阻挡攻击，并记录日志。同时，它还监视针对某一特殊应用的数据流和环境变化，例如 Web 服务器的文件位置及注册表设置，保护应用程序免受那些目前还没有特征的攻击。进出这个特殊系统的通信和应用程序、操作系统的行为将被监视和检查，判断其是否存在攻击迹象。

HIPS 不仅可以保护操作系统，还可以保护在其上运行的应用程序，例如 Web 服务器。当检测到攻击，HIPS 软件程序要么在网络接口层阻断攻击，要么向应用程序或操作系统发出命令，停止攻击所引起的行为。例如，通过禁止恶意程序的执行，可以防止缓冲区溢出攻击（Buffer Overflow Attack），这些程序是被攻击者植入到被侵入（exploited）的地址空间的。通过拦截和拒绝 IE 发出的写文件（write file）命令，可以阻挡攻击者试图通过像 IE 这样的应用程序安装后门程序（Back Door）。

这种方法带来的缺点就是，与主机的操作系统必须紧紧地集成在一起，一旦操作系统升级，将会带来问题。

因为 HIPS 代理窃听所有受到保护主机的请求，所以必须的前提就是不能影响系统的性能，并且不会阻挡正常合法的通信。如果 HIPS 不能满足这些最小需求的话，不管它如何有效阻挡攻击，都不能部署在主机上。

HIPS 通过在主机或服务器上安装软件代理程序，防止网络攻击入侵操作系统以及应用程序。基于主机的入侵防护能够保护服务器的安全弱点不被不法分子所利用。基于主机的入侵防护技术可以根据自定义的安全策略以及分析学习机制来阻断对服务器、主机发起的恶意入侵。HIPS 可以阻断缓冲区溢出、改变登录口令、改写动态链接库以及其他试图从操作系统夺取控制权的入侵行为，整体提升主机的安全水平。

在技术上，HIPS 采用独特的服务器保护途径，利用由包过滤、状态包检测和实时入侵检测组成分层防护体系。这种体系能够在提供合理吞吐率的前提下，最大限度地保护服务器的敏感内容，既可以以软件形式嵌入到应用程序对操作系统的调用当中，通过拦截针对操作系统的可疑调用，提供对主机的安全防护；也可以以更改操作系统内核程序的方式，提供比操作系统更加严谨的安全控制机制。

由于 HIPS 工作在受保护的主机或服务器上，它不但能够利用特征和行为规则检测，阻止诸如缓冲区溢出之类的已知攻击，还能够防范未知攻击，防止针对 Web 页面、应用和资源的未授权的任何非法访问。HIPS 与具体的主机服务器操作系统平台紧密相关，不同的平台需要不同的软件代理程序。

HIPS 具有如下优点：

● 软件直接安装在系统上，可以保护系统免受攻击，例如阻断程序写文件，阻止用户特权的升级。

● 当移动系统依附在受保护网络的外部时，保护它们免受攻击。蠕虫病毒主要是无线上网的笔记本电脑带入受保护网络。为移动的系统装一个 NIPS 是不实际的。

● 保护系统免受本地攻击。可以物理(直接)访问系统的人，可以通过执行软盘、CD 或本地的程序，发动本地攻击。这些攻击通常是为了把用户权限提升到超级用户(root)或管理员(administrator)的权限，便于危及网络中的其他系统。

● 提供最后一道防线(Last line of defense)，免受于逃过其他安全工具检测的攻击。目标受害者系统本身是安全人员防止系统受危及的最后一个防御点。

● 防止相同网段上的系统、设备免受内部攻击或滥用，NIPS 只能保护在不同网段间移动的数据。在同网段系统间发动的攻击只能被 HIPS 检测到。

● 保护系统免受于加密的攻击，受保护系统正是加密数据流的终点。HIPS 等加密的数据在本机解密后，检查数据及其行为或系统的活动。

● HIPS 独立于网络体系结构；允许需要保护的系统位于过时的或不常用的网络体系，如同令牌环网(Token Ring)、FDDI 等。

2. 网络入侵防御系统

网络入侵防御系统(NIPS)与受保护网段是串联部署的。受保护的网段与其他网络之间交互的数据流都必须通过 NIPS 设备。当通信(指网络流量)通过 NIPS 时，通信将被监视是否存在攻击。各种系统的攻击检测机制是不一样的，但是最精确的系统通常集成了多种技术，可以达到很高的攻击和误用检测水准。极高的精确性和高级别的性能，对有效的 NIPS 是至关重要的，因为攻击的误报将导致合法的通信被阻断，也就是可能出现拒绝服务(DoS)的情形。高性能是保证合法通信通过 NIPS 时不会延迟。当检测到攻击时，NIPS 丢弃或阻断含有攻击性的数据，进而阻断了攻击。

NIPS 兼有 IDS、防火墙和反病毒等安全组件的特性，有时亦被称为内嵌式(inline) IDS 或网关式(Gateway) IDS。尽管下一代防火墙—深层检测(Deep Inspection)防火墙还不能成为主流网络安全设施，但也有同 NIPS 相似的特性。正如一个典型的防火墙，NIPS 至少必须有两个网卡,一个连接内部网络,另一个连接外部网络。当数据包经过任何一个网卡接口,NIPS 将把它们传递到检测引擎。在这一点上,IPS 的检测引擎同任何 IDS 一样,将确定此包是否包含威胁网络安全的特征。

但是,与 IDS 不同的是,当检测到一个恶意的数据包时,IPS 不但发出警报,还可以丢弃此包,或阻断此会话(Session)。当该特殊 TCP 会话流的其他数据包到达 NIPS 时,数据包将被立即丢弃。合法数据包通过另一个接口传递到目的主机。

真正的 NIPS 是内嵌在网络的主干线上,所有进出的数据包都要通过它。因此,一旦发现攻击或检测到可疑的数据包,就可以丢掉数据包,而且如果是 TCP 会话,那么整个会话也可以被认为是可疑的网络通信。当然还可以进一步采取措施,如 TCP 重置(reset),或发送 ICMP 不可达消息到攻击者的主机。

NIPS 通过检测流经的网络流量,提供对网络系统的安全保护。由于它采用在线连接方式,所以一旦辨识出入侵行为,NIPS 就可以去除整个网络会话,而不仅仅是复位会话。

在技术上,NIPS 吸取了目前 NIDS 所有的成熟技术,包括特征匹配、协议分析和异常检测。特征匹配是最广泛应用的技术,具有准确率高、速度快的特点。基于状态的特征匹配不但检测攻击行为的特征,还要检查当前网络的会话状态,避免受到欺骗攻击。

协议分析是一种较新的入侵检测技术,它充分利用网络协议的高度有序性,并结合高速数据包捕捉和协议分析,来快速检测某种攻击特征。协议分析正在逐渐进入成熟应用阶段。协议分析能够理解不同协议的工作原理,以此分析这些协议的数据包,来寻找可疑或不正常的访问行为。协议分析不仅仅基于协议标准(如 RFC),还基于协议的具体实现,这是因为很多协议的实现偏离了协议标准。通过协议分析,IPS 能够针对插入(Insertion)与规避(Evasion)攻击进行检测。异常检测的误报率比较高,NIPS 不将其作为主要技术。

总的来说,NIPS 具有如下优点:

● 单个通信(流量)控制点可以保护成千的位于 NIPS 下面的系统。这样,组织、企业就可以很快改变网络规模和更加灵活改变网络的体系结构。

● NIPS 设备像单个探测器(sensor)易于部署,可以保护成百上千的系统。部署几个或几十个探测器比在成百上千的系统上安装软件,要省去多得多的时间和精力。

● 提供一个更宽的视野,可以发现威胁情形,例如扫描、探测、攻击基于非单一系统的设备。通过工作在网络层,NIPS 比 HIPS 具有更宽的发现威胁的视野。有了这个全局的战略性的高度,更容易发现威胁环境,更容易采用安全管理,主动保护实时变化的网络环境。

● 保护非计算机类的网络设备。并非所有的攻击都是针对受 HIPS 保护的、运行操作系统的计算机。例如,路由器、防火墙、VPN 网关、打印机等,都是很容易受攻击的,它们都需要保护。

● 与平台无关。HIPS 对于所有网络中的系统不一定都能适用,例如保护不常用的操作系统或应用程序。而 NIPS 则不一样,可以保护所有设备,不管是什么的操作系统或应用程序。

● 防止网络拒绝服务攻击(DoS)、分布式拒绝服务攻击(DDoS)、面向带宽的(Bandwidth-oriented)攻击、同步洪水(SYN flood)攻击。攻击的一种形式就是向网络发送大量的洪水般的无关的通信,造成网络对授权的(合法的)用户不可用,或网络性能大幅度降低。工作在网络层,NIPS 可以保护系统免受于这些类型的攻击。

【习题 8】

1. 什么是入侵检测和入侵防御?
2. 入侵检测系统的主要功能包括哪些? 其如何分类?
3. 简述入侵检测系统的通用模型,并画出其示意框图。
4. 简述基于入侵知识检测和基于行为检测的原理。
5. 什么是主机入侵防御系统? 它有什么特点?
6. 什么是网络入侵防御系统? 它有什么特点?

第9章 数据库与数据安全

随着计算机技术的飞速发展，数据库的应用十分广泛，深入到各个领域，但随之而来产生了数据的安全问题。各种应用系统的数据库中大量数据的安全问题、敏感数据的防窃取和防篡改问题，越来越引起人们的高度重视。数据库系统作为信息的聚集体，是计算机信息系统的核心部件，其安全性至关重要，关系到企业兴衰、国家安全。因此，如何有效地保证数据库系统的安全，实现数据的保密性、完整性和有效性，已经成为业界人士探索研究的重要课题之一，本章就数据库与数据安全的基本概念、理论和安全模型，作简要地介绍和讨论。

9.1 概 述

9.1.1 数据库安全概述

随着计算机和网络应用的普及，数据库管理系统（DBMS：Database Management System）应用范围的不断扩大，信息安全问题在数据库领域的表现也越来越突出。在利用数据库实现数据共享，使日常生活、工作的信息交流更加方便、快捷的同时，数据库系统的安全问题也日趋复杂和重要。

数据库系统诞生的直接动力是大量数据的管理与共享，与网络信息安全存在的根本原因一致，系统产生之初对信息安全缺乏考虑，造成了其在安全性方面有其天生的弱点和问题。因此，随着对信息安全研究的深入，数据库系统的安全研究工作也不断向前发展，出现了大量新问题，也取得了大量的研究成果和进展。

9.1.2 数据库技术的发展

数据库技术最初产生于20世纪60年代中期，根据数据模型的发展，可以划分为三个阶段：第一代的网状、层次数据库系统；第二代的关系数据库系统；第三代的以面向对象模型为主要特征的数据库系统。

第一代数据库的代表是1969年IBM公司研制的层次模型的数据库管理系统IMS和20世纪70年代美国数据库系统语言协商CODASYL下属数据库任务组DBTG提议的网状模型。层次数据库的数据模型是有根的定向有序树，网状模型对应的是有向图。这两种数据库奠定了现代数据库发展的基础。这两种数据库具有如下共同点：①支持三级模式（外模式、模式、内模式）。保证数据库系统具有数据与程序的物理独立性和一定的逻辑独立性；②用存取路径来表示数据之间的联系；③有独立的数据定义语言；④导航式的数据操纵语言。

第二代数据库的主要特征是支持关系数据模型（数据结构、关系操作、数据完整性）。关系模型具有以下特点：①关系模型的概念单一，实体和实体之间的联系用关系来表示；②以关系数学为基础；③数据的物理存储和存取路径对用户不透明；④关系数据库语言是非过程化的。

第三代数据库产生于20世纪80年代，随着科学技术的不断进步，各个行业领域对数据库技术提出了更多的需求，关系型数据库已经不能完全满足需求，于是产生了第三代数据库。主要有以下特征：①支持数据管理、对象管理和知识管理；②保持和继承了第二代数据库系统的技术；③对其他系统开放，支持数据库语言标准，支持标准网络协议，有良好的可移植性、可连接性、可扩展性和互操作性等。第三代数据库支持多种数据模型（比如关系模型和面向对象的模型），并和诸多新技术相结合（比如分布处理技术、并行计算技术、人工智能技术、多媒体技术、模糊技术），广泛应用于多个领域（商业管理、GIS、计划统计等），由此也衍生出多种新的数据库技术。

分布式数据库允许用户开发的应用程序把多个物理分开的、通过网络互联的数据库当作一个完整的数据库看待。并行数据库通过 cluster 技术把一个大的事务分散到 cluster 中的多个节点去执行，提高了数据库的吞吐和容错性。模糊数据库是存储、组织、管理和操纵模糊数据库的数据库，可以用于模糊知识处理。

随着科学技术的发展，计算机技术不断应用到各行各业，数据存储不断膨胀的需要，对未来的数据库技术将会有更高的要求。

9.1.3 数据库系统安全问题

数据库是当今信息社会中数据存储和处理的核心，其安全性对于整个信息安全极为重要。首先，数据库安全对于保护组织的信息资产非常重要；其次，保护数据库系统所在网络系统和操作系统非常重要，但仅仅如此远不足以保证数据库系统的安全；此外，数据库安全的不足不仅会损害数据库本身，而且还会影响到操作系统和整个网络基础设施的安全；最后，数据库是电子商务、电子政务、ERP 等关键应用系统的基础，它的安全也是这些应用系统的基础。

原则上，凡是造成对数据库内数据（包括敏感、非敏感的信息）的非授权访问——读取、增加、删除、修改等，都属于对数据库的数据安全造成了威胁或破坏。另一方面，凡是业务需要访问数据库，而授权用户不能正常得到数据库的数据服务时，也称之为对数据库的安全形成了威胁或破坏。

1. 数据库系统安全与操作系统安全

数据库管理系统（DBMS）作为操作系统（OS）的应用程序，其库文件可以看作操作系统上的一个客体，其应用进程又是操作系统的主体。因此，数据库的安全是以操作系统的安全为基础的，没有操作系统的安全，绝对谈不上数据库的安全；反之，并不是说有了安全的操作系统，就能绝对保证数据库的安全。这是因为，操作系统的安全与数据库的安全存在如下区别。

(1) 客体粒度不同。操作系统的客体是以文件为单位的,而数据库中的客体可分为库、关系、元组、字段,粒度更细。

(2) 访问模式不同。数据库一大特点是多种数据类型,需要多种访问模式(如:统计模式,管理模式)。在OS级只有物理访问(读、写、执行)。

(3) 数据间的语义互相关联。数据库中的数据具有一个语义并通过语义关系关联。因此,根据客体内容、上下文和访问历史,应使用不同类型的访问控制保证安全需求的正确实现,避免有关数据语义正确性的安全破坏即推理攻击。

(4) 数据库中的超级数据。在DBMS中,存在超级数据,也叫元数据,提供数据库中数据的结构信息。元数据通常存储在与数据隔离的数据字典中。例如,在关系数据库中,元数据描述属性、属性的域、属性间的关系及数据库划分的位置。同普通数据一样,元数据需要保护。事实上,元数据可提供关于数据库内容的敏感信息(数据类型和关系),并能作为对底层数据访问控制的方法。在OS中没有元描述。

(5) 逻辑和物理对象。OS中的客体是物理对象(如文件、设备、内存、进程),而DBMS中的客体是逻辑对象(如关系、视图)。DBMS逻辑对象独立于OS物理对象,因此需要面向数据库对象保护的特定安全机制。

(6) 动态和静态数据。由OS管理的客体是静态的,并对应着实际的对象。在数据库中,客体是可以被创建的(如查询结果),可能不对应实际对象。例如,在关系数据库中视图是动态创建的,从数据库中实际存储的关系导出的虚拟关系。对于这些动态客体,必须提供特定的保护。

(7) 多级事务。在一个DBMS中,通常需要执行包含不同安全级别数据的事务。DBMS必须保证多级事务以安全的方式运行。在OS级只有基本操作(如读、写、执行),涉及的数据具有相同级别。

(8) 数据生命周期。在数据库中的数据有很长的生命周期,DBMS必须保证数据在整个生命周期内的安全。

2. 数据库系统安全的特定问题

有些安全问题对操作系统来说是老问题,而对数据库系统来说是新问题,例如:

(1) 安全级的完整性。由于数据库系统中的安全级分配粒度更小,如何保证不会引起由安全级带来的隐通道。

(2) 多级数据库的恢复问题。在恢复过程中不能带来信息的错误流动。

(3) 访问拒绝策略。如何防止由访问拒绝引起的信息泄露。

(4) 隐通道。不同环境、不同粒度上的隐通道分析。

(5) 支持安全的开发工具。

有些则是数据库特定的问题,例如:

(1) 分级工具的开发。数据库中数据的相互依赖性强,使得手工划分和验证数据安全等级不能保证等级模式的正确性、一致性。这样,有必要开发帮助划分数据等级和保证等级模式正确性的软件工具。

(2) 多级事务处理。由于数据库中数据是分级的,则事务同样需要根据主体的级别具有一定的访问级别。这样,不同级别事务间的信息流动控制就更加复杂。

(3) 推理攻击问题。“推理”是指用户通过间接的方式获取本不该获取的信息。推理控

6. 多级安全代理模型

此种模型基于数据库的三级模式依次划分对应代理模型的三个层次，并赋予相应的代理安全级别，其三个层次分别为委托代理、安全代理、数据代理。每一种代理都受到严格的控制和权限给予。多级安全代理模型在安全管理方面采用三层代理各自独立的安全策略，把系统管理员分为数据库管理员、数据库安全管理员、数据库审计员三类。数据库管理员负责自主存取控制及系统维护与管理方面的工作，数据库安全管理员负责强制存取控制，数据库审计员负责系统的审计，他们各行其责，相互制约，可靠地保证了数据库的安全性。三个条件都满足时，多级安全代理模型才执行用户的操作请求，如果一个不满足要求，所提出的权限请求将被拒绝执行。我们所说的传统的安全模型存在隐秘通道，就是说利用本不传送数据的通道对数据库操作来达到某些恶意目的，而且这些通道往往不易被系统和防御软件所检测和控制，给数据库资源留下了安全隐患。例如，受到黑客的攻击和特洛伊木马的控制，使数据库的安全受到巨大的威胁。多级安全代理数据库模型对此加强了改进，特别是对隐秘通道进行有效识别方面，并且对一些定时出现危险的通道也能及时控制，能够有效地解除隐患和防患于未然。在此方面多级安全代理模型能够有效地防止利用通道对数据库的恶意攻击，是前面几种安全模型所不及的。

9.2.3　主要模型

1. Bell-La Padula 模型

(1) 基本概念

Bell-La Padula 模型(BLP)是一种访问控制模型，它通过制订主体对客体的访问规则和操作权限来保证系统的安全性。BLP 模型中基本的安全控制方法有两种。

一种是自主访问控制(DAC)：它是一种普遍采用的访问控制手段。它使用户可以按自己的意愿对系统参数作适当修改，以决定哪些用户可以访问他们的系统资源。这里的“自主”，即资源的所有者可以决定对资源的访问权，而且这种访问权可以按“工作需要”的原则动态地转让和回收。它往往用以限制数据在同一密级或同一部分内未经许可的流动。自主访问控制有多种方法，如权力表、口令、访问控制表等。

另一种是强制访问控制(MAC)，它是一种强有力的访问控制手段。它使用户与文件都有一个固定的安全属性，系统利用安全属性来决定一个用户是否可以访问某种资源。这种访问控制方式也叫指定型访问控制方式，它对用户、资源按密级和部门进行划分，对访问的类型也按读、写等划分。所谓“指定”，就是对资源的访问权不是由资源的所有者来决定，而是由系统的安全管理者来决定，往往用以限制数据从高密级流向低密级，从一个部门流向另一个部门。它可以保证系统的保密性和完整性。密级共分四级：绝密 TP(top secret)、机密 S(secret)、保密 C(confidential)、普通 U(unclassified)，我们用 A>B 表示 A 的保密性要求高于 B，则这四级的关系为 TP>S>C>U。

(2) 模型公理

BLP 安全模型的公理化描述由以下 4 条公理组成。

公理 1(敏感标记)：系统中的任何主体和客体都要求被赋予一定的安全级。

公理 2(简单安全特性)：一个主体可以读一个客体，则客体的安全级不能比该主体的最大安全级高。

公理 3(特性)：主体对客体有“写”权限，则客体的安全级至少和主体的当前安全级一样高；主体对客体有“读”权限，则客体的安全级不会比主体当前安全级高；主体对客体有“读写”权限，则客体的安全级等于主体的当前安全级。

公理 4(可信主体)：设 L、M、H 是三个安全级，L≤M≤H，一个具有安全级 H 的主体，允许向安全级界于 L 与 M 之间的客体进行读写，其中“≤”是安全级集合上的偏序关系。

2. BIBA 模型

BIBA 模型在研究 BLP 模型的特性时发现，BLP 模型只解决了信息的保密问题，其在完整性定义方面有一定缺陷。BLP 模型没有采取有效的措施来制约对信息的非授权修改，因此使非法、越权篡改成为可能。考虑到上述因素，BIBA 模型模仿 BLP 模型的信息保密性级别，定义了信息完整性级别，在信息流向的定义方面不允许从级别低的进程到级别高的进程，也就是说用户只能向比自己安全级别低的客体写入信息，从而防止非法用户创建安全级别高的客体信息，避免越权、篡改等行为的产生。BIBA 模型可同时针对有层次的安全级别和无层次的安全种类。

BIBA 模型的两个主要特征是：

- 禁止向上“写”。这样使得完整性级别高的文件一定是由完整性高的进程所产生的，从而保证了完整性级别高的文件不会被完整性低的文件或完整性低的进程中的信息所覆盖。
- BIBA 模型没有向下“读”。主体不能读取安全级别低于它的数据。

BIBA 模型是和 BLP 模型相对立的模型，BIBA 模型改正了被 BLP 模型所忽略的信息完整性问题，但在一定程度上却忽视了保密性。

BIBA 模型并没有被用来设计安全操作系统，但大多数完整性保障机制都是基于 BIBA 模型的两个基本属性构建的。

如图 9.4 所示，一个安全级别为“高密”的用户要访问级别为“秘密”的文档，他将被允许写入该文档，而不能读取。如果一个安全级别为“秘密”的用户试图访问“高密”级的文档，那么，读取操作将被允许，而写入操作将被拒绝。这样，就使资源的完整性得到了保障。

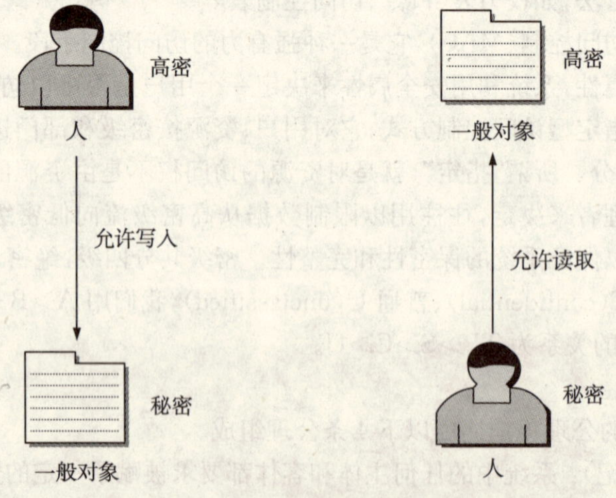

图 9.4　BIBA 完整性模型

因此，只有用户的安全级别高于资源的安全级别时，方可对资源进行写操作，相反的，只有用户的安全级别低于资源的安全级别时可读取该资源。简而言之，信息在系统中只能自上而下进行流动。

BIBA 模型在应用中的一个例子是对 Web 服务器的访问过程。如图 9.5 所示，定义 Web 服务器上发布的资源安全级别为“秘密”，Internet 上用户的安全级别为“公开”，依照 BIBA 模型，Web 服务器上数据的完整性将得到保障，Internet 上的用户只能读取服务器上的数据而不能更改它，因此，任何“POST”操作将被拒绝。

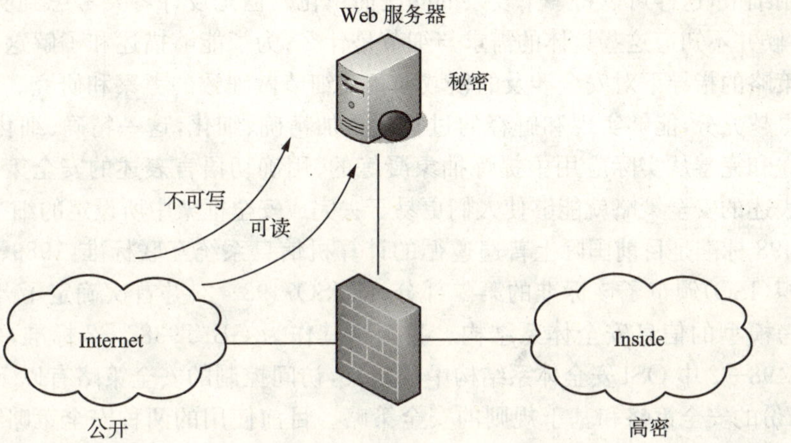

图 9.5　Web 应用

另一个例子是对系统状态信息的收集，网络设备作为对象，被分配的安全等级为“机密”，网管工作站的安全级别为“秘密”，那么网管工作站将只能使用 SNMP 的“get”命令来收集网络设备的状态信息，而不能使用“set”命令来更改该设备的设置。这样，网络设备的配置完整性就得到了保障。

9.2.4　访问控制策略

1. 安全策略

(1) 安全策略建立的需要和目的

安全的领域非常广泛繁杂，构建一个可以抵御风险的安全框架涉及很多细节。就算是最简单的安全需求，也可能会涉及密码学、代码重用等实际问题。做一个相当完备的安全分析不得不需要专业人员给出许许多多不同的专业细节和计算环境，这通常会使专业的框架师也望而生畏。如果我们能够提供一种恰当的、符合安全需求的整体思路，就会使这个问题容易得多，也更加有明确的前进方向。能够提供这种帮助的就是安全策略。一个恰当的安全策略总会把自己关注的核心集中到最高决策层认为必须值得注意的那些方面。概括地说，一种安全策略实质上表明：当设计所涉及的那个系统在进行操作时，必须明确在安全领域的范围内，什么操作是明确允许的，什么操作是一般默认允许的，什么操作是明确不允许的，什么操作是默认不允许的。我们不要求安全策略做出具体的措施规定以及确切说明通过何种方式能够达到预期的结果，但是应该向安全架构的实际搭造者们指出在当前的前提下，什么因素和风险才是最重要的。就这个意义而言，建立安全策略是实现安全的最首要的工作，也是实现安全技术管理与规范的第一步。

(2) 安全策略的具体含义和实现

安全策略的前提是具有一般性和普遍性，如何能使安全策略的这种普遍性和我们所要分析的实际问题的特殊性相结合，即使安全策略与当前的具体应用紧密结合是我们面临的最主要的问题。控制策略的制订是一个按照安全需求、依照实例不断精确细化的求解过程。安全策略的制订者总是试图在安全设计的每个设计阶段分别设计和考虑不同的安全需求与应用细节，这样可以将一个复杂的问题简单化。但是设计者要考虑到实际应用的前瞻性，有时候并不知道这些具体的需求与细节是什么；为了能够描述和了解这些细节，就需要在安全策略的指导下对安全涉及的领域和相关细节做细致的考察和研究。总之，对上述问题认识得越充分，能够实现和解释的过程就更加精确、细化，这一精确、细化的过程有助于帮助建立和完善从实际应用中提炼抽象凝练的、用确切语言表述的安全策略。反过来，这个重新表述的安全策略就能够使人们更易于去完成安全框架中所设定的细节。

ISO7498 标准是目前国际上普遍遵循的计算机信息系统互联标准，1989 年 12 月国际标准化组织(ISO)颁布了该标准的第二部分，即 ISO7498—2，并首次确定了开放系统互联(OSI) 参考模型的信息安全体系结构。我国将其作为 GB/T9387—2 标准，并予以执行。按照 ISO7498—2 中 OSI 安全体系结构中的定义，访问控制的安全策略有以下两种实现方式：基于身份的安全策略和基于规则的安全策略。目前使用的两种安全策略，其建立的基础都是授权行为。就其形式而言，基于身份的安全策略等同于 DAC 安全策略，基于规则的安全策略等同于 MAC 安全策略。

(3) 安全策略的实施原则

安全策略的制订实施也是围绕主体、客体和安全控制规则集三者之间的关系展开的。

- 最小特权原则：最小特权原则是指主体执行操作时，按照主体所需权力的最小化原则分配给主体权力。最小特权原则的优点是最大限度地限制了主体实施授权行为，可以避免来自突发事件、错误和未授权主体的危险。也就是说，为了达到一定目的，主体必须执行一定操作，但只能做所被允许做的，其他除外。
- 最小泄漏原则：最小泄漏原则是指主体执行任务时，按照主体所需要知道的信息最小化的原则分配给主体权力。
- 多级安全策略：多级安全策略是指主体和客体间的数据流向和权限控制按照安全级别的绝密(TS)、秘密(S)、机密(C)、限制(RS)和无级别(U)五级来划分。多级安全策略的优点是避免敏感信息的扩散。具有安全级别的信息资源，只有安全级别比他高的主体才能够访问。

2. 基于身份的安全策略

基于身份的安全策略(Identification-based Access Control Policies，IDBACP)的目的是过滤对数据或资源的访问，只有能通过认证的那些主体才有可能正常使用客体的资源。基于身份的策略包括基于个人的策略和基于组的策略。

(1) 基于个人的策略

基于个人的策略(Individual-based Access Control Policies，IDLBACP)是指以用户为中心建立的一种策略，这种策略由一些列表组成，这些列表限定了针对特定的客体，哪些用户可以实现何种操作行为。

(2) 基于组的策略

基于组的策略(Group-based Access Control Policies,GBACP)是基于个人的策略的扩充,指一些用户被允许使用同样的访问控制规则访问同样的客体。

基于身份的访问控制策略制订了基于某个唯一属性的访问授权原则,这种策略可以通过访问控制列表(Access Control List,ACL)来实现。ACL 列出所有具有访问授权的实体名称,数字证书则提供了另一种基于身份的访问控制机制。在基于身份的访问控制方法中,目前最有效的是基于角色的访问控制(Role-Based Access Control,RBAC)。

3. 基于规则的安全策略

基于规则的安全策略中的授权通常依赖于敏感性。在一个安全系统中,数据或资源应该标注安全标记。代表用户进行活动的进程可以得到与其原发者相应的安全标记。

基于规则的安全策略在实现上,由系统通过比较用户的安全级别和客体资源的安全级别来判断是否允许用户可以进行访问。

9.3 多级安全数据库

9.3.1 多级安全数据库关键问题

多级安全(Multilevel Security,MLS)数据库关键问题可以概括为:多级安全数据库体系结构、多级关系数据模型、多实例、元数据管理、并发事务处理、推理分析和隐通道分析等。

多级安全数据库体系结构是多级安全数据库管理系统的基础。数据库管理系统体系结构的设计、实现与其所要达到的安全等级目标密切相关,主要用于满足指定安全等级的安全功能性与保障性需求。

多级关系数据库模型是传统关系数据模型的自然扩展,通过元素级安全等级标签表示多级关系。同时,多级关系数据模型也重新定义了许多已有概念,例如多实例、引用完整性、数据操作,并引入了一些新的概念。

多实例允许两个或者两个以上的元组具有相同的主码。主要用于解决推理分析和隐蔽通道分析问题,避免低等级用户推出高等级用户拥有的数据所具有的某些特征。

元数据是关于数据的数据,记录描述关于数据的内容、质量、状况等特性信息,包括数据模式信息,数据库中表、视图等客体描述信息,数据库所有者信息,完整性约束信息等。元数据帮助数据生产单位有效地管理和维护数据,其安全管理问题主要在于有效避免推理分析和隐通道分析。

事务并发处理是多级安全数据库系统的一个重要问题。在一个可靠的传统关系数据库管理系统中,事务具备四个特征:原子性(Atomicity)、一致性(Consistency)、隔离性(Isolation)和可持久性(Durability),简称 ACID 特征。这些特性有效地保证了数据库的完整性和一致性,保障了故障的可恢复性,并支持并发运行。数据库管理系统通过执行某种并发控制机制或调度机制,严格控制并发事务的执行顺序,以保证所有事务满足上述 ACID

特性。在多数数据库管理系统中，事务除了具备 ACID 四个特征外，还必须满足多级安全策略模型要求。在该模型中，事务是主体，作为用户的代表，它具有特定的安全等级，因此对事务的操作受到安全模型的限制。

推理分析和隐通道分析也是多级安全数据库的一个重要问题。由多级安全数据库系统的体系架构、数据模型和事务并发处理机制构成的基本架构，将多级安全模型与关系数据库技术有机地结合起来，确保信息不能直接由高级数据对象流向低级数据对象，冲破多级安全数据库设计者的防线。在高安全等级的数据库系统中，必须对这些间接通道与途径进行控制，这就是推理分析和隐通道分析技术。

推理分析与数据库管理系统的设计和实现无关，却受数据库设计的影响。因为关系数据库系统存储的数据之间存在各种内在的关联，这就导致数据库用户有可能根据自己所知道的某些信息，利用数据之间的内在逻辑关系，推导出某些不允许该用户访问的内容。在多级安全数据库系统中表现为绕过强制访问控制机制，形成某种推理通道获得那些未经授权的更高安全等级、更敏感的数据。

系统中存在的这种表面看来合法的、隐蔽的通道，称为隐蔽通道。隐蔽通道的产生与数据库管理的设计和实现相关，其根源是安全模型与实现的不完全一致。因此，在设计与实现数据库管理系统和多级数据库系统时，通过对多级数据库管理系统进行必要的隐蔽通道分析和推理分析，充分考虑到数据之间的内在联系，做出适当的安排，尽量避免推理通道与隐蔽通道的出现。

9.3.2 多级安全数据库的设计准则

在设计和实现一个多级安全数据库系统时，可以采用下列设计准则解决多级安全数据库的各种关键问题。

(1) 提供多种密级粒度。密级粒度是指在数据库中能够指派安全等级的最小实体。在早期的安全关系模型中，这种实体是属性或者元组。在面向对象数据库中，这种实体可以是一个对象或者一个对象的属性或者方法。

(2) 确保一致性和完备性。数据进入数据库后，会指派一定的安全级别，指派规则就是密级约束。为确保一个给定约束所说明的类别有意义，这些约束本身应当保证是一致并且是完备的。

(3) 实施推理控制。提供静态、动态的推理通道检测及消除机制，有效地实施推理控制，防止用户从合法数据推断出未经授权的敏感信息。

(4) 防止敏感聚合(Aggregation)。聚合问题出现于这样的情况：当某个给定类型的数据项数目不超过 N 时，这些数据项并不敏感，一旦数目超过 N 它们便是敏感的。例如，球队单个球员的年龄 AGE 值是不敏感的，但球队里的所有球员的 AGE 值就是敏感的，这是因为球队的年龄分布曲线可以从这些已知信息的聚合中得来。

(5) 进行隐蔽通道分析。BLP 模型只对数据的直接泄露提供保护，但不能防止信息通过间接手段非法传播，这种间接手段即隐蔽通道。通过该类通道，处于较高访问等级的主体可以将信息传递给处于较低等级的主体。

(6) 支持多实例(Polyinstantiation)。多实例指同时存在具有相同名字的多个数据客体，这多个客体由其访问等级来区分。例如，当 C1 级中已有某个元组 T1，而 C2<C1 级中的某个主体试图创建一个与 T1 有相同关键字的新元组，根据主码唯一性约束，一般情况下数据库管理系统会拒绝该操作。基于这种拒绝服务，处于 C2 级的主体就可推断在高等级主体中具有相同的元组。为了避免出现这种情况，我们应将 T1 设置为多实例元组。当然，这会导致模型的语义更加复杂，但这个开销是不可少的。

(7) 执行并发控制。通过执行某种并发控制机制或称调度机制，严格控制并发事务的执行顺序，形成正确等价的可串行化序列，以保证所有事务满足 ACID 特性。

对数据库系统的正确性要求和安全性要求有时是相互冲突的，为解决各种关键问题，开发出安全可信的多级数据库管理系统，数据库设计者和开发者尝试了不同的设计准则，提出了许多设计模型。

9.3.3　多实例与多级关系数据模型

在一个多级安全系统中，每一个主体（例如用户、进程、事务）和每一个客体（例如文件、设备、表、元组等）都被赋予一个存取级（Access Class）。其中，主体的存取级称为密级（Clearance），表示该主体的置信度；客体的存取级称为安全级（Classification），表示该客体所包含信息的敏感度。各个存取级的集合构成一个偏序的格（Lattice），这种偏序关系称为支配（Dominate）。在多级安全系统中，安全级别高的用户可以访问较多的、较真实的数据，安全级别低的用户访问较少的、真实性较低的数据。因此，对于具有不同安全级别的用户，所能看到的真实世界的版本就有所不同。

多实例是 MLS DBMS 所固有的属性。它的处理方法决定了多级关系数据模型和数据库更新操作的语义。MLS DBMS 有多种方法处理多实例，每种方法都适用于某种特定的应用。多实例的处理方法有以下几种。

1. 多实例化元组的传递方法

同一真实世界的实体，不同安全级的用户可以看见在不同安全级上的属性值，并且允许用户更新这些值。这一方法导致了不断加入新元组，引起了属性值的组合爆炸。这个方法面临的两个主要问题是：

(1) 如何保证主键（Primary Key）标识真实世界实体；

(2) 如何控制元组属性的组合，使它仅包含有意义的属性值的组合。

为解决这两个问题，提出了多级安全环境下的实体完整性和多实例完整性约束。通过给主键增加一个安全级，并在增加了安全级的主键上增加唯一性来解决问题(1)。利用多值依赖，允许特别属性值的组合存在，从而限制多实例的增长，保持数据的语义，解决问题(2)。

2. 导出值的方法

当高安全级用户更新低安全级元组时，将不修改的低安全级数据自动拷贝至高安全级元组，从而在高安全级上插入一个新元组，并且这些自动拷贝的数据将随着低安全级数据的修改而变化。对同一真实世界实体，尽管多级关系内可能有几个元组，但在每个安全级上只会有一个元组存在。

3. 预防的方法

预防多实例的方法不是通过修改完整性和数据模型来保证安全性，而是要求用户在设计数据库时考虑可能引起的信息泄露问题。采取下面的策略：

(1) 使所有的主键可见，外观主键(Apparent Primary Key)以关系内可见的最低安全级标记；

(2) 根据主键可能的各种安全级，划分主键的域；

(3) 限制可信主体的插入，要求所有的插入由系统最高安全级的用户来实施向下写，完成插入操作。

4. 限制的方法

各种限制方法对 MLS DBMS 的数据模型产生了巨大的影响，产生了下列多级关系数据模型，如 Denning-Lunt 模型、Jajodia 和 Sandhu 提出的 Jajodia-Sandhu 模型、Smith 和 Winslett 提出的基于信赖的语义模型 S-W、基于数据语义的模型 MLR。

Denning-Lunt 模型允许高安全级用户更新低安全级数据时，往数据库中插入一个元组。但是为保证有用关系实例存在，建立了两个完整性约束：一是实体完整性，要求外观主键内所有属性的安全级相同、元组的所有外观主键属性值不为空、所有的非外观主键属性的安全级支配外观主键的安全级；二是多实例完整性，要求外观主键及其属性的安全级与其余属性和这些属性的安全级之间满足多值依赖。但是，这个模型的多值依赖在实际应用中可能会禁止有用关系实例的存在。

为消除多值依赖，Jajodia-Sandhu 提出了另一个关系数据模型 Jajodia-Sandhu 模型。这个模型定义了空值完整性、实例间完整性，重新定义了多实例完整性：规定用户指定的多级关系模式 R 的外观主键 AK、AK 的安全级属性 C_{AK} 和属性 A_i 的安全级 C_i 函数决定 A_i 的属性值。但是该模型在处理查询的过程中，若某个安全级 c 支配一元组内所有属性的安全级，则 c-用户可见该元组所有的属性值；若 c 支配元组内某些属性但不是全部属性的安全级时，用 null 值替代 c-用户不可见的属性值，于是 null 有了另一层含义：信息隐藏。空值的二义性表明，对于 c-用户来说，在其安全级上的 null 值，难以确定这些值的确切含义，而且也没有手段确定有着相同外观主键而外观主键安全级不同的元组是否涉及同一实体。

因此，基于信赖的语义模型 Smith-Winslett 模型提出了多实例的另一种处理方法：每个安全级上的数据反映了那个安全级上的用户对真实世界的“信赖”。用户看见的数据不同于用户信赖的数据，用户的更新反映了他对真实世界的信赖：某个安全级上的数据只可以被那个安全级上的用户插入、修改、删除。Smith-Winslett 模型还提出了多级实体的概念，一个多级实体由外观主键及其安全级共同标识。当多级实体首次出现在数据库中时，它就是基本元组，该元组的主键安全级和元组安全级相同，基本元组是判断实体存在的最低安全级元组。

Sandhu 总结了上述几个模型特点，吸收了其中的优秀思想，提出了基于数据的语义模型——MLR 模型。该模型的语义观点是：

(1) 某安全级上的主体接收的数据分成两部分：定义在主体安全级上的数据和显式地从低安全级“借用”来的数据。低安全级主体对数据的修改可自动传递到借用它的数据的高安全级主体，而保证了“向上”的信息流动；

(2) 主体可见它自己接收的数据和低于它的安全级的数据；

(3) 元组包含所有在某个安全级上的主体接收的数据(自己拥有的和借用的)。

MLR 模型提出了新的完整性——数据借用完整性，修改了数据操作语句。

5. 几种方法的特点

无论哪种多实例的处理方法,都具有这样的特点:首先,保持了信息向高安全级的单向流动,因而不存在多实例间处理不当引起的隐通道,保持了安全性;其次,多实例的更新限制在等于用户的安全级上,若对低安全级数据更新,则插入一个新的元组。

9.3.4　完整性约束

数据库完整性约束增强了关系中数据间的约束条件,而安全性要求数据间的分离。如果完整性约束定义在不同安全级的数据之间,则完整性与安全性之间产生了冲突。解决方法不是完全牺牲完整性约束,折衷的选择是保证某些完整性,因此完整性目标分成三个方面:一致性、正确性和可用性。

1. 数据库完整性

(1) 一致性

如果有两种不同的方法,当不管采用哪种方法导出数据库的一些信息,总是产生同样的响应时,这个数据库是一致的。

(2) 正确性

如果一个数据库中的数据满足所有已知的约束,则该数据库是正确的。

(3) 可用性

当一个数据库的数据可对任何授权用户和任何授权都可用,则这个数据库是可用的。

2. 基本完整性的安全

(1) 实体完整性

每个元组必须有一个非空的主键,当客体的标记粒度是关系或元组时,实体完整性不会引起安全问题。但当标记粒度是列或元素,并且主键的安全级高于或不可比于关系中的其他元素的安全级时,会因主关键字唯一性引起存储隐通道,带来安全问题。

(2) 引用完整性

若关系中的一个属性(或属性集合)是另一个关系的外键,则不论采用哪一种标记,都会出现数据库完整性和安全性的冲突。而且在出现多实例的情况下,引用完整性会进一步出现引用模糊的问题,此时要求对引用的元组安全级做出限制。

9.4　推理分析与隐通道分析

9.4.1　推理分析问题

推理分析问题是指数据库用户根据其所允许知道的信息,利用数据之间的内在逻辑关系,推断出某些限制其访问的信息。如果用户可以从数据库中的低密级数据推导出高密级的数据,则数据库中存在一条推理通道。数据库中推理通道的存在将导致敏感数据的泄漏,这种信息泄漏并非来自直接对安全机制的攻击而是来自信息本身的特性和语义。基于强制安全策略的系统可以防止低存取级的用户读到高密级的数据，但不能防止他们基于语义和应用来推导高密级的数据。

推理通道分为静态推理通道和动态推理通道两种。静态推理通道是指当数据库处于某个特殊的状态时，可以从低密级的数据和约束本身推导出高密级的数据。所谓动态推理通道指当数据库状态发生某种特定状态的改变时，如可能由于低存取级用户的一个操作违反了某种约束而拒绝执行该操作时，从而使用户推导出高密级的数据的存在。

推理通道通常可分为以下三大类。

- 演绎推理通道(deductive channels)：高级数据可以完全从低级数据推理得出。
- 不明推理通道(abductive channels)：通过假设一些推理依据，可以推理出高级数据。
- 概率推理通道(probabilistic channels)：通过低级数据可以降低高级数据的不确定性，例如取值范围等，但不能完全确定高级数据内容。

产生推理通道的原因很多，常见的原因可以归纳为以下几类：

(1) 利用不同级别数据之间的函数依赖

数据表的属性之间常见的一种关系是"函数依赖"与"多值依赖"。由于属性之间的这种依赖关系，有可能产生推理通道。

在多级关系数据库中，存在一个多级关系"员工信息表"。其中有三个属性，分别为：员工姓名 NAME(U 级)、员工职位 RANK(U 级)和员工工资 SALARY(S 级)。在属性 RANK 和 SALARY 之间存在函数依赖，即 RANK→SALARY。因为员工的职位和工资不在同一安全级别上，而且职位的安全级别低于工资的安全级别，那么可以访问职位但不能访问工资的用户，就可以根据职位大概推断出其工资的范围。

(2) 利用高级数据和低级数据之间的相关性

例如企业要增加职工工资，职工平均增加工资＝增加的总额/职工人数，因此，若能够得到增加的总额，则可以推理出职工增加工资的平均额度。

(3) 利用多次查询结果之间的逻辑联系

假设用户 A 想获取用户 B 的 salary 信息：

Select Name From Emp Where Name=′B′and Salary＞1000

用户 A 可以通过改变 salary 的比较范围，发布多次查询，然后通过结果来获知用户 B 的 salary。产生此推理问题的原因在于 DBMS 查询处理器的设计问题：虽然 SQL 返回结果不涉及高级数据，但内部查询处理涉及了高级数据。

(4) 利用表存在的完整性约束

表 9-1 表示具有三个字段的卫星航行情况表及其数据，假设一个 U 级用户要插入记录(‘探索者’，‘搜集情报’，‘国家’)。该记录已存在，但是如果 DBMS 拒绝此插入，则会导致推理问题。

表 9-1 卫星航行情况表结构及数据

卫 星	目 的	目 标
企业号	科技探索	火 星
探索者	搜集情报	国 家

(5) 利用值约束

例如：假设数据A是U级，B是S级，存在约束A+B≥20，则A的取值范围受到B的影响，U级用户可从A的值推理出B的取值范围。

9.4.2 推理通道检测及消除

1. 推理通道的检测

如果某多级安全数据库系统中不存在推理通道，则称其关于推理分析是安全的。目前有两种方法检测推理通道：一个是在数据库设计过程中，利用语义数据建模来检测推理通道：在数据库设计中通过构造语义关系图来表示可能的推理通道，其中数据条目用图的节点来表示，数据之间是否存在推理通道用边来表示。从节点A到节点B的两条路径，如果在其中一条路径上可以看到所有边，而另一条却不能看到所有边，则认为存在可能的推理通道。然后进一步分析确认是不是真正的推理通道，这个过程没有关于数据之间关系的任何假设，其主要风险在于如果数据之间高度关联，就会发现许多假的推理通道，数据库设计者需要花费大量时间逐一辨别。另一个是在查询执行阶段，通过分析事务的操作来判定是否会导致非法推理。如果可能导致非法推理，就不允许这样的查询或者将该查询限制在更高级别上：当系统接收到用户提交的查询的时候，首先判断该查询是否会导致敏感信息的推理，如果可以，那么必须对查询进行转换，使其不能导致敏感信息的导出。这个方法对用户是有用的，因为它不但阻止了用户做非法查询，而且帮助用户做合法查询。然而，实现这样的系统需要小心的是，用户可能从合法查询和非法查询的区别上导出推理信息。

2. 推理通道的消除

若发现多级系统中的推理通道，有如下5种方式可以消除它，设X是产生推理通道的数据客体集合，H是被损害的高级数据。

(1) 假定X只包括一个客体，那么只需简单地将X的级别提高至与H相同的安全级别就可以了。

(2) 假定X是一个集合，那么可以按照(1)中的方法逐个地提升X中元素的安全级别，直到按照推理函数算出的值小于容忍门限值。

(3) 产生推理通道的原因是定义在X上的聚集，即AggregatesIn(X)。这种情况的解决方法是先把AggregatesIn(X)的安全级别提升至H的安全级别，然后X中的元素要以受控的方式发布，以防止得知AggregatesIn(X)，从而对AggregatesIn(X)和H产生安全影响。

(4) 当以上办法不好解决时，可以考虑对X引入噪声，也就是引入新的没有实际意义的元素到X中，从而形成新的集合X。原来的集合X从系统中删除或者提升到更高的级别。

(5) 最后的解决方法是容忍推理通道的存在，但利用审计监视它的活动。这也是实际中用的比较多的解决方法。

9.4.3 隐通道分析

在设计一个多级安全数据库系统时，系统安全策略规定一个高安全级别的用户不能把高级数据写到低级别数据对象中。然而，在系统实际使用时，攻击者有可能构造一组表面上合法的操作序列，将高级数据传送到低级用户。这种隐蔽的信息通道，称为隐通道。隐通道通信传递一个比特可能要进行一系列的操作，但是由于计算机有很快的处理速度，所以带宽并不一定会很小，也可能导致大量的敏感信息的泄露。隐通道分析的目的就是找到系统中可能存在的隐通道，估计它的带宽，并且采取消除、限制等措施。

1. 隐通道的定义

安全机构从不同角度给出了关于隐通道的多种定义方式，但其实质含义是相同的，下面列出其中最主要的几种定义方式。

定义一(B. W. Lampson)：隐通道是指违背设计者的原意和初衷，被用来通信的通道。

定义二(TCSEC)：隐通道是一个通信通道，它使得一个进程能以违反系统安全策略的方式传递信息。

定义三(NCSCC)：给定一个非自主安全策略模型 M 和它在一个操作系统中的实现 I(M)，I(M)中的两个主体 I(si)和 I(sj)之间的通信是隐蔽的，则模型 M 中相应的两个主体 si 和 sj 之间的通信是非法的。

以上这些定义说明：

(1) 隐通道是一个可以进行信息传送的通道，但它不是系统设计者设计用于传送信息的通道。

(2) 由于它并非设计者用来传送信息的通道，因此系统安全策略(主要指非自主性的安全策略)没有对这种通道实施控制。

(3) 由于没有安全控制，因此使得进程之间可以利用这些通道以违反安全策略的方式传递信息。

如果一个系统未实施强制访问控制，那么任意两个用户(只要他们愿意)都可以合法地传送信息，不需要通过隐蔽通道来秘密地进行传送，因此存在隐通道的系统实际上是采取了一定的安全措施，特别是强制访问控制的系统。当用户传送信息的行为或传送的信息不能公开时，隐通道才有意义。

总之，隐通道是一种通信通道，但它不是系统设计者设计的打算用来通信的信道，因而它能绕过系统强制安全机制的检查，使得进程能以违反系统安全策略的方式传递信息，从而对计算机系统的安全造成很大的威胁。

因此对于一个给定的系统判断隐通道对系统安全的危害，采取一些相应的措施减少隐通道所带来的危害，这是对计算机系统负有安全责任的管理者或开发者必不可少的工作。

隐通道的研究中首先遇到一个问题是隐通道的识别，如何搜索系统中存在的隐通道。

- 最简单的隐通道的识别法是比照其他系统(例如其他操作系统)已有的典型的隐通道来分析目标操作系统的隐通道。但是，这种分析方法不能发现所有可能的隐通道，也不能发现目标系统特有的隐通道。

- 要全面分析隐通道，必须分析系统的形式化的说明书和源代码。但分析源代码的工作量很大，国外已经开发了一些自动化工具，对形式化的说明书或源代码进行分析以识别隐通道。

2. 隐通道的分类

隐通道通常被分为存储隐通道和时间隐通道。

存储隐通道是指隐通道的两个通信进程,一个进程直接或间接地写存储单元,而另一个进程则直接或间接地读此存储单元观察到写的结果。

时间隐通道是指一个进程对系统性能产生的影响可以被另一个进程观察到并且可以利用一个时间基准进行测量,或者说利用事件的发生顺序传递信息的通道。

例如,磁盘移臂隐通道可以看作是存储隐通道,因为发送进程修改磁臂的方向,接收程序能够观察到其修改的结果。再如,CPU 是一种可以利用的系统资源,可由多个用户共享,假设有 H 和 L 两个进程,H 的安全级高于 L,H 里含有特洛伊木马 S,企图将信息传递给 L。它们约定一系列间隔均匀的时间点 t1,t2,t3,…(间隔时间至少允许两次 CPU 调度)。

L 在每个时间点都请求使用 CPU,而 H 在每个时间点,若要发送 0,则不请求使用 CPU;若要发送 1,则请求使用 CPU(假设 H 的优先级高于 L)。于是,在每个时间点,L 若能立即获得 CPU 的使用权,则确认收到 0,若要等待,则确认收到 1,这个隐通道被称为"时间片间隔时间隐通道",因为发送进程 H 对 CPU 的使用情况可以被 L 观察到,并且可以利用时钟每隔一定的时间片进行测量。

时间隐通道强调需要有一个实时时钟或间隔计时器或其他能测试时间的计时基准,它们使得接收进程能够计算两个相继事件之间的相对时间量,而存储隐通道却不需要时钟或计时器。

消除时间隐通道的一种最直接的方法是撤销进程对时钟的访问权,在没有时间参考基准时,时间隐通道就无法工作。但是,这并不能完全消除时间隐通道。即使接收进程不能直接访问时钟,它还是有办法能够判断出时间间隔来。例如,如果一个用户(入侵者)在终端上以每秒十个字符的速度输入字符串,进程就可以得到以 0.1 秒为单位的时间计数器,每收到一个字符就说明过去了 0.1 秒。在多处理器系统中,一个进程可以利用循环程序的循环次数来为另一个进程确定时间间隔。

对于隐通道的这种分类方法,国外和国内均有文章提出了异议,其主要看法是认为有些隐通道既可以是存储隐通道,也可以是时间隐通道,因此建议将对存储变量的读/写和按时间进行测量看作是隐通道的属性。一个隐通道可以同时具有这两种属性。事实上,从前面的定义可以看出,描述资源状态的存储变量是隐通道的组成要素,不论是存储隐通道还是时间隐通道都要利用资源状态变量来编码信息。

在此基础上,各自提出了一些分类方法,如国外有人提出"直接"隐通道与"进程"隐通道。"直接"——指隐通道泄露的信息,直接表现在输出设备上;"进程"——信息的接收者是进程。

国内也有人提出"操作请求拒绝型"与"操作请求延迟型"。前者——接收进程的请求被拒绝(两种状态:拒绝、执行),后者——接收进程的请求被延迟(根据延迟的时间,具有时间隐通道的特征)。

3. 隐通道的带宽

隐通道的带宽是指信息通过隐通道传输的速度,用比特/秒来衡量。隐通道带宽的计算是隐通道分析工作的主要内容之一。因为对付隐通道的方法,首先是消除隐通道,当无法完全消除隐通道时,则必须限制隐通道的带宽,因为带宽越宽,单位时间内泄露的信息量就越多,对系统的安全性威胁就越大。一般地,通过计算隐通道的最大宽度来衡量隐通道的威胁。

根据TESEC的建议,隐通道的带宽达到1比特/秒就要引起注意;带宽达到100比特/秒以上,就必须采取相应的处理措施。

影响隐通道的带宽有以下几种因素。

(1) 噪音

噪音是指在一个多用户系统中,除了隐通道的收/发进程之外,还有许多其他进程在运行,因为它们与收/发进程竞争各种系统资源,因此可显著地降低隐通道的效率,因而降低隐通道的带宽。

噪音依赖于多用户系统的调度策略和系统当时的负载,因此这种影响是随机的,无法确定的。有文献指出,有时候这些干扰进程可能降低隐通道带宽的75%(这种影响的差别是很大的)。

基于以上这一点,我们可能通过在系统中增加噪间进程将隐通道的带宽降低到某一个安全阈值之内。

(2) 编码

收/发双方在传输信息时采用什么方法编码,往往可以改变隐通道的带宽。

例如,当传0和传1所花的时间不同时,如,假设传1花的时间比传0花的时间长得多,那么若用0010来代替111,可以减少信息中1的个数,从而提高信息的传输率(具体编码方法,要使得收方能识别,并还原成原来的信息,对此不作详细讨论),以获得最大带宽。

若传0和传1的时间很接近时,则编码技术对带宽无甚影响。

在分析隐通道的最大带宽时,要分析该隐通道的特点,以估计可能采取的编码方法,以获得其最大带宽。

(3) 隐通道实现过程中的诸多因素

一个系统中,可利用多个原语来实现同一隐通道,但这些原语的耗时可能大不相同,从而影响带宽。

例如,在隐通道中每传送一个比特都要在发送进程和接收进程之间切换一次系统控制权,切换所花去的时间长短对隐通道的带宽是有影响的。若当两个进程试图在它们之间转换控制权时,控制权有可能被转给了系统中等待运行的其他进程,因而造成了时间的延迟。

又如,发送者和接收者之间的同步也可能造成延迟而降低带宽。

为了计算隐通道的最大带宽,我们往往假设系统中只有收/发两个进程。

(4) 系统配置的影响

例如系统中硬件设备的速度(如硬盘、内存和CPU),系统中设备的容量(如内存大小、缓冲区大小)等系统配置都会对隐通道的带宽造成影响。

4. 隐通道的防治

(1) 搜索隐通道

对系统中是否存在,存在哪些隐通道应该清楚。

(2) 消除隐通道

隐通道使用系统提供的正常功能,通过合法的操作来达到非法传递信息的目的,因此要清除隐通道有一定的难度。

隐通道存在的一个重要原因是不同安全级的用户之间共享系统资源(如磁盘、CPU、内存、打印机、进程号等),这使得高安全级用户对系统资源的使用能被低安全级用户观察到。

因此,消除隐通道的一个可能的方法是限制进程间的资源共享,特别是只在安全级别相同的实体间共享资源,但这可能带来某些资源闲置而大大降低使用效率的问题,需要寻求两全其美的方法或适当的折衷点。

(3) 限制带宽

如果不能完全消除隐通道,则要想办法限制其带宽,将带宽限制在允许的范围内使其满足安全的要求。

限制带宽的方法如有意引入噪音,有意引入外部进程干扰收/发进程的工作,使之延时。

(4) 审计

审计是阻止和对付一切非法操作的有效手段。但对于未被发现的隐通道,审计是毫无作用的,因为隐通道的原语和操作本身都是合法的,并不违反安全规则,只有在确认了某个隐通道之后,才有可能有针对性地进行审计。

审计应记录的信息包括被使用的隐通道、发送者和接收者的身份和传送的信息。

9.5 数据库加密技术

9.5.1 数据库加密技术特性

对数据库中数据加密是为增强普通关系数据库管理系统的安全性,提供一个安全适用的数据库加密平台,对数据库存储的内容实施有效保护。它通过数据库存储加密等安全方法实现了数据库数据存储保密和完整性要求,使得数据库以密文方式存储并在密态方式下工作,确保了数据安全。

一般而言,一个行之有效的数据库加密技术主要有以下6个方面的功能和特性。

(1) 身份认证

用户除提供用户名、口令外,还必须按照系统安全要求提供其他相关安全凭证。如使用终端密钥。

(2) 通信加密与完整性保护

有关数据库的访问在网络传输中都被加密,通信一次一密的意义在于防重放、防篡改。

(3) 数据库数据存储加密与完整性保护

数据库系统采用数据项级存储加密,即数据库中不同的记录、每条记录的不同字段都采用不同的密钥加密,辅以校验措施来保证数据库数据存储的保密性和完整性,防止数据的非授权访问和修改。

(4) 数据库加密设置

系统中可以选择需要加密的数据库列,以便于用户选择那些敏感信息进行加密而不是全部数据都加密。只对用户的敏感数据加密可以提高数据库访问速度。这样有利于用户在效率与安全性之间进行自主选择。

(5) 多级密钥管理模式

主密钥和主密钥变量保存在安全区域,二级密钥受主密钥变量加密保护,数据加密的密钥存储或传输时利用二级密钥加密保护，使用时受主密钥保护。

(6) 安全备份

系统提供数据库明文备份功能和密钥备份功能。

9.5.2 数据库加密算法和实现

数据库加密系统的基本要求如下：

- 字段加密；
- 密钥动态管理；
- 合理处理数据；
- 不影响合法用户的操作；
- 防止非法拷贝。

加密算法是一些公式和法则，它规定了明文和密文之间的变换方法。密钥是控制加密算法和解密算法的关键信息，它的产生、传输、存储等工作是十分重要的。

数据加密的基本过程包括对明文(即可读信息)进行翻译，译成密文或密码的代码形式。该过程的逆过程为解密，即将该编码信息转化为其原来的形式的过程。

DES 算法：DES(Data Encryption Standard)是由 IBM 公司在 1970 年以后发展起来的，于 1976 年 11 月被美国政府采用，DES 随后被美国国家标准局和美国国家标准协会(American National Standard Institute，ANSI)承认。DES 算法把 64 位的明文输入块变为 64 位的密文输出块，它所使用的密钥也是 64 位，DES 算法中只用到 64 位密钥中的其中 56 位。

三重 DES：DES 的密码学缺点是密钥长度相对比较短，因此，人们又想出了一个解决其长度的方法，即采用三重 DES，三重 DES 是 DES 的一种变形。这种方法使用两个独立的 56 位密钥对交换的信息(如 EDI 数据)进行 3 次加密，从而使其有效密钥长度达到 112 位或 168 位，对安全性有特殊要求时则要采用它。

RSA 算法：它是第一个既能用于数据加密也能用于数字签名的算法。它易于理解和操作，也很流行。RSA 算法以发明者的名字：Ron Rivest、AdiShamir 和 Leonard Adleman 命名。但 RSA 的安全性一直未能得到理论上的证明，RSA 的安全性依赖于大数的因子分解，但并没有从理论上证明破译 RSA 的难度与大数分解难度等价。即 RSA 的重大缺陷是无法从理论上把握它的保密性能如何，而且密码学界多数人士倾向于因子分解不是 NPC 问题，RSA 算法是第一个能同时用于加密和数字签名的算法，也易于理解和操作。RSA 是被研究得最广泛的公钥算法，从提出到现在已近 20 年，经历了各种攻击的考验，逐渐为人们接受，普遍认为是目前最优秀的公钥方案之一。

AES：AES 是美国高级加密标准算法，将在未来几十年里代替 DES 在各个领域中得到广泛应用，尽管人们对 AES 还有不同的看法，但总体来说，AES 作为新一代的数据加密标准汇聚了强安全性、高性能、高效率、易用和灵活等优点。AES 设计有三个密钥长度：128、192、256 位，相对而言，AES 的 128 密钥比 DES 的 56 密钥强 1021 倍。AES 算法主要包括三个方面：轮变化、圈数和密钥扩展。在理论上，此加密方法需要国家军事量级的破解设备运算 10 年以上时间才可能破译。

使用数据库安全保密中间件对数据库进行加密是最简便直接的方法。主要是通过系统中加密、DBMS 内核层(服务器端)加密和 DBMS 外层(客户端)加密。

在系统中加密,在系统中无法辨认数据库文件中的数据关系,将数据先在内存中进行加密,然后文件系统把每次加密后的内存数据写入到数据库文件中去,读入时再逆方面进行解密,这种加密方法相对简单,只要妥善管理密钥就可以了。缺点是对数据库的读写都比较麻烦,每次都要进行加解密的工作,对程序的编写和读写数据库的速度都会有影响。

在 DBMS 内核层实现加密需要对数据库管理系统本身进行操作。这种加密是指数据在物理存取之前完成加解密工作。这种加密方式的优点是加密功能强,并且加密功能几乎不会影响 DBMS 的功能,可以实现加密功能与数据库管理系统之间的无缝耦合。其缺点是加密运算在服务器端进行,加重了服务器的负载,而且 DBMS 和加密器之间的接口需要 DBMS 开发商的支持。

在 DBMS 外层实现加密的好处是不会加重数据库服务器的负载,并且可实现网上的传输,加密比较实际的做法是将数据库加密系统做成 DBMS 的一个外层工具,根据加密要求自动完成对数据库数据的加解密处理。

采用这种加密方式进行加密,加解密运算可在客户端进行,它的优点是不会加重数据库服务器的负载并且可以实现网上传输的加密,缺点是加密功能会受到一些限制,与数据库管理系统之间的耦合性稍差。

数据库加密系统分成两个功能独立的主要部件:一个是加密字典管理程序,另一个是数据库加解密引擎。数据库加密系统将用户对数据库信息具体的加密要求以及基础信息保存在加密字典中,通过调用数据加解密引擎实现对数据库表的加密、解密及数据转换等功能。数据库信息的加解密处理是在后台完成的,对数据库服务器是透明的。

按以上方式实现的数据库加密系统具有很多优点:首先,系统对数据库的最终用户是完全透明的,管理员可以根据需要进行明文和密文的转换工作;其次,加密系统完全独立于数据库应用系统,无须改动数据库应用系统就能实现数据加密功能;第三,加解密处理在客户端进行,不会影响数据库服务器的效率。

数据库加解密引擎是数据库加密系统的核心部件,它位于应用程序与数据库服务器之间,负责在后台完成数据库信息的加解密处理,对应用开发人员和操作人员来说是透明的。数据加解密引擎没有操作界面,在需要时由操作系统自动加载并驻留在内存中,通过内部接口与加密字典管理程序和用户应用程序通信。数据库加解密引擎由三大模块组成:加解密处理模块、用户接口模块和数据库接口模块。

9.6　数据库安全其他问题

9.6.1　SQL 注入攻击的种类

1. 没有正确过滤转义字符

在用户的输入没有为转义字符过滤时,就会发生这种形式的注入式攻击,它会被传递给一个 SQL 语句。这样就会导致应用程序的终端用户对数据库上的语句实施操纵。比方

说,下面的这行代码就会演示这种漏洞:

"SELECT * FROM users WHERE name = '" + userName + "'; "

这种代码的设计目的是将一个特定的用户从其用户表中取出,但是,如果用户名被一个恶意的用户用一种特定的方式伪造,这个语句所执行的操作可能就不仅仅是代码的作者所期望的那样了。例如,将用户名变量(即 username)设置为:

a' or 't' = 't,此时原始语句发生了变化:

SELECT * FROM users WHERE name = 'a' OR 't' = 't';

如果这种代码被用于一个认证过程,那么这个例子就能够强迫选择一个合法的用户名,因为赋值't' = 't 永远是正确的。

在一些 SQL 服务器上,如在 SQL Server 中,任何一个 SQL 命令都可以通过这种方法被注入,包括执行多个语句。下面语句中的 username 的值将会导致删除"users"表,又可以从"data"表中选择所有的数据(实际上就是透露了每一个用户的信息)。

a'; DROP TABLE users; SELECT * FROM data WHERE name LIKE '%

这就将最终的 SQL 语句变成下面这个样子:

SELECT * FROM users WHERE name = 'a'; DROP TABLE users; SELECT * FROM DATA WHERE name LIKE '%';

其他的 SQL 执行不会将执行同样查询中的多个命令作为一项安全措施。这会防止攻击者注入完全独立的查询,不过却不会阻止攻击者修改查询。

2. 错误的类型处理

如果一个用户提供的字段并非一个强类型,或者没有实施类型强制,就会发生这种形式的攻击。当在一个 SQL 语句中使用一个数字字段时,如果程序员没有检查用户输入的合法性(是否为数字型)就会发生这种攻击。例如:

"SELECT * FROM data WHERE id = " + a_variable + "; "

从这个语句可以看出,作者希望 a_variable 是一个与"id"字段有关的数字。不过,如果终端用户选择一个字符串,就绕过了对转义字符的需要。例如,将 a_variable 设置为 1; DROP TABLE users,它会将"users"表从数据库中删除,SQL 语句变成:SELECT * FROM DATA WHERE id = 1; DROP TABLE users;

3. 数据库服务器中的漏洞

有时,数据库服务器软件中也存在着漏洞,如 MYSQL 服务器中 mysql_real_escape_string()函数漏洞。这种漏洞允许一个攻击者根据错误的统一字符编码执行一次成功的 SQL 注入式攻击。

4. 盲目 SQL 注入式攻击

当一个 Web 应用程序易于遭受攻击而其结果对攻击者却不见时,就会发生所谓的盲目 SQL 注入式攻击。有漏洞的网页可能并不会显示数据,而是根据注入到合法语句中的逻辑语句的结果显示不同的内容。这种攻击相当耗时,因为必须为每一个获得的字节而精心构造一个新的语句。但是一旦漏洞的位置和目标信息的位置被确立以后,一种称为 Absinthe 的工具就可以使这种攻击自动化。

5. 条件响应

注意,有一种 SQL 注入迫使数据库在一个普通的应用程序屏幕上计算一个逻辑语句的值：

SELECT booktitle FROM booklist WHERE bookId = 'OOk14cd' AND 1 = 1

这会导致一个标准的页面，而语句

SELECT booktitle FROM booklist WHERE bookId = 'OOk14cd' AND 1 = 2 在页面易于受到 SQL 注入式攻击时，它有可能给出一个不同的结果。如此这般的一次注入将会证明盲目的 SQL 注入是可能的，它会使攻击者根据另外一个表中的某字段内容设计可以评判真伪的语句。

6. 条件性差错

如果 WHERE 语句为真，这种类型的盲目 SQL 注入会迫使数据库评判一个引起错误的语句，从而导致一个 SQL 错误。例如：

SELECT 1/0 FROM users WHERE username = 'Ralph'

显然，如果用户 Ralph 存在的话，被零除将导致错误。

7. 时间延误

时间延误是一种盲目的 SQL 注入，根据所注入的逻辑，它可以导致 SQL 引擎执行一个长队列或者是一个时间延误语句。攻击者可以衡量页面加载的时间，从而决定所注入的语句是否为真。

以上仅是对 SQL 攻击的粗略分类。但从技术上讲，如今的 SQL 注入攻击者们在如何找出有漏洞的网站方面更加聪明，也更加全面了。出现了一些新型的 SQL 攻击手段。黑客们可以使用各种工具来加速漏洞的利用过程。我们不妨看看 the Asprox Trojan 这种木马，它主要通过一个发布邮件的僵尸网络来传播，其整个工作过程可以这样描述：首先，通过受到控制的主机发送的垃圾邮件将此木马安装到电脑上，然后，受到此木马感染的电脑会下载一段二进制代码，在其启动时，它会使用搜索引擎搜索用微软的 ASP 技术建立表单的、有漏洞的网站。搜索的结果就成为 SQL 注入攻击的靶子清单。接着，这个木马会向这些站点发动 SQL 注入式攻击，使有些网站受到控制、破坏。访问这些受到控制和破坏的网站的用户将会受到欺骗，从另外一个站点下载一段恶意的 JavaScript 代码。最后，这段代码将用户指引到第三个站点，这里有更多的恶意软件，如窃取口令的木马。

以前，我们经常警告或建议 Web 应用程序的程序员们对其代码进行测试并打补丁，虽然 SQL 注入漏洞被发现和利用的几率并不太高。但近来攻击者们越来越多地发现并恶意地利用这些漏洞。因此，在部署其软件之前，开发人员应当更加主动地测试其代码，并在新的漏洞出现后立即对代码打补丁。

9.6.2　SQL 注入攻击防范技术

1. 使用参数化的过滤性语句

要防御 SQL 注入，用户的输入就绝对不能直接被嵌入到 SQL 语句中。恰恰相反，用户的输入必须进行过滤，或者使用参数化的语句。参数化的语句使用参数而不是将用户输入嵌入到语句中。在多数情况中，SQL 语句就得以修正。然后，用户输入就被限于一个参数。下面是一个使用 Java 和 JDBC API 例子：

```
PreparedStatement prep = conn.prepareStatement("SELECT * FROM USERS WHERE
PASSWORD = ? ");
```

```
prep.setString(1, pwd);
```

总体上讲，有两种方法可以保证应用程序不易受到 SQL 注入的攻击，一是使用代码复查，二是强迫使用参数化语句的。强迫使用参数化的语句意味着嵌入用户输入的 SQL 语句在运行时将被拒绝。不过，目前支持这种特性的并不多。如 H2 数据库引擎(一个采用 Java 开发、开源的嵌入式 SQL 数据库)就支持。

2. 避免使用解释程序

避免使用解释程序，因为这正是黑客们借以执行非法命令的手段。

3. 避免出现一些详细的错误消息

防范 SQL 注入，还要避免出现一些详细的错误消息，因为黑客们可以利用这些消息。要使用一种标准的输入确认机制来验证所有的输入数据的长度、类型、语句、企业规则等。

4. 使用专业的漏洞扫描工具

仅仅防御 SQL 注入攻击也是不够的。攻击者们目前正在自动搜索攻击目标并实施攻击。其技术甚至可以轻易地被应用于其他的 Web 架构中的漏洞。企业应当投资于一些专业的漏洞扫描工具，如大名鼎鼎的 Acunetix 的 Web 漏洞扫描程序等。一个完善的漏洞扫描程序不同于网络扫描程序，它专门查找网站上的 SQL 注入式漏洞。最新的漏洞扫描程序可以查找最新发现的漏洞。

5. 安全检查

最后一点，企业要在 Web 应用程序开发过程的所有阶段实施代码的安全检查。首先，要在部署 Web 应用之前实施安全测试，这种措施的意义比以前更大、更深远。企业还应当在部署之后用漏洞扫描工具和站点监视工具对网站进行测试。

9.6.3 Oracle 数据库安全

Oracle 数据库是以高级结构化查询语言(SQL)为基础的大型关系数据库，通俗地讲它是用方便逻辑管理的语言操纵大量有规律数据的集合，是目前最流行的客户/服务器(CLIENT/SERVER)体系结构的数据库之一。

Oracle 数据库系统的安全措施主要有三个方面：一是用户标识和鉴定；二是授权和检查机制；三是审计技术(是否使用审计技术可由用户灵活选择)；除此之外，Oracle 还允许用户通过触发器灵活定义自己的安全性措施。

1. 用户标识和鉴定

在 Oracle 中，最外层的安全性措施是让用户标识自己的名字，然后由系统进行核实。Oracle 允许用户重复标识三次，如果三次未通过，系统自动退出。

2. 授权与检查机制

Oracle 的权限包括系统权限和数据库对象的权限两类，采用非集中的授权机制，即 DBA 负责授予与回收系统权限，每个用户授予与回收自己创建的数据库对象的权限。

Oracle 允许重复授权，即可将某一权限多次授予同一用户，系统不会出错。Oracle 也允许无效回收，即用户没有某种权限，但回收此权限的操作仍算成功。

(1) 系统权限

Oracle 提供了 80 多种系统权限，如创建会话、创建表、创建视图、创建用户等。DBA 在创建一个用户时需要将其中的一些权限授予该用户。

Oracle 支持角色的概念。所谓角色就是一组系统权限的集合，目的在于简化权限管理。Oracle 除允许 DBA 定义角色外，还提供了预定义的角色，如 CONNECT，RESOURCE 和 DBA。

具有 CONNECT 角色的用户可以登录数据库，执行数据查询和操纵。即可以执行 ALTER TABLE，CREATE VIEW，CREATE INDEX，DROP TABLE，DROP VIEW，DROP INDEX，GRANT，REVOKE，INSERT，SELECT，UPDATE，DELETE，AUDIT，NOAUDIT 等操作。

RESOURCE 角色可以创建表，即执行 CREATE TABLE 操作。创建表的用户将拥有对该表的所有权限。

DBA 角色可以执行某些授权命令，创建表，对任何表的数据进行操纵。它涵盖了前两种角色，此外还可以执行一些管理操作，DBA 角色拥有最高级别的权限。

例如 DBA 建立一用户 U1 后，欲将 ALTER TABLE，CREATE VIEW，CREATE INDEX，DROP TABLE，DROP VIEW，DROP INDEX，GRANT，REVOKE，INSERT，SELECT，UPDATE，DELETE，AUDIT，NOAUDIT 等系统权限授予 U1，则可以只简单地将 CONNECT 角色授予 U1 即可：

```
GRANT CONNECT TO U1;
```

这样就可以省略十几条 GRANT 语句。

(2) 数据库对象的权限

在 Oracle 中，可以授权的数据库对象包括基本表、视图、序列、同义词、存储过程、函数等，其中最重要的是基本表。

对于基本表 Oracle 支持三个级别的安全性：表级、行级和列级。

● 表级安全性

表的创建者或者 DBA 可以把表级权限授予其他用户，表级权限包括：

ALTER：修改表定义；DELETE：删除表记录；INDEX：在表上建索引；INSERT：向表中插入数据记录；SELECT：查找表中记录；UPDATE：修改表中的数据；ALL：上述所有权限；表级授权使用 GRANT 和 REVOKE 语句。

● 行级安全性

Oracle 行级安全性由视图实现。用视图定义表的水平子集，限定用户在视图上的操作，就为表的行级提供了保护。视图上的授权与回收与表级完全相同。

例如，只允许用户 U2 查看 Student 表中信息系学生的数据，则首先创建信息系学生的视图 S_IS，然后将该视图的 SELECT 权限授予 U2 用户。

● 列级安全性

Oracle 列级安全性可以由视图实现，也可以直接在基本表上定义。

用视图定义表的垂直子集就可以实现列级安全性，方法与上面类似。

直接在基本表上定义和回收列级权限也是使用 GRANT 和 REVOKE 语句。目前 Oracle 的列级权限只有 UPDATE，回收列级 UPDATE 权限时，Oracle 不允许一列一列地回收，只能回收整个表的 UPDATE 权限。例如：

```
GRANT UPDATE (Sno,Cno) ON SC TO U2;
```

把对 SC 表中 Sno 列和 Cno 列的 UPDATE 权限授予 U2 用户。

REVOKE UPDATE ON SC FROM U2；

回收了 U2 用户对 SC 表中 Sno 列和 Cno 列的 UPDATE 权限。

在 Oracle 中，表、行、列三级对象自上而下构成一个层次结构，其中上一级对象的权限制约下一级对象的权限。例如当一个用户拥有了对某个表的 UPDATE 权限，即相当于在表的所有列都拥有了 UPDATE 权限。

Oracle 对数据库对象的权限采用分散控制方式，允许具有 WITH GRANT OPTION 的用户把相应权限或其子集传递授予其他用户，但不允许循环授权，即被授权者不能把权限再授回给授权者或其祖先。

Oracle 把所有权限信息记录在数据字典中，当用户进行数据库操作时，Oracle 首先根据数据字典中的权限信息，检查操作的合法性。在 Oracle 中，安全性检查是任何数据库操作的第一步。

3. Oracle 的审计技术

在 Oracle 中，审计分为用户级审计和系统级审计。用户级审计是任何 Oracle 用户可设置的审计，主要是用户针对自己创建的数据库表或视图进行审计，记录所有用户对这些表或视图的一切成功和不成功的访问要求以及各种类型的 SQL 操作。

系统级审计只能由 DBA 设置，用以监测成功或失败的登录要求、监测 GRANT 和 REVOKE 操作以及其他数据库级权限下的操作。

Oracle 的审计功能很灵活，是否使用审计，对哪些表进行审计，对哪些操作进行审计等都可以由用户选择。为此，Oracle 提供了 AUDIT 语句设置审计功能，NOAUDIT 语句取消审计功能。设置审计时，可以详细指定对哪些 SQL 操作进行审计。

例如，对修改 SC 表结构或数据的操作进行审计可使用如下语句：

AUDIE ALTER，UPDATE ON SC；

取消对 SC 表的一切审计可使用如下语句：

NOAUDIT ALL ON SC；

在 Oracle 中，审计设置以及审计内容均存放在数据字典中。其中审计设置记录在数据字典表 SYS. TABLES 中，审计内容记录在数据字典表 SYS. AUDIT_TRAIL 中。

4. 用户定义的安全性措施

除了系统级的安全性措施外，Oracle 还允许用户用数据库触发器定义特殊的更复杂的用户级安全措施。例如，规定只能在工作时间内更新 Student 表，可以定义如下触发器，其中 sysdate 为系统当前时间：

```
CREATE OR REPLACE TRIGGER secure_student
BEFORE INSERT OR UPDATE OR DELETE
ON student
BEGIN
    IF (TO_CHAR (SYSDATE, 'DY') IN ('SAT', 'SUN'))
        OR (TO_NUMBER (SYSDATE, 'HH24') NOT BETWEEN 8 AND 17)
    THEN
        raise_application_error
```

```
        (-20506, 'You may only change data during normal business hours.' );
    END IF;
END;
```

触发器一经定义便存放在数据字典中。用户每次对 Student 表执行 INSERT、UPDATE 或 DELETE 操作时都会自动触发该触发器，由系统检查当时的系统时间，如果是周六或周日，或者不是 8 点至 17 点，系统会拒绝执行用户的更新操作，并提示出错信息。

类似的，用户还可以利用触发器进一步细化审计规则，使审计操作的粒度更细。

综上所述，Oracle 提供了多种安全性措施，提供了多级安全性检查，其安全性机制与操作系统的安全机制彼此独立，数据字典在 Oracle 的安全性授权和检查以及审计技术中起着重要作用。

【习题 9】

1. 简述数据库技术发展经过了哪些阶段？各阶段有何特点？
2. 数据库有哪些安全问题？
3. 在数据库中，访问控制的目的是什么？
4. 数据库安全模型分为哪几种类型？各有何特点？
5. BIBA 模型与 BLP 模型的区别是什么？
6. 什么是安全策略？
7. 什么是多级安全数据库？它包含哪些关键问题？
8. 什么是推理分析问题？简述消除推理通道的几种方式。
9. 什么是隐通道？防治隐通道有哪些方式？
10. 简述数据库加密技术的功能和特性。
11. 数据加密有哪些常用算法？
12. SQL 注入攻击有哪些种类？试分别举例说明其防范方法。
13. Oracle 数据库有哪些安全措施？

参考文献

[1] 刘远生．计算机网络安全．北京：清华大学出版社，2006.
[2] 吴功宜．计算机网络．北京：清华大学出版社，2003.
[3] 韩伟峰，王祥仲．局域网组建实用培训教程．北京：清华大学出版社，2002.
[4] 陈兵，王立松，钱红燕．网络安全与电子商务．北京：北京大学出版社，2002.
[5] 邓亚平．计算机网络安全．北京：人民邮电出版社，2004.
[6] 刘春贵，唐希杰，郑贤禹．计算机机房、空调与电源．北京：海洋出版社，1997.
[7] 方刚，于晓宝．计算机机房管理．北京：清华大学出版社，2001.
[8] 叶配生．计算机机房环境技术．北京：人民邮电出版社，1999.
[9] 马建峰，郭渊博．计算机系统安全．西安：西安电子科技大学出版社，2005.
[10] 钱钢．信息系统安全管理．南京：东南大学出版社，2004.
[11] Jon William Toigo．灾难恢复规划．连一峰，庞南，等译．北京：电子工业出版社，2004.
[12] 王宝会，王大印，范开菊，等．新世纪计算机信息安全教程．北京：电子工业出版社，2006.
[13] 马建峰，郭渊博．计算机系统安全．西安：西安电子科技大学出版社．2005.
[14] 曹江华．Linux服务器安全策略详解．北京：电子工业出版社．2007.
[15] Uresh Vahalia．Unix高级教程系统技术内幕．聊鸿斌，曲广之，王元鹏，等译．北京：清华大学出版社，1999.
[16] 张红光，李福才，等．Unix操作系统教程．北京：机械工业出版社，2003.
[17] Nicholas Wells．Linux网络与安全指南．张震宇，刘伟，译．北京：科学出版社，2004.
[18] 刘远生，辛一，薛庆水．计算机网络安全．北京：清华大学出版社，2006.
[19] 罗森林．信息系统安全与对抗技术．北京：北京理工大学出版社．2005.
[20] 周明天，谭良．可信计算及其进展．电子科技大学学报，2006,35(4):686-697.
[21] William Stallings．密码编码学与网络安全—原理与实践(第四版)．张焕国，孟庆树，等译．北京：电子工业出版社，2004.
[22] 冯元，兰少华，杨余望．计算机网络安全基础．北京：科学出版社，2003.
[23] 杨云江．计算机与网络安全实用技术．北京：清华大学出版社，2007.
[24] 冯登国．网络安全原理与技术．北京：科学出版社，2003.
[25] 沈昌祥，张焕国，冯登国，等．信息安全综述．中国科学E辑，2007,37(2)：129-150.
[26] 丁建立，江荣安，等．网络安全．武汉：武汉大学出版社，2007.

[27] 卢开澄. 计算机密码学—计算机网络中的数据保密与安全. 2 版. 北京：清华大学出版社，1998.
[28] 龚俭. 计算机网络安全导论. 南京：东南大学出版社，2000.
[29] Man Young Rhee. 网络安全加密原理、算法与协议. 金名，张长富，等译. 北京：清华大学出版社，2007.
[30] 中国信息安全产品测评认证中心. 信息安全理论与技术. 北京：人民邮电出版社，2003.
[31] 李涛. 网络安全概论. 北京：电子工业出版社，2004.
[32] 陈火旺，等. 网络与信息安全. 长沙：中南大学出版社，2005.
[33] 周明全，等. 网络信息安全技术. 西安：西安电子科技大学出版社，2003.
[34] Andrew S. Tanenbaum. 计算机网络. 熊桂喜，王小虎，译. 北京：清华大学出版社，1998.
[35] Atul Kahate. 密码学与网络安全. 丘仲潘，等译. 北京：清华大学出版社，2005.
[36] 闫宏生，王雪莉，杨军，等. 计算机网络安全与防护. 北京：电子工业出版社，2007.
[37] Bishop M.. 计算机安全学：安全的艺术与科学. 王立斌，等译. 北京：电子工业出版社，2005.
[38] 袁津生，齐建东，曹佳. 计算机网络安全基础. 3 版. 北京：人民邮电出版社，2008.
[39] F. Cohen. A Short Course on Computer Viruses. New York：Wiley，1994.
[40] 张友生，米安然. 计算机病毒与木马程序剖析. 北京：北京科海电子出版社，2003.
[41] 吴万铎. 计算机病毒的分析诊断与防治. 北京：海洋出版社，1993.
[42] 张小磊. 计算机病毒诊断与防治. 北京：中国环境科学出版社，2003.
[43] 刘功申. 计算机病毒及其防范技术. 北京：清华大学出版社，2008.
[44] 崔广才，孙文生. 计算机病毒及其防治基础. 长春：吉林科学技术出版社，1994.
[45] 张仁斌，李钢，侯整风. 计算机病毒与反病毒技术. 北京：清华大学出版社，2006.
[46] 马宜兴. 网络安全与病毒防范. 上海：上海交通大学出版社，2007.
[47] 赵树升. 计算机病毒分析与防治简明教程. 北京：清华大学出版社，2007.
[48] 卓新建，郑康锋，辛阳. 计算机病毒原理与防治. 2 版. 北京：北京邮电大学出版社，2004.
[49] 傅建明，彭国军. 计算机病毒分析与对抗. 武汉：武汉大学出版社，2004.
[50] 韩筱卿，王建锋，钟玮. 计算机病毒分析与防范大全. 北京：电子工业出版社，2006.
[51] 秦志光，张凤荔. 计算机病毒原理与防范. 北京：人民邮电出版社，2007.
[52] 杨义先，钮心忻. 无线通信安全技术. 北京：北京邮电大学出版社，2005.
[53] 李海泉，李健. 计算机系统安全技术. 北京：人民邮电出版社，2001.
[54] 戴宗坤，唐三平. VPN 与网络安全. 北京：电子工业出版社，2002.
[55] 俞承杭，刘庆华. 信息安全技术. 北京：科学出版社，2005.
[56] 杨义先. 入侵检测系统的技术发展趋势. 世界电信，2003，16(5)：34－36.
[57] 韩东海，等. 入侵检测系统及实例剖析. 北京：清华大学出版社，2002.
[58] 唐正军. 网络入侵检测系统的设计与实现. 北京：电子工业出版社，2002.

[59] 宁宇鹏，薛静峰，等. 入侵检测技术. 北京：机械工业出版社，2004.
[60] BRCE G. 入侵检测. 北京：人民邮电出版社，2001.
[61] 张敏，徐震，冯登国. 数据库安全. 北京：科学出版社，2005.
[62] 刘晖，彭智勇. 数据库安全. 武汉：武汉大学出版社，2007.

网 络 资 源

[1] http://www. huibo. org. cn (汇博教育)
[2] http://www. securitycn. net (中国安全网)
[3] http://www. fz49. com (方舟系统站)
[4] http://www. pconline. com. cn (太平洋电脑网)
[5] http://tech. ccidnet. com (赛迪网)
[6] http://www. ec21cn. org (21 世纪中国电子商务网校)
[7] http://www. itcso. com (信息安全世界)
[8] http://online. qttc. edu. cn (琼台在线)
[9] http://www. it sec. gov. cn/webportal/download/cuishukun. pdf (崔书昆. 信息安全产品评估标准综述)
[10] http://www. antivirus-china. org. cn (国家计算机病毒应急处理中心)
[11] http: //www. virusvies. net (病毒观察)
[12] http: //xfocus. net (安全焦点)
[13] http: //kv365. com (病毒资讯网)
[14] http: //www. rising. com. cn (瑞星反病毒资讯网)
[15] http: //www. symantec. com (Symantec Corp.)
[16] http: //www. netchina. com. cn (中网通讯)

内 容 提 要

本书系统地介绍了计算机网络与信息安全技术。在简要介绍计算机网络基本概念的基础上,重点介绍了网络系统的安全运行和网络信息的安全保护技术,内容包括数据加密与身份认证、网络实体安全、网络操作系统安全、Internet 安全、计算机病毒监测与防护、防火墙与虚拟专网、入侵检测与防御、数据库与数据安全等。

本书的特色为系统全面、内容新颖和实用性强,可适用于高等院校计算机专业、通信工程专业和信息安全专业等相关专业的研究生和本科教学,还可作为网络工程技术人员、网络管理员和信息安全管理人员的技术参考书。